500 多分钟全程多媒体语音视频教学

为您提供了本书 129 个技能实例的视频教学文件，均为 SWF 文件格式，可以使用 Flash Player 9 进行播放。

★【视频】文件夹

此文件夹以章节为单元存储了各个实例的教学视频文件。双击相应的文件，即可进入视频教学界面。

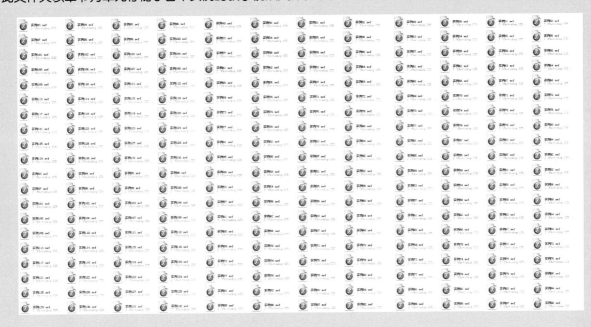

[播放界面操作]

1	通过菜单中的命令控制视频播放
2	单击关闭按钮即可关闭视频
3	实例制作视频演示

如果您的电脑硬盘有足够的空间，请将光盘中的所有内容拷贝到您的硬盘上，以便于学习和欣赏。

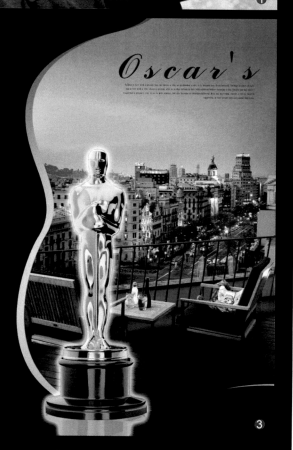

❶ 实例77　万花丛中

❷ 实例41　淡淡茶香

❸ 实例56　颁奖盛典

原汁原味的果脯

❶ 实例28　度假胜地　　❹ 实例126　路牌广告

❷ 实例42　璀璨宝石　　❺ 实例21　果脯

❸ 实例46　水晶花朵

遠離喧囂　隱逸生活
Away from the noise enjoying life

七月，沙拉七折优惠

原 价 ¥70
优惠价 ¥49

敬请光临

思慕西餐厅

…··—FOREVER

①

②

③

大唐楼

66元

西湖醋鱼

大唐美食

④

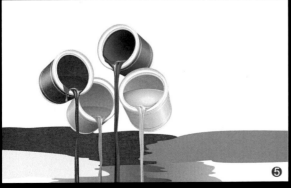

⑤

⑥

❶ 实例74　画中美人
❷ 实例124　思慕西餐厅
❸ 实例110　蛋中惊奇
❹ 实例127　大唐美食
❺ 实例32　色彩缤纷
❻ 实例92　缤纷夏日

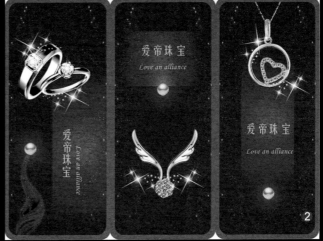

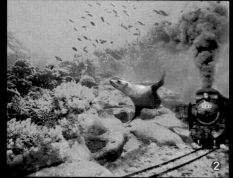

全彩超值版

Photoshop
CS5

平面设计实战
从入门
到精通

新视角文化行　王玲　编著

全程同步多媒体
语音教学视频
515分钟

近**100个**
专家指点

视频容量
近**4GB**

1-DVD

适合自学：

全书设计了129个技能实例和近100个专家指点，由浅入深，从易到难，逐步引导读者系统地掌握软件操作技能。

技术手册：

每一个实例都是一个技术专题，与实战紧密结合，技巧全面丰富。

老师讲解：

超大容量的DVD多媒体教学光盘，包含了书中129个案例的全程同步多媒体语音视频教学，就像有一位专业的老师在您旁边讲解一样。

人民邮电出版社
北京

图书在版编目（CIP）数据

Photoshop CS5平面设计实战从入门到精通 : 全彩超
值版 / 王玲编著. -- 北京 : 人民邮电出版社，2012.5（2023.8重印）
（设计师梦工厂. 从入门到精通）
ISBN 978-7-115-27807-4

Ⅰ. ①P… Ⅱ. ①王… Ⅲ. ①图象处理软件，
Photoshop CS5 Ⅳ. ①TP391.41

中国版本图书馆CIP数据核字(2012)第048610号

内 容 提 要

　　《Photoshop CS5 平面设计实战从入门到精通》一经上市便受到了广大读者的好评，但由于是黑白书，效果不能够完美地呈现出来，影响了读者的阅读。一段时间销售之后，经过市场调查和研究决定推出全彩版，以便读者能够更好地感受设计的魅力。

　　本书是"从入门到精通"系列书中的一本。本书根据众多设计人员及教学人员的经验，精心设计了非常系统的学习体系。全书共分 4 篇 24 章，不仅详细介绍了 Photoshop CS5 基本操作，图像选区操作，绘图和填充工具，修饰和调色操作，图层管理操作，文字、路径和形状工具，通道和蒙版的应用，滤镜的应用，3D和动作操作等知识点；还讲解了文字特效制作，纹样特效制作，图像特效处理，照片特效处理，创意合成特效，企业标识设计，宣传卡片设计，卡通漫画插画设计，报纸杂志设计，户外宣传设计，海报招贴设计，画册宣传设计，网页界面设计，商品包装设计等 14 类平面设计类型的完整案例，让读者能够完全掌握设计过程中的每一个技术要领。

　　本书采用完全案例的编写形式，结构清晰、语言简洁，适合 Photoshop 的初中级读者、平面设计人员、广告设计人员等阅读，同时也可以作为各类计算机培训中心、中职中专、高职高专等院校及相关专业的辅导教材。

设计师梦工厂·从入门到精通

Photoshop CS5 平面设计实战从入门到精通（全彩超值版）

◆　编　　著　新视角文化行　王　玲
　　责任编辑　郭发明

◆　人民邮电出版社出版发行　　北京市丰台区成寿寺路11号
　　邮编　100164　　电子邮件　315@ptpress.com.cn
　　网址　http://www.ptpress.com.cn
　　北京虎彩文化传播有限公司印刷

◆　开本：787×1092　1/16　　　彩插：6
　　印张：20　　　　　　　　　 2012 年 5 月第 1 版
　　字数：550 千字　　　　　　 2023 年 8 月北京第 33 次印刷

ISBN 978-7-115-27807-4

定价：69.90 元（附 1DVD）

读者服务热线：(010) 81055410　印装质量热线：(010) 81055316
反盗版热线：(010) 81055315
广告经营许可证：京东市监广登字 20170147 号

前 言

关于本系列图书

感谢您翻开本书，在茫茫书海中，或许您曾经为寻找一本技术全面、案例丰富的计算机图书而苦恼，或许您因为担心自己能否做出书中的案例效果而犹豫，或许您为了自己是不是应该买一本入门教材而仔细挑选，或许您正在为自己进步太慢而缺少信心……

现在，我们就为您奉献一套优秀的学习用书——"从入门到精通"系列，它采用完全适合自学的"教程 + 案例"和"完全案例"两种编写形式，兼具技术手册和应用技巧参考手册的特点。希望本系列书能够帮助您解决学习中的难题，提高技术水平，快速成为高手。

- **自学教程**。本套图书包括系统性强的案头工具书和实战性强的实例手册型图书，每本书都设计了大量案例，由浅入深、从易到难，可以让您在实战中循序渐进地学习到相应的软件知识和操作技巧，同时掌握相应的行业应用知识。
- **技术手册**。一方面，书中的每一章都是一个小专题，不仅可以让您充分掌握该专题中提到的知识和技巧，而且举一反三，掌握实现同样效果的更多方法。
- **应用技巧参考手册**。书中把许多大的案例化整为零，让您在不知不觉中学习到专业应用案例的制作方法和流程；书中还设计了许多技巧提示，恰到好处地对您进行点拨，到了一定程度后，您就可以自己动手，自由发挥，制作出相应的专业案例效果。
- **老师讲解**。每本书都附带了DVD多媒体教学光盘，每个案例都有详细的语音视频讲解，就像有一位专业的老师在您旁边一样，您不仅可以通过图书研究每一个操作细节，而且可以通过多媒体教学领悟到更多的技巧。

本系列图书已推出如下品种。

3ds Max+VRay效果图制作从入门到精通	Flash CS5动画制作实战从入门到精通
Photoshop CS3图像处理实战从入门到精通	Illustrator CS5实践从入门到精通
Photoshop CS5中文版从入门到精通	3ds Max+VRay效果图制作从入门到精通全彩版
Photoshop CS3平面设计实战从入门到精通	Maya 2011从入门到精通
3ds Max 2010中文版从入门到精通	3ds Max 2010中文版实战从入门到精通
Photoshop CS5图像处理实战从入门到精通	AutoCAD 2010中文版辅助绘图从入门到精通
会声会影X3实战从入门到精通全彩版	AutoCAD 2009机械设计实战从入门到精通
3ds Max 2009中文版效果图制作从入门到精通	Photoshop CS5中文版实战从入门到精通

关于本书

本书首先讲解了Photoshop CS5中文版软件的技能操作，包括Photoshop CS5基本操作，图像选区操作，绘图和填充工具，修饰和调色操作，图层管理操作，文字、路径和形状工具，通道和蒙版的应用，滤镜的应用，3D和动作操作；然后从提升平面设计技能的角度出发，层层深入，以完整案例的形式讲解了文字特效制作、纹样特效制作、图像特效处理、照片特效处理、创意合成特效、企业标识设计、宣传卡片设计、卡通漫画插画设计、报纸杂志设计、户外宣传设计、海报招贴设计、画册宣传设计、网页界面设计、商品包装设计等14类平面设计类型。

本书特点

本书内容安排由浅入深，每一章的内容都丰富多彩，力争涵盖Photoshop CS5的全部知识点。本书具有以下特点。

- ◆ 内容全面，几乎涵盖了Photoshop CS5中文版的所有知识点。本书由具有丰富教学经验的设计师编写，从平面设计的一般流程入手，逐步引导读者学习软件和设计的各种技能。
- ◆ 语言通俗易懂，讲解清晰，前后呼应，以最小的篇幅、最易读懂的语言来讲解每一项功能和每一个实例，让您学习起来更加轻松，阅读更加容易。
- ◆ 实例丰富，技巧全面实用，技术含量高，与实践紧密结合。每一个实例都倾注了作者多年的实践经验，每一个功能都已经过技术认证。
- ◆ 注重技巧的归纳和总结，在实例的讲解过程中穿插了大量的提示和技巧，使读者更容易理解和掌握，从而方便知识点的记忆，进而能够举一反三。
- ◆ 多媒体视频教学，学习轻松方便。本书配有1张海量信息的DVD光盘，包含全书138个案例的多媒体视频教学文件、案例最终源文件和素材文件。

本书由新视角文化行总策划，由制作公司和一线专业教师编写，在成书的过程中，得到了杜昌国、邹庆俊、易兵、宋国庆、汪建强、信士常、罗丙太、王泉宏、李晓杰、王大勇、王日东、高立平、杨新颖、李洪辉、邹焦平、张立峰、邢金辉、王艾琴、吴晓光、崔洪禹、田成立、梁静、任宏、吴井云、艾宏伟、张华、张平、孙宝莱、孙朝明、任嘉敏、钟丽、尹志宏、蔡增起、段群兴、郭兵、杜昌丽等人的大力帮助和支持，在此表示感谢。

由于作者编写水平有限，书中难免有错误和疏漏之处，恳请广大读者批评、指正。读者在学习的过程中，如果遇到问题，可以联系作者（电子邮件nvangle@163.com），也可以与本书策划编辑郭发明联系交流（guofaming@ptpress.com.cn）。

新视角文化行

2012年5月

目 录

软件入门篇

第1章 平面设计入门

本章内容
- 平面设计概念
- 平面设计必备
- 平面造型基础
- 平面专业基础
- 平面设计分类
- 平面设计要素
- 平面构图技巧

走在繁华大街上，随处可见报纸、杂志、海报、招贴等媒介都应用到了平面设计技术，而要掌握这些精美图像画面的制作，不仅需要掌握软件的操作，还需要掌握与图形图像相关的平面设计知识。本章将全面讲解平面设计概念、平面设计必备、平面造型基础、平面专业基础、平面设计分类等知识。

Example 实例 1 平面设计概念

实 例 目 的

了解平面设计概念是进入平面设计领域的第一步。

实 例 要 点

- 什么是平面设计
- 平面设计的目的
- 平面设计的特征

1. 什么是平面设计

平面设计是一门将信息学、经济学、心理学和设计学等学科按照一定的科学规律进行创造性组合的学科，是视觉文化的组成部分。

平面设计是一门静态艺术，它通过各种表现手法在静态平面上传达信息，是一种视觉艺术且颇具实用价值，能给人以直观的视觉冲击，也能让人受到艺术美感的熏陶。现在，平面设计以其特有的宣传功能，全面进入社会经济和日常生活的众多领域，以其独特的文化张力影响着人们的工作和生活。如图1-1所示，给人一种岁月沉淀之感；如图1-2所示，如有一种时尚与科技并重之味。

图1-1 岁月深深

图1-2 时尚与科技

❓ 专家指点

"平面"指的就是非动态的二维空间，平面设计是指在二维空间内进行的设计活动。而所谓的二维空间内的设计活动，是一种对空间内元素的设计及将这些元素在空间内进行组合和布局的活动。

2．平面设计的目的

平面设计的目的就是通过调动图像、图形、文字、色彩、版式等诸多元素，并经过一定的组合，在给人以美的享受的同时，兼顾某种视觉信息的传递，如图1-3所示的企业标识和图1-4所示的平面创意。

图1-3 企业标识　　　　　　　　　　　图1-4 平面创意

3．平面设计的特征

平面设计最显著的特征就是社会性。随着社会的进步和科技的发展，平面设计已不单纯是一种独立的艺术形式。

设计是科技与艺术的结合，是商业社会的产物，在商业社会中需要艺术设计与创作理想的平衡。设计与美术不同，因为设计既要符合审美性又要具有实用性，要替人设想、以人为本，所以设计是一种需要而不仅仅是装饰、装潢。

设计没有完成的概念，设计需要精益求精，不断的完善，需要挑战自我，向自己宣战。设计的关键之处在于发现，只有不断通过深入的感受和体验才能做到，打动别人对于设计师来说是一种挑战。足够的细节本身就能感动人，此外图形创意、色彩品位、材料质地也能打动人，把设计的多种元素有机地进行艺术化组合。还有，设计师应该明白严谨的态度更能引起人们心灵的振动。

实 例 小 结

本例主要介绍了平面设计的含义、目的和特征，读者需要熟悉平面设计的概念，并将其融入平面设计中。

Example 实例 2 平面设计必备

实 例 目 的

了解平面设计师必备的知识。

实 例 要 点

◆　了解作为平面设计师的要求
◆　平面设计师必备的专业素质
◆　平面设计师需要了解的学科和领域

平面设计是一种创造性的思维活动，它的视觉传达语言只是表达设计师创意和设计思想的工具，对于平面设计来说，仅仅掌握这一语言工具的运用是远远不够的。

现代设计师必须具有宽广的文化视角、深邃的智慧和丰富的知识；必须是具有创新精神、知识渊博、敏感并能解决问题的人，应考虑社会反映、社会效果，力求设计作品对社会有益，能提高人们的审美能力，心理上的愉悦和满足；应概括当代的时代特征，反映了真正的审美情趣和审美理想。起码你应当明白，优秀的设计师有他们"自己"的手法、清晰的形象和合乎逻辑的观点。

设计师一定要自信，以严谨的治学态度面对设计和创作，不为个性而个性，不为设计而设计。作为一名设计师，坚信自己的个人信仰、经验、眼光、品味，具有独特的素质和高超的设计技能，不盲从、不孤芳自赏、不骄不躁，并对自己的设计认真总结经验，用心思考，反复推敲，实现新的创造。

平面设计作为一种职业，其职业道德的高低与人格的完善有很大的联系，往往设计师的设计水平就是人格的完善程度。程度越高其理解能力、把握权衡能力、辨别能力、协调能力、处事能力……就越高，俗话说："先修其形，后练其品"。

设计水平的提高必需在不断的学习和实践中进行，设计师的广泛涉猎和专注是相互矛盾又统一的，前者是灵感和表现方式的源泉；后者是工作的态度。好的设计并不只是图形的创作，它是中和了许多智力劳动的结果，涉猎不同的领域，担当不同的角色，可以让我们保持开阔的视野，可以让我们的设计带有更多的信息。在设计中最关键的是意念，好的意念需要营养和时间去孵化。设计还需要开阔的视野，使信息有广阔的来源，触类旁通是学习平面设计的重要特点之一，艺术之间本质上是共通的，文化与智慧的不断补给是成为设计界长青树的法宝。

有个性的设计可能是来自扎根于本民族悠久的文化传统和富有民族文化本色的设计思想，民族性、独创性及个性同样是具有价值的，地域特点也是设计师的知识背景之一。未来的设计师不再是狭隘的民族主义者，而每个民族的标志更多地体现在民族精神层面，民族和传统也将成为一种图式或者设计元素，作为设计师，有必要认真看待民族传统和文化。

作为一名合格、优秀的平面设计师，要具备以下几方面专业素质。

（1）全面的专业理论知识。

（2）广博的艺术修养。

（3）丰富的想象力和创新能力。

（4）强烈敏锐的洞察力。

（5）对设计构想的表达能力。

? 专家指点

目前，在大部分高校设计艺术专业的教学中，要求职业平面设计师首先必须对中外美术史、设计史、美学、文学、哲学、广告学、消费心理学和信息学等学科和领域有比较系统和全面的了解。但最多的知识和经验则需要设计师在职业生涯中不断地学习和积累。

实 例 小 结

本例主要介绍了平面设计师必备的专业素质，读者应牢记平面设计师需要具备哪些知识。

Example 实例 3 平面造型基础

实 例 目 的

了解平面造型基础对设计师的重要性。

实 例 要 点

◆　造型基础的作用

◆　了解造型语言艺术

平面设计属于造型艺术的一个门类，造型是平面设计的基础。随着摄影技术和电脑辅助设计的普及和广泛应用，在实际的设计工作中，很少需要平面设计师手工绘画和写字，有时甚至不会用到画笔和纸，但作为造型艺术的基础，绘画仍然是平面设计师不可或缺的专业技能，也是高校设计艺术专业录取学生的评判标准之一。

平面设计的造型基本要求和基础训练与其他设计门类（包括绘制和雕塑等艺术门类）一样，以素描和色彩为主要训练手段。但在如今，对于平面设计专业来说，更重要的是通过素描与色彩的基础训练，培养和锻炼设计师对客观对象的观察、理解和表达能力，以及运用造型艺术语言对客观对象的各种复杂结构，在不同光影和角度的形态、明暗层次、影调、色彩变化的敏锐感觉和对整体与局部表现的控制能力等。通过素描与色彩的基础训练，可以对与造型艺术紧密相关学科，如透视、解剖、色彩原理等基础学科有更深的了解和认识。

实 例 小 结

本例主要介绍素描与色彩，这是平面设计的基础训练，读者应了解平面造型基础对平面设计师的重要性。

> **? 专家指点**
>
> 一个从事造型艺术的设计师或艺术家，对视觉艺术语言所应具备的感觉、领域和表达能力，大多是从这些基础训练中得来的。从一个经过严格系统造型基础训练的平面设计师所设计的作品中能够明显地感觉到其造型基本功底的深浅程序。是否接受过这种训练，有时甚至会成为衡量设计师是否专业的标准。

Example 实例 4 平面专业基础

实 例 目 的

了解平面专业基础的主要内容。

实 例 要 点

◆ 平面专业基础的主要内容
◆ 平面专业设计基本的主要内容

1．平面专业的基础

经过系统的造型基础训练后，接下来是专业基础的学习和训练，主要内容包括平面构成、立体构成、色彩构成、基础图案、字体设计、装饰画、书法、摄影基础、专业绘画（如手绘、喷绘）、计算机基础等。

平面设计专业的基础训练使学生了解和掌握造型艺术中的设计艺术和表达方式，如平面构成中的重复（如图1-5所示，运用重复性的方块来表现层次感）、对称（如图1-6所示，运用对称方式花纹纹样），近似、渐变、发射、变异、集结、对比、空间、肌理等，构图中的和谐、对称、均衡、比例、视觉重心、对比与统一、节奏与韵律、图案中的单独纹样、适合纹样、对偶纹样、自由纹样和二方连续、甲方连续，以及电脑美术中的电脑基础、电脑图形/图像设计软件、网页设计软件和排版软件等。

图1-5 重复性方块

图1-6 对称花纹纹样

　　肌理是指物体表面的组织纹理结构，即各种纵横交错、高低不平、粗糙平滑的纹理变化，是表达人对设计物表面纹理特征的感受。一般来说，肌理与质感含义相近，对设计的形式因素来说，当肌理与质感相联系时，它一方面是作为材料的表现形式而被人们所感受，另一方面则体现在通过先进的工艺手法，创造新的肌理形态，不同的材质，不同的工艺手法可以产生各种不同的肌理效果，并能创造出丰富的外在造型形式。

2. 平面专业设计基础

　　专业设计的训练内容，主要包括招贴广告设计、标志设计（如图1-7所示）、包装设计（如图1-8所示）、图像处理、画册宣传设计等。

图1-7 标志设计

图1-8 包装设计

　　专业设计的训练就是将造型基础、专业基础和专业理论基础知识综合起来，针对平面设计的各个主要设计种类结合具体的设计内容进行整体的训练。通过这一系列的训练，人们能对平面设计所包含的主要设计种类及它们各自的特点、规律和表现手法等有一个全面、深入的了解和认识，为日后的平面设计工作打好基础。

实例小结

　　本例主要介绍素描与色彩，这是平面设计的基础知识，读者应了解平面造型基础对平面设计师的重要性。

Example 实例 5 平面设计分类

实例目的

　　了解平面设计的主要内容。

实例要点

　　◆　平面设计分类

　　设计是创造性的活动，是一种开拓，概括地讲，凡是有目的的造型活动都是一种设计。设计不能简单地理解成物件外部附加的美化或装饰，设计是包括功能、材料、工技、造价、审美形式、艺术风格、精神意念等各种因素综合的创造。

　　目前常见的平面设计项目，可以归纳为十大类：网页界面设计（如图1-9所示）、包装设计、DM广告设计、海报设计、平面媒体广告设计（如图1-10所示）、POP广告设计、样本设计、书籍设计、刊物设计和VI设计（企业形象识别系统）。

图1-9 界面设计 　　　　　　　　　　　图1-10 平面媒体广告

实 例 小 结

本例主要介绍了当前主流的平面设计类型，读者应区分各种平面设计分类，深入了解各类型的设计特点。

Example 实例 6 平面设计要素

实 例 目 的

了解平面设计的要素。

实 例 要 点

◆ 平面设计的基本要素

◆ 各基本要素的重要性

现代信息传播媒介可分为视觉、听觉和视听觉3种类型，其中公众70%的信息是从视觉传达中获得的，如报纸、杂志、招贴海报、路牌、灯箱等，这些以平面形态出现的视觉类信息传播媒介，均属于平面设计的范畴。

因此，平面设计的基本要素主要有3种：图形、色彩和文字。这些要素在平面设计中担当着不同的使命。下面将分别介绍图形、色彩和文字这3种要素在平面设计中的运用及其重要性。

（1）图形的运用首先在于剪裁，要想让图形在视觉上形成冲击力，必须注意画面元素的简洁。因为画面元素过多，公众的视线容易分散，图形的感染力就会大大减弱。因此，对图形处理时设计者敢于创新，力求将公众的注意力集中在图形主题上。

图形可以是黑白画、喷绘插画、手绘图、摄影作品等，图形的表现形式可以是写实、象征、漫画、卡通、装饰等手法。

图形具有形象化、具体化、直接化的特性，它能够形象地表现设计主题和创意，是平面设计主要的构成要素，对设计理念的陈述和表达起着决定性的作用。

> ❓ 专家指点
>
> 图形要素是平面设计中最重要的视觉传达元素之一，能够激发大众情绪，使大众理解和记忆广告设计的主题。图形主要包括插图、照片、漫画和彩色画面等。
>
> 平面设计中的图形元素要突出商品和服务，通俗易懂、简洁明快，具有强烈的视觉冲击力，并且要紧扣设计主题。

（2）色彩运用得是否合理是平面设计中相当重要的一个环节，也是人类最为敏感的一种信息。色彩在平面设计中具有迅速传达信息的作用，它与公众的生理和心理反应密切相关。公众对平面设计作品的第一印象是通过色彩而得到的，色彩的艳丽程度、灰暗关系等感觉都会影响公众对设计作品的注意力，如鲜艳、明快、和谐的色彩会吸引观众的眼球，让观看者心情舒畅，而深沉、暗淡的色彩则给观看者一种压迫感。因此，色彩在平面设计作品上有着特殊的表现力。

总之，在平面设计中，商品的个性决定着色彩运用，若运用得当，可以增加画面的美感和吸引力，并更好地传达商品的质感和特色，如图1-11所示的珠宝画册设计和图1-12所示的节日宣传广告。

图1-11 珠宝画册设计　　　　　　图1-12 节日宣传广告

（3）文字是平面设计中不可或缺的构成要素，它是传达设计者意图，以及表达设计主题和构想理念最直接的方式，起着画龙点睛的作用，其中，文字的排列组合可以左右人的视线，而字体大小则控制着整个画面的层次关系。因此，文字的排列组合、字体字号的选择和运用直接影响着画面的视觉传达效果和审美价值。

❓ 专家指点

文字元素主要包括标题、正文、广告语和公司信息4部分。其中标题最好使用醒目的大号字，放置在版面最醒目的位置；而正文文字主要是用来说明广告图形及标题所不能完全展现的广告主体，因此，文字应集中，一般都置于版面的左右或上下方；而广告语又称为"标语"，是用来配合广告标题、正文和强化商品形象的简洁短句，它应顺口易记、言简意赅，并放置于版面较为醒目的位置。

实 例 小 结

本例主要介绍了平面设计的三要素，读者应掌握如何巧妙、合理地将三者进行结合，设计出完美的设计作品。

Example 实例 7 平面构图技巧

实 例 目 的

了解平面设计的构图方式。

实 例 要 点

◆ 了解构图概念
◆ 掌握各种构图的特点和技巧

构图是为了表现作品的主题思想和美感效果，在一定的空间内，安排和处理人、物的关系及其位置，把个别或局部的形象组成艺术的整体，在一定规格、尺寸的版面内，将一则平面广告作品的设计要素（如广告方案、图形背景、装饰线、色彩等）合理、美观地进行创意性编排，组合布局，以取得最佳的广告宣传效果。

（1）水平线构图

水平线构图又称为"标准型构图"或"横线型构图"，它是最常见、最稳妥的构图形式，可以给人一种安定感，视线会从上到下流动。一般情况下，插图位于版面的上方，以较大的幅面吸引人的注意力，接着利用标题点明主题，从而展现整个平面广告，如图1-13所示。

图1-13 水平式构图

（2）斜线式构图

斜线式构图是一种常用的构图方式，它具有较强的运动感和张力性，最明显的特点就是将画面中的文字或主题物以对角线的方式进行布局或设计，赋予画面一种生动、活力的感觉。

（3）垂直线构图

垂直线构图与水平线构图类似，它可以使画面在上下方向上产生视觉延伸感，可以加强画面中垂直线条的力度和形式感，给人以高大、威严的视觉享受，如图1-14所示。

（4）对称式构图

对称式构图通常是指画面中心轴两侧有相同或视觉等量的主体物，使画面在视觉上保持相对均衡，从而产生一种庄重、稳定的协调感、秩序感和平衡感，如图1-15所示。

图1-14 垂直线构图

图1-15 对称式构图

（5）曲线式构图

曲线具有优美、富于变化的视觉特征。曲线构图可以增加画面的韵律感，给人柔美视觉享受，如S形曲线构图可以有效地牵引观众的视线，使画面蜿蜒延伸，增加画面的空间感，另外，S形曲线构图也可以用于突现女性的曲线美。

（6）黄金分割式构图

垂直线构图与水平线构图类似，它可以使画面在上下方向上产生视觉延伸感，可以加强画面中垂直线条的力度和形式感，给人以高大、威严的视觉享受。

第2章　软件快速入门

本章内容

➢ 初识工作界面	➢ 控制屏幕显示模式	➢ 旋转与裁剪图像
➢ 图像的管理操作	➢ 控制图像显示区域	➢ 选择前景色/背景色
➢ 使用Bridge浏览图片	➢ 设置图像属性	➢ 应用辅助工具

　　Photoshop CS5是Adobe公司推出的最新版本，该软件是目前世界上最优秀的平面设计软件之一，并广泛应用于包装设计、广告设计、网页设计、插画设计、平面设计等领域。本章将全面讲解初识工作界面、图像的管理操作、使用Bridge浏览图片、控制屏幕显示模式、设置图像属性等内容。

Example 实例 8　初识工作界面

实 例 目 的

　　了解Photoshop CS5工作界面。

实 例 要 点

　　◆　启动Photoshop CS5程序

　　◆　了解Photoshop CS5工作界面

　　读者执行"开始/所有程序/Adobe Photoshop CS5"命令，将启动Photoshop CS5程序，程序启动后，即可进入Photoshop CS5工作界面，如图2-1所示。

图2-1　Photoshop CS5工作界面

> **? 专家指点**
>
> 　　除了上述启动Photoshop CS5程序的方法外，还可以在桌面上双击Photoshop CS5快捷方式图标 Ps，或双击电脑中已经存储的任意一个PSD格式的文件。

1. 标题栏

　　"标题栏"位于整个工作界面的顶端，显示了当前应用程序的名称和相应功能的快速图标，以及用于控制文件窗口显示大小的最小化、最大化（还原窗口）、关闭窗口等几个按钮，如图2-2所示。

图2-2 标题栏

单击标题栏左侧的程序图标 Ps，即可弹出下拉菜单面板，可以执行最小化、最大化窗口，以及关闭窗口等操作，如图2-3所示。

单击标题栏中的"显示更多工作区和选项"按钮，将会弹出下拉列表，如图2-4所示。根据图像处理的需要，可以对工作界面的形式进行更换或新建工作区等操作。

图2-3 下拉菜单面板

图2-4 下拉列表

专家指点

工作界面的样式可以根据需要对各种浮动面板或图像窗口进行自定义，再通过新建工作区的操作，将自定义的工作区进行存储，以便其他图像的编辑操作。

2. 菜单栏

菜单栏位于标题栏的下方，主要包括"文件"、"编辑"、"图像"、"图层"、"选择"、"滤镜"、"分析"、3D、"视图"、"窗口"和"帮助"11个菜单，如图2-5所示。

文件(F) 编辑(E) 图像(I) 图层(L) 选择(S) 滤镜(T) 分析(A) 3D(D) 视图(V) 窗口(W) 帮助(H)

图2-5 菜单栏

用户单击任意一个菜单项都会弹出其包含的命令，Photoshop CS5中的绝大部分功能都可以利用菜单栏中的命令来实现。

专家指点

若菜单中的命令呈现灰色，则表示该命令在当前编辑状态下不可用；若菜单命令右侧有一个三角符号，则表示此菜单包含有子菜单，将鼠标指针移至该菜单上，即可打开其子菜单；若菜单命令的右侧有省略号"…"，则执行此菜单命令时将会弹出与之相关的对话框。

3. 状态栏

状态栏位于图像编辑窗口的底部，主要用于显示当前所编辑图像的各种参数信息。状态栏右侧显示的是图像文件信息，单击文件信息右侧的小三角形按钮，即可弹出快捷菜单，其中显示了当前图像文件信息的各种显示方式，如图2-6所示。

图2-6 显示当前文件信息

专家指点

按住键盘上的【Alt】键，用鼠标单击状态栏的中间部分，并按住鼠标左键不放，将弹出显示当前图像宽度、高度、通道以及分辨率的相关信息。

快捷菜单中各种显示方式的定义如下。

➢ 文档大小：当前图像处理出现多图层时，"/"左侧的数字表示合并图层后的图像文档大小，"/"右侧的数字表示未合并图层时图像文档的大小。

➢ 文档配置文件：主要显示图像文档的颜色模式。

➢ 文档尺寸：主要显示图像文档的宽度和高度。

➢ 暂存盘大小："/"左侧的数字表示当前图像操作所占内存，"/"右侧的数字表示系统可使用的内存，系统可使用的内存直接影响图像的处理速度。

➢ 效率：将图像可使用的内存大小以百分数的方式显示。

➢ 计时：记录上一次操作所用的时间。

➢ 当前工具：显示当前在工具箱中使用的工具名称。状态栏左侧的数值框用于设置图像窗口的显示比例，在该数值框中输入图像显示比例值后，按【Enter】键，当前图像即可按照设置的比例显示。

4．工具箱

工具箱位于工作界面的左侧，共由70个工具组成，如图2-7所示，要使用工具箱中的工具，只需要单击工具按钮即可在图像编辑窗口中使用。

若在工具按钮的右下角有一个小三角形，表示该工具按钮中还有其他工具，在工具按钮上单击鼠标右键，即可弹出所隐藏的工具选项，如图2-8所示。

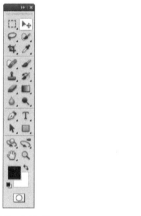
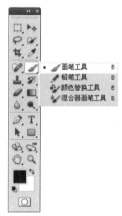

图2-7 工具箱　　　　图2-8 显示隐藏工具选项

用户还可以通过以下方法来选择工具箱中的隐藏工具。

➢ 按住【Alt】键的同时，在工具组用鼠标左键反复单击右隐藏工具的按钮，即可循环显示每个隐藏的工具按钮。

➢ 按住【Shift】键的同时，在键盘上按住工具快捷键，即可循环显示每个隐藏的工具图标。

移动鼠标指针至工具中有小三角形的工具按钮上，按住鼠标左键不放，将弹出隐藏工具选项，然后拖曳鼠标指针至需要的工具选项上即可选择该工具。

5．工具属性栏

工具属性栏一般位于菜单的下方，主要用于对所选择工具的属性进行设置，它提供了控制工具属性的相关选项，其显示的内容会根据所选工具的不同而改变。在工具箱中选择相应的工具后，工具属性栏将显示该工具可使用的功能，图2-9所示为画笔工具属性栏。

图2-9 画笔工具属性栏

6. 图像编辑窗口

在Photoshop CS5工作界面的中间，呈灰色区域显示的即为图像编辑工作区。当打开一个文档时，工作区中将显示该文档的图像编辑窗口，图像编辑窗口是显示图像的区域，也是编辑或处理图像的主要工作区域，Photoshop CS5中的所有功能都可以在图像编辑窗口中实现。打开文件后，图像标题栏呈灰白色时，即为当前图像编辑窗口，如图2-10所示。

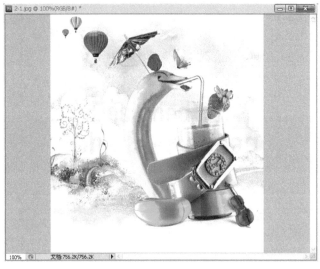

图2-10 图像编辑窗口

7. 浮动面板

浮动面板是Photoshop软件中重要的组成部分，也是处理图像时必不可少的一部分，它主要用于对当前图像的图层、颜色、样式及相关的操作进行设置，图2-11所示为"通道"面板。

默认情况下，浮动面板是以面板组的形式出现的，主要位于工作界面的右侧，其最大的优点就是可以根据工作的需要随意进行隐藏和显示。用户可以进行分离、移动和组合等操作。

图2-6 显示当前文件信息

用户还可以通过以下几种方法对控制面板进行选择或设置。

➢ 在"窗口"菜单面板中，选择需要显示或者隐藏的浮动面板选项。

➢ 运用快捷键，如按【F5】键，可控制"画笔"面板；按【F6】键，可控制"颜色"面板；按【F7】键，可控制"图层"面板；按【F8】键，可控制"信息"面板，按【Alt＋F9】键可以显示或隐藏"动作"面板。

➢ 按键盘上的【Tab】键，将显示或隐藏工具箱和浮动面板。

➢ 按键盘上的【Shift＋Tab】组合键，将显示或隐藏浮动面板。

➢ 单击浮动面板右上角的"折叠为图标"按钮，将面板折叠为相应的图标。

? 专家指点

若要分离面板，可将鼠标指针移至需要分离的面板标签上，单击鼠标左键并拖曳，至图像窗口中的任意位置后释放鼠标即可；若要组合面板，只需要将面板的标签拖入所需组合的标签即可。

实 例 小 结

本例主要介绍了Photoshop CS5的工作界面及各组成部分的功能与作用。

Example 实例 9 图像的管理操作

案例文件	DVD\源文件\素材\第2章\10年.jpg		
案例效果	DVD\源文件\素材\第2章\10年.psd		
视频教程	DVD\视频\第2章\实例9.swf		
视频长度	1分28秒	制作难度	★★
技术点睛	"新建"命令、"打开"命令、"存储为"命令、"关闭"按钮		
思路分析	本实例介绍图像文件的新建、打开、存储为和关闭操作,让读者对图像的管理操作有一个清晰的了解		

操 作 步 骤

① 启动Photoshop CS5应用程序,执行"文件/新建"命令,如图2-12所示。

② 打开"新建"对话框,设置名称、宽度、高度、分辨率、颜色模式和背景内容,如图2-13所示。

图2-12 执行"新建"命令

图2-13 "新建"对话框

❓ 专家指点

除了直接单击"新建"命令外,用户也可以按【Ctrl+N】组合键,或者在已经打开的图像文件标题名称栏上单击鼠标右键,弹出快捷菜单,选择"新建文档"选项,即可弹出"新建"对话框。

③ 设置完毕单击"确定"按钮,即可新建一个空白图像文件,如图2-14所示。

④ 执行"文件/打开"命令,如图2-15所示。

图2-14 新建空白图像文件

图2-15 执行"打开"命令

⑤ 打开"打开"对话框,通过查找范围打开需要打开的文件路径,并选择素材图像文件,如

图2-16所示。

06 单击"打开"按钮，即可打开所选择的图像文件，效果如图2-17所示。

图2-16 "打开"对话框　　　　　　　　　　　图2-17 打开图像

❓ **专家指点**

除了直接单击"新建"命令外，也可以按【Ctrl+O】组合键。

---

07 执行"文件/存储为"命令，打开"存储为"对话框，设置保存路径后，再设置好文件名称和格式，如图2-18所示。单击"保存"按钮，即可保存该图像文件。

08 单击当前图像编辑窗口上方的"关闭"按钮 ✖，如图2-19所示。即可关闭当前图像文件。

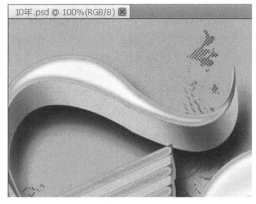

图2-18 "存储为"对话框　　　　　　　　　　图2-19 单击"关闭"按钮

❓ **专家指点**

除了上述关闭图像文件的操作方法外，还有以下3种方法。

单击"文件/关闭"按钮。

按【Ctrl+W】组合键。

按【Alt+Ctrl+O】组合键。

实 例 小 结

本例主要介绍了新建、打开、存储为和关闭图像文件的操作，让读者掌握管理图像的基本操作。

Example (实例) **10 使用Bridge浏览图片**

视频教程	DVD\视频\第2章\实例10.swf		
视频长度	1分13秒	制作难度	★★
技术点睛	"新建"命令、"打开"命令、"存储为"命令、"关闭"按钮		
思路分析	本实例介绍图像文件的新建、打开、存储为和关闭操作，实例的目的是让读者对图像的管理操作有一个清晰的了解		

操 作 步 骤

①① 执行"文件/在Bridge中浏览"命令，如图2-20所示。

①② 打开Bridge浏览窗口，如图2-21所示。

图2-20 执行"在Bridge中浏览"命令

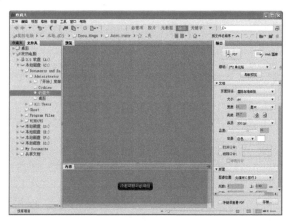

图2-21 Bridge窗口

? 专家指点

直接在Photoshop CS5标题栏上单击Bridge快速图标，即可打开Bridge窗口。

①③ 单击窗口左侧"文件夹"选项卡，并单击"共享文档"文件夹左侧的小三角按钮，展开文件夹，如图2-22所示。

①④ 单击"共享图像"选项左侧的小三角按钮展开该文件夹，如图2-23所示。

图2-22 展开"共享文档"文件夹

图2-23 展开"共享图像"文件夹

①⑤ 双击"示例图片"文件夹，打开该文件夹中的所有图像，如图2-24所示。

①⑥ 在"内容"面板中单击需要浏览的图片，即可预览该图像，效果如图2-25所示。

? 专家指点

在Bridge中双击某一幅图像，即可在Photoshop CS5中打开该图像文件。

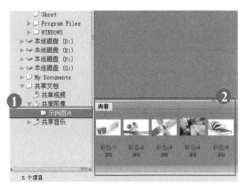

图2-24 打开文件夹   图2-25 预览图像

实 例 小 结

本例主要介绍打开Bridge，并在Bridge中浏览图片的操作方法。

Example 实例 11 控制屏幕显示模式

案例文件	DVD\源文件\素材\第2章\圣诞快乐.jpg		
视频教程	DVD\视频\第2章\实例11.swf		
视频长度	57秒	制作难度	★★
技术点睛	"屏幕模式"按钮		
思路分析	本实例介绍Photoshop CS5中的3种屏幕显示模式，让读者掌握各屏幕显示模式之间的切换操作		

操 作 步 骤

⓵ 打开随书附带光盘中的"源文件\素材\第2章\圣诞快乐.jpg"素材，此时屏幕显示为标准屏幕模式，如图2-26所示。

⓶ 在标题栏上单击"屏幕模式"按钮 ，在弹出的列表框中选择"带有菜单栏的全屏模式"选项，如图2-27所示。

图2-26 标准屏幕模式   图2-27 选择"带有菜单栏的全屏模式"选项

❓ 专家指点

执行"视图/屏幕模式"命令，在弹出的子菜单中选择相应的命令，即可将屏幕切换至相应的显示模式。

03 执行操作后，屏幕即可以带有菜单栏的全屏模式显示，效果如图2-28所示。

04 在"屏幕模式"列表框中选择"全屏模式"选项，弹出信息提示框，单击"全屏"按钮，即可将屏幕切换至全屏模式，效果如图2-29所示。

图2-28 带有菜单栏的全屏模式

图2-29 全屏模式

? 专家指点

重复按【F】键，即可在"标准屏幕模式"、"带有菜单栏的全屏模式"和"全屏模式"3个屏幕模式之间进行切换。

实 例 小 结

本例主要介绍了屏幕显示模式的切换方法。

Example 实例 12 控制图像显示区域

案例文件	DVD\源文件\素材\第2章\畅游世界.psd		
视频教程	DVD\视频\第2章\实例12.swf		
视频长度	1分15秒	制作难度	★★
技术点睛	"缩放工具" 🔍 、"抓手工具" ✋		
思路分析	本实例介绍缩放工具和抓手工具的使用，让读者掌握控制图像显示区域的操作方法		

操 作 步 骤

01 打开随书附带光盘中的"源文件\素材\第2章\畅游世界.psd"素材，如图2-30所示。

02 选择工具箱中的 🔍 （缩放工具），移动鼠标指针至图像编辑窗口中，此时鼠标指针呈带加号的放大镜形状 🔍 ，效果如图2-31所示。

图2-30 素材

图2-31 鼠标指针

按键盘上的【Z】键，可以快速选择 🔍 （缩放工具）。

③ 单击鼠标两次，即可放大图像文件的显示区域，效果如图2-32所示。

④ 在工具属性栏上单击"缩小"按钮 🔍 ，如图2-33所示。

图2-32 放大图像显示区域　　　　　图2-33 "缩小"按钮

? 专家指点

按【Atl】键的同时，即可临时切换放大和缩小工具图标。

⑤ 将鼠标指针移至图像编辑窗口上，鼠标指针呈带减号的放大镜形状 🔍 ，效果如图2-34所示。

⑥ 单击鼠标左键一次，即可缩小图像的显示区域，效果如图2-35所示。

图2-34 鼠标指针　　　　　图2-35 缩小图像显示区域

? 专家指点

分别按【Ctrl+－】组合键和按【Ctrl+＋】组合键，可以控制图像的缩小和放大。

⑦ 选择工具箱中的 ✋ （抓手工具），将鼠标指针移至图像编辑窗口中，鼠标指针呈手掌形状 ✋ ，效果如图2-36所示。

⑧ 单击鼠标左键并拖曳，即可移动图像文件的显示区域，效果如图2-37所示。

? 专家指点

在缩放工具上双击鼠标左键，图像将以100%比例显示，若双击抓手工具，图像将以适合屏幕大小范围的区域进行显示。

另外，调出"导航器"浮动面板后，单击面板上的"缩小"按钮，图像显示将缩小一半；单击"放大"按钮，图像将放大一倍，或者直接拖曳两个按钮之间的滑块，控制图像的显示大小。

| 图2-36 鼠标指针 | 图2-37 移动图像显示区域 |

实 例 小 结

本例主要介绍了利用缩放工具放大或缩小图像显示，以及利用抓手工具移动图像显示的操作方法。

Example 实例 13 设置图像属性

案例文件	DVD\源文件\素材\第2章\向日葵.jpg
案例效果	DVD\源文件\效果\第2章\向日葵.jpg
视频教程	DVD\视频\第2章\实例13.swf
视频长度	1分24秒
制作难度	★★
技术点睛	"图像大小"对话框、"画布大小"对话框
思路分析	本实例介绍了设置图像大小和画布大小的操作，让读者掌握设置图像属性的操作方法

最终效果如右图所示。

操 作 步 骤

01 打开随书附带光盘中的"源文件\素材\第2章\向日葵"素材，如图2-38所示。

02 执行"图像/图像大小"命令，打开"图像大小"对话框，其中显示了当前图像文件夹的图像大小和分辨率，如图2-39所示。

| 图2-38 素材 | 图2-39 "图像大小"对话框 |

? 专家指点

按【Alt＋Ctrl＋I】组合键，可以快速打开"图像大小"对话框。

03 在"文档大小"选项区中设置"宽度"为14.3厘米，"高度"为10.16厘米，"分辨率"为72像素/英寸，如图2-40所示。

04 设置完毕后单击"确定"按钮，即可改变图像大小及分辨率，效果如图2-41所示。

图2-40 设置各参数

图2-41 实例效果

05 将鼠标指针移至图像编辑窗口上，鼠标指针呈带减号的放大镜形状 ⊖，效果如图2-42所示。

06 单击鼠标左键一次，即可缩小图像的显示区域，效果如图2-43所示。

图2-42 鼠标指针

图2-43 缩小图像显示区域

? 专家指点

在"图像大小"或"画布大小"对话框中，按【Alt】键的同时，"取消"按钮将临时切换为"复位"按钮，单击"复位"按钮，图像文件属性可以复位至修改参数之前的状态。

实 例 小 结

本例主要介绍了调整图像大小、分辨率和画布大小的操作方法。

Example 实例 14 旋转与裁剪图像

案例文件	DVD\源文件\素材\第2章\中国风.psd
案例效果	DVD\源文件\效果\第2章\中国风.psd
视频教程	DVD\视频\第2章\实例14.swf
视频长度	2分1秒
制作难度	★★
技术点睛	"旋转"命令、"裁剪工具" 🔲
思路分析	本实例介绍了旋转与裁剪图像的操作，让读者掌握变换和裁剪图像的操作方法

最终效果如右图所示。

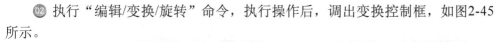

① 打开随书附带光盘中的"源文件\素材\第2章\中国风.psd"素材，使用 [+]（移动工具）选中"中国风"文字图像，如图2-44所示。

② 执行"编辑/变换/旋转"命令，执行操作后，调出变换控制框，如图2-45所示。

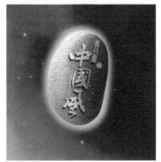
图2-44 素材

图2-45 "图像大小"对话框

❓ 专家指点

按【Alt＋Ctrl＋I】组合键，可以快速打开"图像大小"对话框。

③ 将鼠标指针移至变换控制框的左上角控制点上，鼠标指针呈↻形状，效果如图2-46所示。

④ 单击鼠标左键并向左下方拖曳，即可旋转图像，效果如图2-47所示。

图2-46 鼠标指针

图2-47 旋转图像

⑤ 将图像旋转至合适角度后，将鼠标指针移至控制框内，当鼠标指针呈黑色三角形形状▶时，双击鼠标左键确认旋转操作，效果如图2-48所示。

⑥ 选择工具箱中的 [┊]（裁剪工具），移至图像编辑窗口中的左上方，单击鼠标左键向图像右下角拖曳，即可显示一个矩形的虚线框，如图2-49所示。

⑦ 至合适位置后释放鼠标，在裁剪矩形控制框外的图像区域为被裁剪区域，效果如图2-50所示。

⑧ 将鼠标指针移至控制框内，当鼠标指针呈黑色三角形形状▶时，双击鼠标左键即可裁剪图像，效果如图2-51所示。

❓ 专家指点

使用裁剪工具确定裁剪区域后，将鼠标指针移至控制框内，当鼠标指针呈黑色三角形形状▶时，单击鼠标左键，在弹出的快捷菜单中选择"裁剪"选项，也可裁剪图像。

图2-48 确认旋转操作　　　　　　　图2-49 矩形虚线框

图2-50 裁剪矩形控制框　　　　　　图2-51 裁剪图像

实 例 小 结

本例主要介绍旋转图像和裁剪图像的操作方法。

Example 实例 15 选择前景色/背景色

案例文件	DVD\源文件\素材\第2章\家宜美居.psd
案例效果	DVD\源文件\效果\第2章\家宜美居.psd
视频教程	DVD\视频\第2章\实例15.swf
视频长度	1分28秒
制作难度	★★
技术点睛	"设置前景色"色块、"设置背景色"色块
思路分析	本实例介绍了设置前景色和背景色的操作，让读者了解前景色和背景色的应用

最终效果如右图所示。

操 作 步 骤

01 打开随书附带光盘中的"源文件\素材\第2章\家宜美居.psd"素材，如图2-52所示。

02 单击工具箱下方的"设置前景色"色块■，打开"拾色器（前景色）"对话框，设置R为122、G为57、B为141，如图2-53所示。

03 设置完毕后单击"确定"按钮，完成前景色的设置，展开"图层"面板，选择"图层1"，如图2-54所示。

图2-52 素材

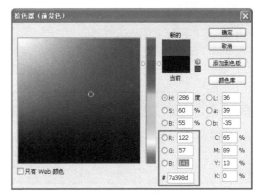

图2-53 "拾色器（前景色）"对话框

④ 按【Alt＋Delete】组合键，即可为图像填充前景色，效果如图2-55所示。

图2-54 选择"图层1"

图2-55 填充前景色

⑤ 单击工具箱下方的"设置背景色"色块，打开"拾色器（背景色）"对话框，设置R为255、G为235、B为4，效果如图2-56所示。

⑥ 确认"图层2"为当前工作图层，按【Ctrl＋Delete】组合键，即可为图像填充前景色，效果如图2-57所示。

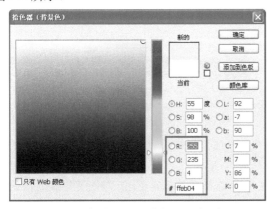

图2-56 "拾色器（背景色）"对话框

图2-57 填充背景色

实例小结

本例主要介绍了设置前景色和背景色，以及填充颜色的操作方法。

Example 实例 16 应用辅助工具

案例文件	DVD\源文件\素材\第2章\ Club.jpg
案例效果	DVD\源文件\效果\第2章\ Club.psd
视频教程	DVD\视频\第2章\实例16.swf
视频长度	1分50秒
制作难度	★★
技术点睛	"首选项"对话框、"标尺"命令、"新建参考线"命令等
思路分析	本实例介绍了应用辅助线的操作，让读者了解常用辅助线的操作与设置

最终效果如右图所示。

操 作 步 骤

① 打开随书附带光盘中的"源文件\素材\第2章\Club"素材，如图2-58所示。

② 执行"编辑/首选项/参考线、网格和切片"命令，打开"首选项"对话框，其中显示了当前图像文件夹的图像大小和分辨率，如图2-59所示。

图2-58 素材

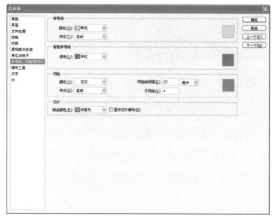

图2-59 "首选项"对话框

? 专家指点

按【Ctrl＋K】组合键，可以快速打开"首选项"对话框。

③ 在"网格"选项区中单击"颜色"右侧的下三角按钮，在弹出的列表框中选择"浅蓝色"选项，如图2-60所示。单击"确定"按钮，完成参考线、网格和切片属性的设置。

④ 执行"视图/标尺"命令，即可显示标尺，如图2-61所示。

⑤ 执行"视图/新建参考线"命令，打开"新建参考线"对话框，选中"垂直"单选按钮，设置"位置"为10厘米，如图2-62所示，单击"确定"按钮，新建一条垂直参考线。

⑥ 执行"视图/新建参考线"命令，打开"新建参考线"对话框，选中"水平"单选按钮，设置"位置"为9.5厘米，如图2-63所示。

⑦ 设置完毕后单击"确定"按钮，新建一条水平参考线，效果如图2-64所示。

⑧ 执行"视图/显示/网格"命令，即可显示网格，如图2-65所示。

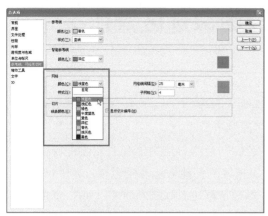

图2-60 设置颜色

图2-61 显示标尺

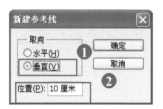

图2-62 选中"垂直"单选按钮

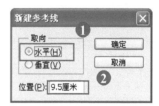

图2-63 选中"水平"单选按钮

图2-64 新建水平参考线

图2-65 显示网格

? 专家指点

按【Ctrl+；】组合键，可以控制参考线的显示与隐藏；按【Ctrl+'】组合键，可以控制网格的显示与隐藏；按【Ctrl+R】组合键，可以控制标尺的显示与隐藏。

实 例 小 结

本例主要介绍了常用辅助工具的设置与应用。

第3章 掌握图像选区操作

本章内容

➢ 矩形和椭圆选框工具 ➢ 多边形套索工具 ➢ 魔棒工具
➢ 单行选框工具 ➢ 磁性套索工具 ➢ 色彩范围
➢ 套索工具 ➢ 快速选择工具 ➢ 填充和描边选区

选区是一个非常重要的概念，调整图像的色调与色彩、运用工具对图像进行编辑等大部分操作只对当前选区内的图像有效，所以，掌握好各种选区的创建方法非常重要。在Photoshop CS5中，有很丰富的创建选区的工具，如矩形选框工具、椭圆选框工具、单行选框工具、套索工具、魔棒工具等，读者可以根据需要使用这些工具创建不同的选区。

Example （实例）17 矩形和椭圆选框工具

案例文件	DVD\源文件\素材\第3章\盛夏光年.jpg、依靠.jpg、亲吻.jpg
案例效果	DVD\源文件\效果\第3章\盛夏光年.psd
视频教程	DVD\视频\第3章\实例17.avi
视频长度	1分43秒
制作难度	★★
技术点睛	"矩形选框工具" []、"椭圆选框工具" ○
思路分析	本实例介绍了矩形选框工具与椭圆选框工具的基本操作，让读者掌握如何对矩形选框工具和椭圆选框工具进行简单应用

最终效果如右图所示。

操 作 步 骤

① 打开随书附带光盘中的"源文件\素材\第3章\盛夏光年.jpg、依靠.jpg"素材，如图3-1和图3-2所示。

② 选择工具箱中的 [] （矩形选框工具），在"依靠"素材图像上的适当位置单击鼠标左键，并拖曳至合适位置，释放鼠标，创建一个矩形选区，如图3-3所示。

③ 使用 ▶+ （移动工具）选中矩形选区，单击鼠标左键并拖曳至"盛夏光年"素材图像编辑窗口中的合适位置，执行"编辑/自由变换"命令，调整图像的大小和位置，效果如图3-4所示。

图3-1 盛夏光年素材

图3-2 依靠素材

图3-3 创建矩形选区

图3-4 移动图像

? 专家指点

使用"矩形选框工具" ⬚ 可以建立矩形选区，单击鼠标左键并拖动滑块需要选择的区域，即可创建矩形选区，如果要创建正方形选区，选择"新选区"按钮 ▢，在页面上拖动鼠标的同时按住【Shift】键即可，如果要从某中心出发向四周扩散式创建选区，可在按【Alt】键的同时拖动鼠标。

04 打开随书附带光盘中的"源文件\素材\第3章\亲吻"素材，选择工具箱中的 ◯（椭圆选框工具），在"亲吻"素材图像上的适当位置单击鼠标左键，并拖曳至合适位置，释放鼠标，创建一个椭圆选区，如图3-5所示。

05 使用 ▸✦（移动工具）选中椭圆选区，单击鼠标左键并拖曳至"盛夏光年"素材图像编辑窗口中的合适位置，执行"编辑/变换/缩放"命令，调整图像的大小和位置，效果如图3-6所示。

图3-5 创建椭圆选区　　　　　　　　　图3-6 移动图像

? 专家指点

使用"椭圆选框工具" ◯ 可以建立一个椭圆形选区，按住鼠标左键并拖动鼠标滑过需要区域，即可创建椭圆选区，按住Alt＋Shift键，可以从当前单击的点出发，创建圆形选区。

实 例 小 结

本例主要介绍了通过应用 ⬚（矩形选框工具）和 ◯（椭圆选框工具）创建矩形和椭圆选区的方法，并通过 ▸✦（移动工具）将创建的选区移动至指定的图像中，然后调整其大小和位置。

Example 实例 18 单行选框工具

案例文件	DVD\源文件\素材\第3章\精美信纸.jpg
案例效果	DVD\源文件\效果\第3章\精美信纸.psd
视频教程	DVD\视频\第3章\实例18.avi
视频长度	1分52秒
制作难度	★★
技术点睛	"单行选框工具" ▭
思路分析	本实例介绍了利用单行选框工具创建直线的基本操作，让读者掌握如何对单行选框工具进行简单应用

最终效果如下图所示。

操 作 步 骤

① 打开随书附带光盘中的"源文件\素材\第3章\精美信纸.jpg"素材，如图3-7所示。

② 选择工具箱中的 （单行选框工具），在素材图像上多次单击鼠标左键，创建水平选区，如图3-8所示。

> **? 专家指点**
>
> 在使用"单行选框工具" 单击鼠标左键时，需要先单击工具属性栏中的"添加到选区"按钮 。

③ 选择工具箱中的 （矩形选框工具），并单击工具属性栏中的"从选区减去"按钮 ，在图像编辑窗口中左侧适当位置单击鼠标左键并拖曳，选择需要减去的区域，如图3-9所示。

④ 释放鼠标左键，即可减去被矩形框选中的选区，并用与上面同样的方法，减去其右侧相应区域，如图3-10所示。

图3-7 素材　　　　图3-8 创建水平选区　　　图3-9 选择需要减去的区域　　图3-10 减去选区

⑤ 单击工具箱下方的"设置前景色"色块，打开"拾色器（前景色）"对话框，设置前景色为黑色，如图3-11所示。

⑥ 单击"确定"按钮，按【Alt+Delete】组合键，填充前景色，并按【Ctrl+D】组合键取消选区，效果如图3-12所示。

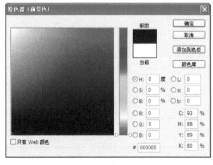

图3-11 "拾色器（前景色）"对话框　　　　　图3-12 填充颜色

在Photoshop中，读者使用单行或单列选框工具绘制图形后，一般在图像显示为50%或100%的情况下，才能正常显示图像。

实 例 小 结

本例主要介绍了应用 ▭（单行选框工具）创建单行选区的基本方法，并通过减去选区及填充选区得到想要的效果。

? 专家指点

"单列选框工具" ▯ 的基本操作方法与"单行选框工具" ▭ 类似，不同的是它选择的是垂直选区。使用单行或单列选框工具可以非常精确地创建一行或一列像素，填充或删除选区后能够得到一条水平线或垂直线，在版式设计和网页设计中常用该工具绘制直线。

Example 实例 19 套索工具

案例文件	DVD\源文件\素材\第3章\创意瓷碗.jpg
案例效果	DVD\源文件\效果\第3章\创意瓷碗.psd
视频教程	DVD\视频\第3章\实例19.avi
视频长度	1分13秒
制作难度	★★
技术点睛	"套索工具" ○、"色相/饱和度"对话框
思路分析	本实例介绍了套索工具的基本操作方法，以及套索工具的应用技巧，让读者了解套索操作与使用

最终效果如下图所示。

操 作 步 骤

① 打开随书附带光盘中的"源文件\素材\第3章\创意瓷碗.jpg"素材，如图3-13所示。

② 选择工具箱中的 ○（套索工具），将鼠标指针移至图像编辑窗口中瓷碗边缘处，单击鼠标左键并拖曳，回到起始位置，释放鼠标左键，创建一个套索选区，如图3-14所示。

? 专家指点

套索工具主要用来选择对选择区的精度要求不高的区域，套索工具的最大优势是效率非常高。

③ 执行"图像/调整/色相/饱和度"命令，弹出"色相/饱和度"对话框，设置"色相"为–120、"饱和度"为7，如图3-15所示。

04 单击"确定"按钮，并按【Ctrl＋D】组合键取消选区，效果如图3-16所示。

图3-13 素材　　　　图3-14 创建套索选区　　图3-15 "色相/饱和度"对话框　　图3-16 取消选区

❓ **专家指点**

按【Ctrl＋U】组合键，可以快速弹出"色相/饱和度"对话框。

执行"选择/取消选择"命令，也可以进行取消选区操作。

实 例 小 结

本例主要介绍了通过应用 ♀.（套索工具）创建选区，并通过"色相/饱和度"命令调整图像的色相/饱和度。

Example 实例 20 多边形套索工具

案例文件	DVD\源文件\素材\第3章\闪亮背景.jpg、手机.jpg
案例效果	DVD\源文件\效果\第3章\闪亮手机.psd
视频教程	DVD\视频\第3章\实例20.avi
视频长度	1分31秒
制作难度	★★
技术点睛	"多边形套索工具" ❤、"移动工具" ▶＋
思路分析	本实例介绍了多边形套索工具的基本操作方法，以及套索工具的应用技巧，实例的目的是让读者了解多边形套索操作与使用

最终效果如下图所示。

操 作 步 骤

01 打开随书附带光盘中的"源文件\素材\第3章\闪亮背景.jpg、手机.jpg"素材，如图3-17和图3-18所示。

❓ **专家指点**

运用多边形套索工具创建选区时，按住【Shift】键的同时单击鼠标左键，可以沿水平、垂直或45°度角方向创建选区。在运用套索工具或多边形套索工具时，按住【Alt】键可以在两个工具之间进行切换，应用灵活方便。

⓶ 选择工具箱中的 （多边形套索工具），将鼠标指针移至图像编辑窗口中手机边缘处，确定起始点，围绕图像边缘不断单击鼠标左键，最后在结束绘制选区的位置上双击鼠标左键，创建一个多边形选区，如图3-19所示。

⓷ 使用 （移动工具）拖曳选区内的图像至"闪亮背景"素材图像编辑窗口中的合适位置，执行"编辑/变换/缩放"命令，调整图像的大小和位置，如图3-20所示。

图3-17 闪亮背景素材　　　　图3-18 手机素材　　　　图3-19 创建多边形选区　　　　图3-20 移动图像

❓ 专家指点

与套索工具不同，在使用此工具时，需要按照"单击-释放左键-单击"的方式进行操作，而且最后一个单击点的位置应该与第一个单击点的位置相同，选区才能闭合。

实 例 小 结

本例主要介绍了通过应用 （多边形套索工具）创建不规则多边形选区，并将选区内的图像移动至相应背景中的方法。

Example 实例 21 磁性套索工具

案例文件	DVD\源文件\素材\第3章\果脯.jpg
案例效果	DVD\源文件\效果\第3章\果脯.psd
视频教程	DVD\视频\第3章\实例21.avi
视频长度	1分21秒
制作难度	★★
技术点睛	"磁性套索工具" 
思路分析	本实例介绍了磁性套索工具的基本操作方法，以及应用技巧，让读者了解磁性套索操作，并能熟练运用

最终效果如右图所示。

操 作 步 骤

⓵ 打开随书附带光盘中的"源文件\素材\第3章\果脯.jpg"素材，如图3-21所示。

⓶ 选择工具箱中的 （磁性套索工具），在果汁图像边缘处单击鼠标左键，确定起始点，围绕图像边缘拖曳鼠标，绘制套索路径，如图3-22所示。

⓷ 执行"图像/调整/色相/饱和度"命令，弹出"色相/饱和度"对话框，设置"色相"为117、"饱和度"为5，如图3-23所示。

⓸ 单击"确定"按钮，并按【Ctrl+D】组合键取消选区，效果如图3-24所示。

图3-21 素材

图3-22 绘制套索路径

图3-23 "色相/饱和度"对话框

图3-24 取消选区

？ 专家指点

运用磁性套索工具自动创建边界选区时，按【Delete】键可以删除上一个节点和线段，如果选择的边框没有贴近被选图像的边缘，可以在选区上单击鼠标左键，手动添加一个节点，然后调整其位置。

实 例 小 结

本例主要通过应用 ▣（磁性套索工具）创建不规则选区，并通过"色相/饱和度"命令调整图像的色相/饱和度。

Example 实例 22 快速选择工具

案例文件	DVD\源文件\素材\第3章\气球.jpg
案例效果	DVD\源文件\效果\第3章\气球.psd
视频教程	DVD\视频\第3章\实例22.avi
视频长度	56秒
制作难度	★★
技术点睛	"快速选择工具" ▣
思路分析	本实例介绍了快速选择工具的基本使用方法，让读者了解快速选择工具的操作与使用

最终效果如右图所示。

操 作 步 骤

① 打开随书附带光盘中的"源文件\素材\第3章\气球.jpg"素材，如图3-25所示。

② 选择工具箱中的 ▣（快速选择工具），在图像编辑窗口右上角的蓝色气球上单击鼠标左键，创建选区，如图3-26所示。

图3-25 素材　　　　　　　　　　图3-26 创建选区

03 执行"图像/调整/色相/饱和度"命令，弹出"色相/饱和度"对话框，设置"色相"为–47、"饱和度"为5，如图3-27所示。

04 单击"确定"按钮，并按【Ctrl＋D】组合键取消选区，效果如图3-28所示。

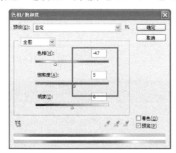

图3-27 "色相/饱和度"对话框　　　　　　图3-28 取消选区

实例小结

本例主要通过应用 ✎（快速选择工具）快速创建选区，并通过"色相/饱和度"命令调整图像的色相/饱和度。

Example 实例 23 魔棒工具

案例文件	DVD\源文件\素材\第3章\妇女节.jpg、文字效果.jpg
案例效果	DVD\源文件\效果\第3章\妇女节.psd
视频教程	DVD\视频\第3章\实例23.avi
视频长度	1分26秒
制作难度	★★
技术点睛	"魔棒工具" 、"移动工具" 、"编辑/变换/缩放"命令
思路分析	本实例介绍了魔棒工具的基本操作方法，以及魔棒工具的实际应用技巧，让读者熟悉并快速掌握魔棒工具的使用

最终效果如下图所示。

操 作 步 骤

① 打开随书附带光盘中的"源文件\素材\第3章\妇女节.jpg、文字效果.jpg"素材，如图3-29和图3-30所示。

图3-29 妇女节素材　　　　　　　　　　　图3-30 文字效果素材

？ 专家指点

　　"魔棒工具" 是一个有着很大争议的工具，因为使用此工具创建出的选区极易带有锯齿边缘，导致选择出来的图像边缘非常粗糙，但是在选择边缘清晰、背景简单的图像时，速度非常快，对于提高工作效率是有极大帮助的。

② 选择工具箱中的 （魔棒工具），在"文字效果"素材图像编辑窗口中的白色区域上重复单击鼠标左键，依次选择所有的背景颜色，创建白色选区，如图3-31所示。

③ 执行"选择/反向"命令，反选选区，使用 （移动工具）拖曳选区内的图像至"妇女节"素材图像编辑窗口中的合适位置，执行"编辑/变换/缩放"命令，调整图像的大小和位置，如图3-32所示。

图3-31 创建选区　　　　　　　　　　　图3-32 移动图像

？ 专家指点

　　在默认情况下，只能单独选择一个不规则选区，而当需要选择多个不规则图形时，需要先单击工具属性栏中的"添加到选区"按钮 。

实 例 小 结

　　本例主要介绍了应用 （魔棒工具）快速创建不规则选区，并通过 （移动工具）将选区中的图像移动至指定图像中，最后利用"编辑/变换/缩放"命令，对图像进行调整大小和位置的基本操作。

Example 实例 24 色彩范围

案例文件	DVD\源文件\素材\第3章\唇膏.jpg
案例效果	DVD\源文件\效果\第3章\唇膏.psd
视频教程	DVD\视频\第3章\实例24.avi
视频长度	1分34秒
制作难度	★★
技术点睛	"色彩范围"命令、"添加到取样"按钮
思路分析	本实例介绍了利用色彩范围创建选区并调整色相/饱和度的基本操作和应用，让读者快速掌握该命令的使用方法和技巧

最终效果如右图所示。

操 作 步 骤

01 打开随书附带光盘中的"源文件\素材\第3章\唇膏.jpg"素材，如图3-33所示。

02 执行"选择/色彩范围"命令，弹出"色彩范围"对话框，设置"颜色容差"为150，并将鼠标指针移至黑色矩形框中，在适当位置单击鼠标左键，选中图像中的红色区域，如图3-34所示。

图3-33 素材

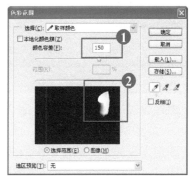

图3-34 选择图像中的红色区域

? 专家指点

"色彩范围"对话框中主要选项的含义如下。

➤ 选择：在该下拉列表框中可以选择颜色或色调范围，也可以选择取样颜色。

➤ 本地化颜色簇：主要用于控制创建选区的范围。

➤ 颜色容差：在该文本框中输入数值或拖曳滑块，以改变文本框中的数值，可以调整颜色范围。

➤ 反相：选中"反相"复选框可以将当前选区反选。

➤ 选区预览：在该下拉列表框中选择相应的选项，可以更改选区的预览方式。默认情况下，其设置为"无"，即不在图像窗口显示选择效果。如果选择"灰度"、"黑色杂边"和"白色杂边"选项，则分别表示以灰色调、黑色或白色显示选择区域；如果选择"快速蒙版"选项，表示以预设的蒙版颜色显示未选区域。

➤ "选择范围"和"图像"单选按钮：这两个单选按钮主要用于确定显示方式。

03 单击"色彩范围"对话框中的"添加到取样"按钮，将鼠标指针拖动至黑色矩形框的红色区域上，多次单击鼠标左键，加选红色的全部图像范围，如图3-35所示。

④ 单击"确定"按钮，即可选中红色区域图像，如图3-36所示。

？ 专家指点

各颜色吸管的主要含义如下。

➤ "吸管工具"按钮 ✒：单击该按钮，并单击图像中要选择的颜色区域，则该区域内所有相同的颜色将被选中。

➤ "添加到取样"按钮 ✒：如果需要选择不同的几个颜色区域，可以在选择一种颜色后，单击该按钮，再单击其他需要选择的颜色区域。

➤ "从取样中减去"按钮 ✒：如果需要在已有的选区中去除某部分选区，可以单击该按钮，并单击其他需要去除的颜色区域。

图3-35 加选红色区域

图3-36 选中后的效果

⑤ 执行"图像/调整/色相/饱和度"命令，弹出"色相/饱和度"对话框，设置"色相"为–40、"饱和度"为10，如图3-37所示。

⑥ 单击"确定"按钮，并按【Ctrl＋D】组合键取消选区，效果如图3-38所示。

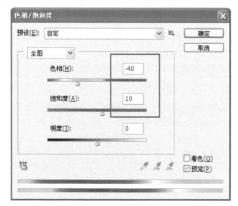

图3-37 "色相/饱和度"对话框

图3-38 调色后的图像

实 例 小 结

本例主要介绍了通过"色彩范围"命令创建颜色相似选区的方法，然后通过"色相/饱和度"命令调整图像的色相/饱和度。

Example 实例 25 填充和描边选区

案例文件	DVD\源文件\素材\第3章\文字.jpg
案例效果	DVD\源文件\效果\第3章\文字.psd
视频教程	DVD\视频\第3章\实例25.avi
视频长度	2分21秒
制作难度	★★
技术点睛	"魔棒工具" ✎、"填充"命令、"描边"命令
思路分析	本实例介绍了"填充"命令和"描边"命令的基本操作和应用技巧，让读者快速掌握并能熟练运用

最终效果如右图所示。

操 作 步 骤

01 打开随书附带光盘中的"源文件\素材\第3章\文字.jpg"素材，如图3-39所示。

02 选择工具箱中的 ✎（魔棒工具），在"文字"素材图像编辑窗口中的白色区域单击鼠标左键，创建选区，如图3-40所示。

图3-39 素材 图3-40 创建选区

03 执行"选择/反向"命令，反选选区，如图3-41所示。

04 单击工具箱下方的"设置前景色"色块，打开"拾色器（前景色）"对话框，设置前景色R为254、G为10、B为10，如图3-42所示。

图3-41 反选选区 图3-42 "拾色器（前景色）"对话框

? 专家指点

在图像编辑窗口中单击鼠标右键，在弹出的快捷菜单中选择"选择反向"选项，也可以快速反选区。

05 单击"确定"按钮，按【Alt＋Delete】组合键，填充前景色，并按【Ctrl＋D】组合键取消选区，如图3-43所示。

06 选择工具箱中的 ✎（魔棒工具），在"文字"素材图像编辑窗口中的白色区域单击鼠标左键，创建选区，并执行"选择/反向"命令，反选选区，如图3-44所示。

图3-43 填充颜色　　　　　　　　　图3-44 反选选区

⑦ 执行"编辑/描边"命令，弹出"描边"对话框，在"描边"选项区中，设置"宽度"为4像素，如图3-45所示。

⑧ 单击"颜色"右侧的色块，弹出"选取描边颜色"对话框，设置描边颜色R为250、G为240、B为20，如图3-46所示。

 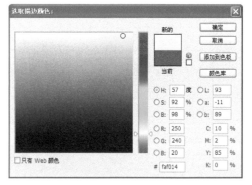

图3-45 "描边"对话框　　　　　　　图3-46 "选取描边颜色"对话框

专家指点

"描边"对话框中主要选项的含义如下。

➤ 宽度：设置该文本框中的数值可以确定描边线条的宽度，数值越大，线条越宽。

➤ 颜色：单击颜色块，可以在弹出的"选取描边颜色"对话框中选择一种合适的颜色。

➤ 位置：选中各个单选按钮，可以设置描边线条相对于选区的位置。

➤ 保留透明区域：如果当前描边的选区范围内存在透明区域，则选择该选项后，将不对透明选区进行描边。

⑨ 单击"确定"按钮，返回"描边"对话框，在"位置"选项区中选中"居外"单选按钮，如图3-47所示。

⑩ 单击"确定"按钮，描边选区，并按【Ctrl＋D】组合键取消选区，效果如图3-48所示。

图3-47 选中"居外"单选按钮　　　　图3-48 描边选区

实例小结

本例主要通过应用 ✎（魔棒工具）快速创建不规则选区，然后通过"填充"和"描边"命令填充和描边选区。

第4章 掌握绘图和填充工具

本章内容

- ➢ 画笔工具——情人节快乐
- ➢ 铅笔工具——蝴蝶纷飞
- ➢ 颜色替换工具——度假胜地
- ➢ 橡皮擦工具——向日葵
- ➢ 背景橡皮擦工具——圣诞快乐
- ➢ 魔术橡皮擦工具——品味人生
- ➢ 吸管工具——色彩缤纷
- ➢ 渐变工具——彩色云朵
- ➢ 油漆桶工具——个性写真

Photoshop软件的绘图和填充功能是十分出色的，其中包括画笔、铅笔、颜色替换、橡皮擦、形状和渐变等工具，正确合理地运用各种工具，可以绘制出非常优秀的插画作品，还可以绘制比较商业的作品。

Example 实例 26 画笔工具——情人节快乐

案例文件	DVD\源文件\素材\第4章\情人节快乐.jpg
案例效果	DVD\源文件\效果\第4章\情人节快乐.psd
视频教程	DVD\视频\第4章\实例26.swf
视频长度	1分25秒
制作难度	★★
技术点睛	"画笔工具"
思路分析	本实例介绍了"画笔工具"的基本操作，让读者掌握画笔工具的应用和操作技巧

最终效果如右图所示。

操 作 步 骤

01 打开随书附带光盘中的"源文件\素材\第4章\情人节快乐.jpg"素材，如图4-1所示。

02 选择工具箱中的 （画笔工具），在工具属性栏中单击"点按可打开'画笔预设'选取器"下拉按钮，弹出"画笔预设"面板，在下拉列表框中选择"散布枫叶"选项，并设置"大小"为20像素，如图4-2所示。

图4-1 素材

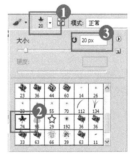
图4-2 "画笔预设"面板

？ 专家指点

使用画笔工具可以在图像上绘制前景色、创建柔和的颜色描边，也可以模拟毛笔、水彩笔在图像或选区中进行绘制。

⑬ 设置前景色为白色，拖动鼠标指针至编辑窗口中，鼠标指针呈枫叶形状，如图4-3所示。

⑭ 在图像编辑窗口中的适当位置，单击鼠标左键，并拖曳鼠标至合适位置，绘制心形的散布枫叶效果，如图4-4所示。

图4-3 画笔形状

图4-4 绘制心形散布枫叶效果

专家指点

在使用画笔工具绘制图像时，按住【Shift】键可以绘制一条直线；按住【Alt】键，则画笔工具变为吸管工具；按住【Ctrl】键，则暂时将画笔工具切换为移动工具。

实例小结

本例主要介绍了应用 ✐（画笔工具）绘制图形的基本操作方法。

Example 实例 27 铅笔工具——蝴蝶纷飞

案例文件	DVD\源文件\素材\第4章\蝴蝶纷飞.jpg
案例效果	DVD\源文件\效果\第4章\蝴蝶纷飞.psd
视频教程	DVD\视频\第4章\实例27.swf
视频长度	2分3秒
制作难度	★★
技术点睛	"铅笔工具" ✐、"窗口/铅笔"命令、"画笔"面板
思路分析	本实例介绍了"铅笔工具" ✐的基本使用方法，以及应用技巧，让读者掌握如何运用铅笔工具进行图像的简单处理

最终效果如右图所示。

操作步骤

① 打开随书附带光盘中的"源文件\素材\第4章\蝴蝶纷飞.jpg"素材，如图4-5所示。

② 选择工具箱中的 ✐（铅笔工具），执行"窗口/画笔"命令，弹出"画笔"面板，在"画笔"选项卡中单击"画笔笔尖形状"选项，在右侧列表框中选择Butterfly选项，设置"大小"为40像素，"间距"为160%，如图4-6所示。

专家指点

按快捷键【F5】，也可以快速弹出"画笔"面板。

03 单击"散布"选项，设置"散布"为320%，"数量抖动"为10%，如图4-7所示。

04 单击"颜色动态"选项，设置"前景/背景抖动"为50%，"控制"为"渐隐，25"如图4-8所示。

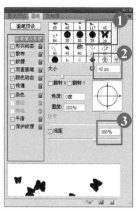

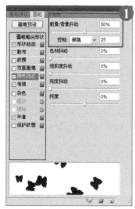

图4-5 素材　　图4-6 设置画笔笔尖形状　　图4-7 设置散布　　图4-8 设置颜色动态

? 专家指点

在"画笔"面板中选中"散布"复选框时，面板中各主要选项的含义如下。

➤ 散布：此参数控制画笔的偏离程度，百分数越大，偏离的程度越大。

➤ 两轴：选中此复选框，画笔在x及y两个轴向上发生分散，如果不选择此选项，则只在x轴向上发生分散。

➤ 数量：此参数可用于控制绘图时画笔的数量。

➤ 数量抖动：此参数控制在绘制的笔画中画笔数量的波动幅度。

05 单击工具箱下方的"设置前景色"色块，打开"拾色器（前景色）"对话框，设置前景色R为255、G为170、B为220，如图4-9所示。

06 移动鼠标指针至编辑窗口的合适位置，多次单击并拖曳鼠标，绘制铅笔效果，效果如图4-10所示。

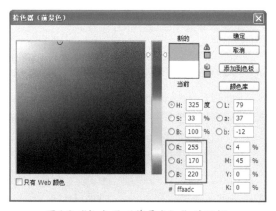

图4-9 "拾色器（前景色）"对话框　　图4-10 绘制铅笔效果

实 例 小 结

本例主要介绍了（铅笔工具）的基本使用方法和应用技巧。

Example 实例 28 颜色替换工具——度假胜地

案例文件	DVD\源文件\素材\第4章\度假胜地.jpg
案例效果	DVD\源文件\效果\第4章\度假胜地.psd
视频教程	DVD\视频\第4章\实例28.swf
视频长度	1分3秒
制作难度	★★
技术点睛	"颜色替换工具"
思路分析	本实例介绍了颜色替换工具的基本操作方法，让读者了解颜色替换工具的应用

最终效果如右图所示。

操作步骤

⑴ 打开随书附带光盘中的"源文件\素材\第4章\度假胜地.jpg"素材，如图4-11所示。

⑵ 单击工具箱下方的"设置前景色"色块，打开"拾色器（前景色）"对话框，设置前景色R为140、G为240、B为210，如图4-12所示。

图4-11 素材

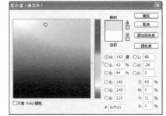

图4-12 "拾色器（前景色）"对话框

? 专家指点

颜色替换工具属性栏中主要选项的含义如下。

➢ 模式：用于设置不同的模式，从而使图像产生不同的效果，通常情况下选择"颜色"选项。

➢ "取样：连续"按钮：用于在拖曳鼠标时连续对颜色进行取样。

➢ "取样：一次"按钮：用于替换用户第一次单击颜色区域时的目标颜色。

➢ "取样：背景颜色"按钮：用于替换图像中所有包含背景色的区域。

⑶ 单击"确定"按钮，选择工具箱中的（颜色替换工具），设置画笔"大小"为50像素，在图像编辑窗口中的左下角水面上单击鼠标左键并拖曳，涂抹图像，如图4-13所示。

⑷ 用与上面同样的方法，在图像编辑窗口继续涂抹图像，替换颜色，效果如图4-14所示。

图4-13 涂抹图像

图4-14 替换颜色

实例小结

本例主要讲解通过设置前景色，然后应用（颜色替换工具）替换选定区域内颜色的操作。

Example 实例 29 橡皮擦工具——向日葵

案例文件	DVD\源文件\素材\第4章\向日葵.jpg
案例效果	DVD\源文件\效果\第4章\向日葵.psd
视频教程	DVD\视频\第4章\实例29.swf
视频长度	50秒
制作难度	★★
技术点睛	"橡皮擦工具"
思路分析	本实例介绍了橡皮擦工具的基本操作方法，以及应用技巧，让读者了解并熟练运用橡皮擦

最终效果如右图所示。

操作步骤

① 打开随书附带光盘中的"源文件\素材\第4章\向日葵.jpg"素材，如图4-15所示。

② 选择工具箱中的 （橡皮擦工具），在工具属性栏中单击"点按可打开'画笔预设'选取器"下拉按钮，弹出"画笔预设"面板，在下拉列表框中选择"硬边圆"选项 ，并设置"大小"为80像素，如图4-16所示。

图4-15 素材

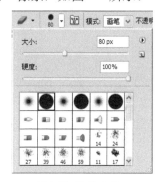

图4-16 设置画笔

? 专家指点

橡皮擦工具属性栏中各主要选项的含义如下。

➤ "画笔"下拉列表框：在进行擦除操作之前，首先需要选择笔刷，以确定在擦除时拖动一次所能擦除区域的大小，选择的笔刷越大，一次所能擦除的区域就越大。

➤ "模式"下拉列表框：在该下拉列表框中可以选择的橡皮擦类型有画笔、铅笔和块。当选择不同的橡皮擦类型时，工具属性栏中的选项也不同。选择"画笔"、"铅笔"选项时，与画笔和铅笔工具的用法相似，只是绘画和擦除的区别；选择"块"选项，就是一个方形的橡皮擦。

➤ "不透明度"文本框：在其中输入数值或者拖动滑块，可以设置橡皮擦的不透明度。

➤ "启用喷枪模式"按钮 ：单击工具选项条中的喷枪工具，将以喷枪工具的模式进行擦除。

➤ "抹到历史记录"复选框：选中该复选框后，将橡皮擦工具移动到图像上时会变成图案，可将图像恢复到历史面板中任何一个状态或图像的任何一个"快照"。

③ 移动鼠标指针至图像编辑窗口中的文字区，单击鼠标左键，擦除文字，如图4-17所示。

04 用与上面同样的方法，擦除其他文字，效果如图4-18所示。

图4-17 擦除文字

图4-18 擦除其他文字

? 专家指点

运用橡皮擦工具擦除图像颜色后的效果会因所在图层的不同而有所不同。当在背景图层或被锁定透明像素的普通图层中擦除时，被擦除的部分将会更改为工具箱中显示的背景色；当在普通图层中擦除时，被擦除的部分将会显示为透明色。

实 例 小 结

本例主要介绍了应用 ◢（橡皮擦工具），将图像中不需要的图像内容进行擦除的基本操作方法。

Example 实例 30 背景橡皮擦工具——圣诞快乐

案例文件	DVD\源文件\素材\第4章\文字效果.jpg、圣诞快乐.jpg
案例效果	DVD\源文件\效果\第4章\圣诞快乐.psd
视频教程	DVD\视频\第4章\实例30.swf
视频长度	1分58秒
制作难度	★★
技术点睛	"背景橡皮擦工具" 、"移动工具"
思路分析	本实例介绍了背景橡皮擦工具的基本操作方法，以及套索工具的应用技巧，让读者了解背景橡皮擦工具的使用

最终效果如右图所示。

操 作 步 骤

01 打开随书附带光盘中的"源文件\素材\第4章\文字效果.jpg、圣诞快乐.jpg"素材，如图4-19和图4-20所示。

02 选择工具箱中的 （背景橡皮擦工具），在工具属性栏中设置画笔"大小"为40，移动鼠标指针至图像编辑窗口的白色背景区，单击鼠标左键，擦除白色背景图像，如图4-21所示。

03 用与上面同样的方法，使用 （背景橡皮擦工具）擦除其他背景，如图4-22所示。

图4-19 文字效果素材　　　　　　图4-20 圣诞快乐素材　　　　　　图4-21 擦除图像

04 使用 ▶+（移动工具）将"文字效果"素材拖曳至"圣诞快乐"素材图像编辑窗口中的合适位置，执行"编辑/变换/缩放"命令，调整图像大小和位置，如图4-23所示。

05 再次运用 🖌（背景橡皮擦工具）修复图像，如图4-24所示。

图4-22 擦除图像　　　　　　　图4-23 移动图像　　　　　　　图4-24 擦除图像

实 例 小 结

本例主要介绍了应用 🖌（背景橡皮擦工具）擦除图像中不需要的部分，并通过 ▶+（移动工具）将其移至相应的图像中。

Example 实例 31 魔术橡皮擦工具——品味人生

案例文件	DVD\源文件\素材\第4章\品味人生.jpg、人物.jpg
案例效果	DVD\源文件\效果\第4章\品味人生.psd
视频教程	DVD\视频\第4章\实例31.swf
视频长度	1分17秒
制作难度	★★
技术点睛	"魔术橡皮擦工具" 🖌
思路分析	本实例介绍了魔术橡皮擦工具的基本操作方法，以及应用技巧，让读者熟悉并快速掌握魔术橡皮擦工具的使用

最终效果如右图所示。

操 作 步 骤

01 打开随书附带光盘中的"源文件\素材\第4章\人物.jpg、品味人生.jpg"素材，如图4-25和图4-26所示。

02 选择工具箱中的 ✎（魔术橡皮擦工具），在"人物"素材图像编辑窗口中的白色背景区域内单击鼠标左键，擦除白色背景，如图4-27所示。

03 用与上面同样的方法，使用 ✎（魔术橡皮擦工具）擦除图像中的其他白色背景，如图4-28所示。

? 专家指点

　　运用魔术橡皮擦工具可以擦除图像中所有与鼠标指针单击颜色相近的像素。当在被锁定透明像素的普通图层中擦除图像时，被擦除的图像将更改为背景色，当在背景图层或普通图层中擦除图像时，被擦除的图像将显示为透明色。

04 使用 ↔（移动工具）将"人物"素材拖曳至"品味人生"素材图像编辑窗口中，如图4-29所示。

图4-25 品味人生素材

图4-26 人物素材

图4-27 擦除白色区域

05 执行"编辑/变换/缩放"命令，调整图像大小和位置，效果如图4-30所示。

图4-28 擦除其他白色区域

图4-29 移动图像

图4-30 调整大小和位置

专家指点

魔术橡皮擦工具属性栏中各主要选项的含义如下。

➢ "容差"文本框：其中的数值用于控制擦除颜色的区域，数值越大擦除的颜色范围越大。

➢ "消除锯齿"复选框：选中该复选框，可以擦除不同颜色区域边缘处的杂色，所以将操作后的图像放在另一种颜色的背景上就不会出现杂色边缘效果了。

➢ "连续"复选框：选中该复选框，只能一次性擦除颜色值在"容差"范围内的相邻像素；取消选中该复选框，则能一次性地擦除颜色值在"容差"范围内的所有像素。

➢ "不透明度"文本框：在其中输入相应数值，可以指定擦除的强度。

实 例 小 结

本例主要介绍了应用 🧽（魔术橡皮擦工具）快速擦除图像中不需要的部分，并通过 ▶⊕（移动工具）将擦除后的图像移动至指定图像中。

Example （实例） 32 吸管工具——色彩缤纷

案例文件	DVD\源文件\素材\第4章\色彩缤纷.jpg
案例效果	DVD\源文件\效果\第4章\色彩缤纷.psd
视频教程	DVD\视频\第4章\实例32.swf
视频长度	1分7秒
制作难度	★★
技术点睛	"吸管工具" 🖊、"魔棒工具" 🪄
思路分析	本实例介绍了吸管工具的基本操作和应用，让读者快速掌握该命令的使用

最终效果如右图所示。

操 作 步 骤

① 打开随书附带光盘中的"源文件\素材\第4章\色彩缤纷.jpg"素材，如图4-31所示。

② 选择工具箱中的 🪄（魔棒工具），在素材图像编辑窗口中的乳白色区域上重复单击鼠标左键，创建选区，如图4-32所示。

③ 选择工具箱中的 🖊（吸管工具），拖曳鼠标指针至图像编辑窗口中的某个颜色区域处，单击鼠标左键吸取颜色，如图4-33所示。

④ 执行操作后，设置前景色为黄色，按【Alt＋Delete】组合键，即可在选区内填充前景色，按【Ctrl＋D】组合键取消选区，效果如图4-34所示。

图4-31 素材

图4-32 创建选区

图4-33 吸取颜色　　　　　　　　　　　图4-34 填充后的效果

实 例 小 结

本例主要介绍了通过"色彩范围"命令创建颜色相似选区的方法，然后通过"色相/饱和度"命令调整图像的色相/饱和度。

Example 实例 33 渐变工具——彩色云朵

案例文件	DVD\源文件\素材\第4章\彩色云朵.jpg
案例效果	DVD\源文件\效果\第4章\彩色云朵.psd
视频教程	DVD\视频\第4章\实例33.swf
视频长度	2分4秒
制作难度	★★
技术点睛	"魔棒工具" 、"渐变工具"
思路分析	本实例介绍了渐变工具的基本操作和应用技巧，让读者了解渐变工具的基本知识，并能快速掌握和运用

最终效果如右图所示。

操 作 步 骤

① 打开随书附带光盘中的"源文件\素材\第4章\彩色云朵.jpg"素材，如图4-35所示。

② 选择工具箱中的 （魔棒工具），在素材图像编辑窗口中的左侧云朵区域单击鼠标左键，创建选区，如图4-36所示。

③ 选择工具箱中的 （渐变工具），在工具属性栏中单击"点按可编辑渐变"按钮 ，弹出"渐变编辑器"对话框，在"预设"列表框中，选择"前景色到透明渐变"色块，单击渐变色矩形控制条左侧的色标，单击"颜色"色块，如图4-37所示。

④ 弹出"选择色标颜色"对话框，设置色标颜色R为255、G为170、B为255，如图4-38所示。

图4-35 素材　　　　　　　图4-36 创建选区　　　　　　图4-37 "渐变编辑器"对话框

在图像编辑窗口中单击鼠标右键，在弹出的快捷菜单中选择"选择反向"选项，也可以快速反选选区。

⑤ 单击"确定"按钮，返回"渐变编辑器"对话框，单击渐变色矩形控制条右侧的色标，单击"颜色"色块，如图4-39所示。

⑥ 弹出"选择色标颜色"对话框，设置色标颜色为白色，单击"确定"按钮，返回"渐变编辑器"对话框，如图4-40所示。

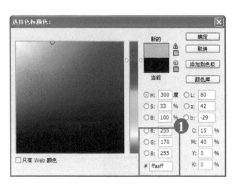
图4-38 "选择色标颜色"对话框

图4-39 填充颜色

图4-40 设置色标颜色

⑦ 单击"确定"按钮，设置渐变色，移动鼠标指针至选区的左下角处，单击鼠标左键并向右上角拖曳，绘制一条渐变线，如图4-41所示。

⑧ 释放鼠标后，即可填充渐变色，按【Ctrl＋D】组合键取消选区，如图4-42所示。

图4-41 绘制渐变线

图4-42 填充渐变色

"描边"对话框中主要选项的含义如下。

➤ 宽度：设置该文本框中的数值可以确定描边线条的宽度，数值越大，线条越宽。

➤ 颜色：单击颜色块，可以在弹出的"选取描边颜色"对话框中选择一种合适的颜色。

➤ 位置：选中各个单选按钮，可以设置描边线条相对于选区的位置。

➤ 保留透明区域：如果当前描边的选区范围内存在透明区域，则选择该选项后，将不对透明选区进行描边。

实 例 小 结

本例主要通过应用 ✨（魔棒工具）快速创建不规则选区，然后通过 ▦（渐变工具）在选区内填充渐变色。

Example 实例 **34** 油漆桶工具——个性写真

案例文件	DVD\源文件\素材\第4章\个性写真.jpg
案例效果	DVD\源文件\效果\第4章\个性写真.psd
视频教程	DVD\视频\第4章\实例34.swf
视频长度	53秒
制作难度	★★
技术点睛	"吸管工具" ✐ 、"油漆桶工具" 🪣
思路分析	本实例介绍了油漆桶工具的基本操作和应用技巧，让读者快速掌握油漆桶工具的基本应用技巧

最终效果如右图所示。

操 作 步 骤

① 打开随书附带光盘中的"源文件\素材\第4章\个性写真.jpg"素材，如图4-43所示。

② 选择工具箱中的 ✐ （吸管工具），在素材图像编辑窗口中的左侧黄色背景区域单击鼠标左键，吸取颜色，如图4-44所示。

图4-43 素材

图4-44 吸取颜色

③ 选择工具箱中的 🪣 （油漆桶工具），移动鼠标指针至图像编辑窗口中左侧的红色竖条区域，单击鼠标左键，填充颜色，如图4-45所示。

④ 继续在其他红色竖条区域单击鼠标左键，填充颜色，效果如图4-46所示。

图4-45 填充颜色

图4-46 填充后的效果

❓ 专家指点

油漆桶工具主要根据颜色相似程度来进行填充，它可以通过选区对图像进行填充，也可以直接对图像进行填充。

实 例 小 结

本例主要通过应用 ✐ （吸管工具）在图像中吸取需要的颜色，然后通过 🪣 （油漆桶工具）填充相应的色块区域。

第5章　掌握修饰和调色操作

本章内容

- 污点修饰工具——完美肌肤
- 修复画笔工具——知性美女
- 修补工具——玫瑰情怀
- 红眼工具——靓丽美女
- 仿制图章工具——活力金鱼
- 图案图章工具——动漫天地
- 模糊工具——淡淡茶香
- 锐化工具——璀璨宝石

- 涂抹工具——梦幻云朵
- 减淡和加深工具——舒适座驾
- 海绵工具——品味咖啡
- 自动调色命令——水晶花朵
- "色阶"命令——色彩动漫
- "曲线"命令——娇艳欲滴
- "色彩平衡"命令——时尚达人
- "色相/饱和度"命令——创意广告

Photoshop是一款专业的图像处理软件，其修饰和调色功能十分强大，不仅提供了各式各样的修饰工具和调色工具，并且每种工具都有独特之处，正确、合理地运用各种工具，将会制作出美观的实用效果。

Example 实例 35 污点修饰工具——完美肌肤

案例文件	DVD\源文件\素材\第5章\完美肌肤.jpg
案例效果	DVD\源文件\效果\第5章\完美肌肤.psd
视频教程	DVD\视频\第5章\实例35.swf
视频长度	1分6秒
制作难度	★★
技术点睛	"污点修复画笔工具" ✎
思路分析	本实例介绍了污点修复画笔工具的基本操作，让读者掌握污点修复画笔工具的应用技巧

最终效果如右图所示。

操 作 步 骤

01 打开随书附带光盘中的"源文件\素材\第5章\完美肌肤.jpg"素材，如图5-1所示。

02 选择工具箱中的 ✎（污点修复画笔工具），在工具属性栏中单击"单击以打开'画笔'选取器"下拉按钮，弹出"画笔"面板，设置"大小"为50像素，如图5-2所示。

图5-1 素材

图5-2 "画笔"面板

03　拖动鼠标指针至图像编辑窗口中的花朵纹身位置，单击鼠标左键并拖曳，释放鼠标左键，修复污点，如图5-3所示。

04　继续在纹身位置单击鼠标左键并拖曳，释放鼠标左键，即可修复污点，效果如图5-4所示。

图5-3　修复污点

图5-4　修复污点

? 专家指点

　　污点修复画笔工具能够自动分析鼠标单击处及周围图像的不透明度、颜色和质感等，从而进行采样和修复操作。

实 例 小 结

　　本例主要介绍了应用 ✐ （污点修复画笔工具）修复图像中污点的基本操作。

Example 实例 36 修复画笔工具——知性美女

案例文件	DVD\源文件\素材\第5章\知性美女.jpg
案例效果	DVD\源文件\效果\第5章\知性美女.psd
视频教程	DVD\视频\第5章\实例36.swf
视频长度	1分
制作难度	★★
技术点睛	"修复画笔工具" ✐
思路分析	本实例介绍了修复画笔工具的基本操作方法，以及应用技巧，让读者掌握如何运用修复画笔工具进行图像处理

最终效果如右图所示。

操 作 步 骤

01　打开随书附带光盘中的"源文件\素材\第5章\知性美女.jpg"素材，如图5-5所示。

02　选择工具箱中的 ✐ （修复画笔工具），拖动鼠标指针至图像编辑窗口，按住【Alt】键的同时，在人物脸部需要修复的位置附近单击鼠标左键进行取样，释放【Alt】键，确认取样，如图5-6所示。

? 专家指点

　　运用修复画笔工具修复图像时，先将图像放大，然后进行修复，可以更加精确地完成图像的修复，使效果更加自然。

图5-5 素材

图5-6 确认取样

03 在人物脸部需要修复的位置单击鼠标左键并拖曳，修复图像，如图5-7所示。

04 用与上面同样的方法进行取样，修复其他位置，效果如图5-8所示。

图5-7 修复图像

图5-8 修复后的效果

> **? 专家指点**
>
> 修复画笔工具属性栏中各主要选项的含义如下。
>
> 模式：用于设置图像在修复过程中的混合模式。
>
> 图案：用于设置修复图像时以图案或自定义图案对图像进行填充。
>
> 对齐：用于设置在修复图像时将复制的图案对齐。
>
> 源：用于设置修复画笔工具复制图像的来源。

实 例 小 结

本例主要介绍了应用 ✐（修复画笔工具）进行取样，然后根据取样修复图像的基本方法和技巧。

Example 实例 37 修补工具——玫瑰情怀

案例文件	DVD\源文件\素材\第5章\玫瑰情怀.jpg
案例效果	DVD\源文件\效果\第5章\玫瑰情怀.psd
视频教程	DVD\视频\第5章\实例37.swf
视频长度	1分7秒
制作难度	★★
技术点睛	"修补工具"
思路分析	本实例介绍了修补工具的基本操作方法，让读者了解并掌握修补工具的使用

最终效果如右图所示。

操 作 步 骤

01 打开随书附带光盘中的"源文件\素材\第5章\玫瑰情怀.jpg"素材，如图5-9所示。

02 选择工具箱中的 ●（修补工具），拖动鼠标指针至图像编辑窗口中，在需要修补的位置单击鼠标左键并拖曳，创建一个选区，如图5-10所示。

图5-9 素材

图5-10 运用修补工具创建选区

03 单击鼠标左键并拖曳选区至图像颜色相近的位置，如图5-11所示。

04 释放鼠标左键，多次进行修补，按【Ctrl＋D】组合键取消选区，如图5-12所示。

图5-11 拖曳选区

图5-12 修补后的效果

? 专家指点

使用修补工具可以用其他区域或图案中的像素来修复选中的区域，与修复画笔工具相同，修补工具会将样本像素的纹理、光照和阴影与源像素进行匹配，还可以使用修补工具来仿制图像的隔离区域。

实 例 小 结

本例主要介绍了应用 ●（修补工具）创建选区，并拖曳选区修补图像的方法。

Example 实例 38 红眼工具——靓丽美女

案例文件	DVD\源文件\素材\第5章\靓丽美女.jpg
案例效果	DVD\源文件\效果\第5章\靓丽美女.psd
视频教程	DVD\视频\第5章\实例38.swf
视频长度	47秒
制作难度	★★
技术点睛	"红眼工具" ⁺◉
思路分析	本实例介绍了红眼工具的基本操作方法，以及应用技巧，让读者了解并熟练运用红眼工具修复图像

最终效果如右图所示。

操作步骤

① 打开随书附带光盘中的"源文件\素材\第5章\靓丽美女.jpg"素材，如图5-13所示。

② 选择工具箱中的 ✏️（红眼工具），在工具属性栏中设置"瞳孔大小"为50%，"变暗量"为5%，拖动鼠标指针至图像编辑窗口中人物的左眼位置，单击鼠标左键，如图5-14所示。

图5-13 素材

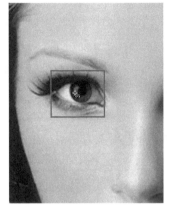

图5-14 去除红眼

③ 释放鼠标左键，即可修复红眼，如图5-15所示。

④ 用与上面同样的方法，修复另一只红眼，效果如图5-16所示。

图5-15 修复红眼

图5-16 修复后的效果

❓ 专家指点

红眼工具属性栏中主要选项的含义如下。

➤ 瞳孔大小：设置该数值框，可以设置红眼图像的大小。

➤ 变暗量：设置该数值框，可以设置去除红眼后瞳孔变暗的程度，数值越大瞳孔越暗。

实例小结

本例主要介绍了应用 ✏️（红眼工具），对指定图像中的红眼进行修复的基本操作方法和技巧。

Example 实例 39 仿制图章工具——活力金鱼

案例文件	DVD\源文件\素材\第5章\活力金鱼.jpg
案例效果	DVD\源文件\效果\第5章\活力金鱼.psd
视频教程	DVD\视频\第5章\实例39.swf
视频长度	1分23秒
制作难度	★★
技术点睛	仿制图章工具"移动工具"
思路分析	本实例介绍了仿制图章工具的基本操作方法，以及应用技巧，让读者了解仿制图章工具的使用

最终效果如右图所示。

操 作 步 骤

① 打开随书附带光盘中的"源文件\素材\第5章\活力金鱼.jpg"素材，如图5-17所示。

② 选择工具箱中的 🏷️ （仿制图章工具），拖动鼠标指针至图像编辑窗口中，按住【Alt】键的同时单击鼠标左键，进行取样，如图5-18所示。

图5-17 素材　　　　　　　　　　图5-18 进行取样

③ 释放【Alt】键，拖动鼠标指针至图像编辑窗口右侧合适位置，单击鼠标左键并拖曳进行涂抹，将取样点的图像复制到涂抹的位置上，如图5-19所示。

④ 继续拖动鼠标进行涂抹，完成整个效果，如图5-20所示。

图5-19 涂抹图像　　　　　　　　　图5-20 涂抹完成后的效果

❓ 专家指点

选取仿制图章工具后，用户可以在工具属性栏上，对仿制图章的属性，如画笔大小、模式、不透明度和流量进行相应的设置，经过相关属性的设置后，使用仿制图章工具所得到的效果也会有所不同。

05 运用矩形选框工具，框选复制的图像，如图5-21所示。

06 单击"编辑/变换/水平翻转"命令，即可将选区中的图像水平翻转，按【Ctrl+D】组合键取消选区，效果如图5-22所示。

图5-21 框选复制的图像　　　　　　图5-22 水平翻转后的图像

实 例 小 结

本例主要应用 ▲（仿制图章工具）进行取样，然后将样本应用于图像的其他部分，快速得到一个复制品。

Example 实例 40 图案图章工具——动漫天地

案例文件	DVD\源文件\素材\第5章\动漫天地.jpg、白云.psd
案例效果	DVD\源文件\效果\第5章\动漫天地.psd
视频教程	DVD\视频\第5章\实例40.swf
视频长度	1分29秒
制作难度	★★
技术点睛	"图案图章工具" ▲
思路分析	本实例介绍了图案图章工具的基本操作方法，以及应用技巧，让读者熟悉并快速掌握该工具的使用

最终效果如右图所示。

操 作 步 骤

01 打开随书附带光盘中的"源文件\素材\第5章\动漫天地.jpg、白云.psd"素材，如图5-23和图5-24所示。

02 确认"白云"图像为当前工作窗口，执行"编辑/定义图案"命令，弹出"图案名称"对话框，设置"名称"为"白云"，如图5-25所示，单击"确定"按钮。

03 按【Ctrl+Tab】组合键，切换至"动漫天地"图像编辑窗口，选择工具箱中的 ▲（图案图章工具），在工具属性栏中设置"画笔"为"硬边圆50像素"，"图案"为"白云"，如图5-26所示。

? 专家指点

图案图章工具属性栏与仿制图章工具属性栏所不同的是，图案图章工具只对当前图层起作用，如果选中"印象派效果"复选框，使用图案工具将复制出模糊、边缘柔和的图案。

图5-23 动漫天地素材

图5-24 白云素材

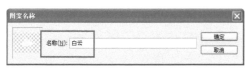

图5-25 "图案名称"对话框

图5-26 工具属性栏

04 移动鼠标指针至图像编辑窗口中的合适位置，单击鼠标左键并拖曳，复制图案，如图5-27所示。

05 用与上面同样的方法继续涂抹，复制图案，效果如图5-28所示。

图5-27 复制图案

图5-28 复制后的图像

实例小结

本例主要应用"定义图案"命令，将指定的图案进行定义，然后通过 🏷 （图案图章工具）来复制图案。

Example 实例 41 模糊工具——淡淡茶香

案例文件	DVD\源文件\素材\第5章\淡淡茶香.jpg
案例效果	DVD\源文件\效果\第5章\淡淡茶香.psd
视频教程	DVD\视频\第5章\实例41.swf
视频长度	55秒
制作难度	★★
技术点睛	"模糊工具" 🌢
思路分析	本实例介绍了模糊工具的基本操作方法，以及应用技巧，让读者快速了解模糊工具的操作与应用

最终效果如下图所示。

操 作 步 骤

① 打开随书附带光盘中的"源文件\素材\第5章\淡淡茶香.jpg"素材，如图5-29所示。

② 选择工具箱中的 ◌ （模糊工具），在工具属性栏中设置"强度"为100%，"画笔"为"柔边圆200像素"，如图5-30所示。

图5-29 素材

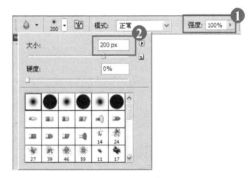

图5-30 工具属性栏

？ 专家指点

使用模糊工具可以将突出的色彩打散，使僵硬的图像边界变得柔和、颜色过渡变得平缓，起到一种模糊图像的效果。

③ 移动鼠标指针至图像编辑窗口中左上角的茶杯处，单击鼠标左键并拖曳，模糊图像，如图5-31所示。

④ 用与上面同样的方法，继续拖曳鼠标模糊图像，效果如图5-32所示。

图5-31 模糊图像

图5-32 模糊后的效果

? 专家指点

在工具属性栏的"画笔"下拉调板中选择一个合适的画笔，选择的画笔越大，图像被模糊的区域也就越大。

实 例 小 结

本例主要介绍了在工具属性栏设置相应画笔，然后使用 ◌（模糊工具）对指定的图像进行模糊处理的基本操作方法。

Example 实例 42 锐化工具——璀璨宝石

案例文件	DVD\源文件\素材\第5章\璀璨宝石.jpg
案例效果	DVD\源文件\效果\第5章\璀璨宝石.psd
视频教程	DVD\视频\第5章\实例42.swf
视频长度	47秒
制作难度	★★
技术点睛	"锐化工具" △.
思路分析	本实例介绍了锐化工具的基本操作方法和技巧应用，让读者掌握锐化工具的操作方法，并能快速结合实践应用

最终效果如右图所示。

操 作 步 骤

01 打开随书附带光盘中的"源文件\素材\第5章\璀璨宝石.jpg"素材，如图5-33所示。

02 选择工具箱中的 △.（锐化工具），在工具属性栏中设置"强度"为50%，"画笔"为"柔边圆100像素"，如图5-34所示。

图5-33 素材

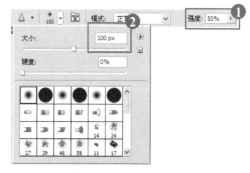

图5-34 工具属性栏

03 移动鼠标指针至图像编辑窗口中的宝石处，单击鼠标左键并拖曳，锐化图像，如图5-35所示。

04 用与上面同样的方法，继续拖曳鼠标，锐化图像，如图5-36所示。

? 专家指点

在对图像进行锐化处理时，应尽量选择较小的画笔及设置较低的强度百分比，过高的设置会使图像出现类似划痕一样的色斑像素。

图5-35 锐化图像　　　　　　　　　　图5-36 锐化后的图像

实 例 小 结

本例主要介绍了在工具属性栏设置相应画笔，然后使用 △（锐化工具）对指定的图像进行锐化处理的基本操作方法。

Example （实例）43 涂抹工具——梦幻云朵

案例文件	DVD\源文件\素材\第5章\梦幻云朵.jpg
案例效果	DVD\源文件\效果\第5章\梦幻云朵.psd
视频教程	DVD\视频\第5章\实例43.swf
视频长度	52秒
制作难度	★★
技术点睛	"涂抹工具"
思路分析	本实例介绍了涂抹工具的基本操作和应用技巧，让读者能够快速掌握涂抹工具的基本应用技巧

最终效果如下图所示。

操 作 步 骤

01 打开随书附带光盘中的"源文件\素材\第5章\梦幻云朵.jpg"素材，如图5-37所示。

02 选择工具箱中的 （涂抹工具），在工具属性栏中设置"强度"为70％，"画笔"为"柔边圆120像素"，如图5-38所示。

? 专家指点

涂抹工具属性栏中各主要选项的含义如下。

➤ 强度：用来控制手指作用在画面上的工作力度。数值越大，手指拖出的线条越长，反之则越短。

➤ 手指绘图：选中该复选框，每次拖曳鼠标绘制的开始就会使用工具箱中的前景色。

➤ 用于所有图层：选中该复选框，则涂抹工具的操作对所有的图层都起作用。

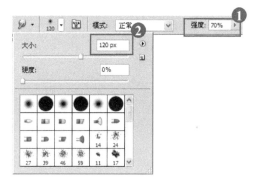

图5-37 素材　　　　　　　　　　　　图5-38 工具属性栏

③ 移动鼠标指针至图像编辑窗口中的适当位置处，单击鼠标左键并拖曳，涂抹图像，如图5-39
所示。

④ 用与上面同样的方法，继续在适当位置拖曳鼠标，涂抹图像，效果如图5-40所示。

图5-39 涂抹图像　　　　　　　　　　图5-40 涂抹后的效果

？专家指点

涂抹工具用于对图像进行涂抹，以柔和涂抹出的色彩，涂抹后的色彩会发生位移。

实 例 小 结

本例主要介绍了在工具属性栏设置相应画笔，然后使用 🖐（涂抹工具）对指定的图像进行涂抹
处理的基本操作方法。

Example 实例 44 减淡和加深工具——舒适座驾

案例文件	DVD\源文件\素材\第5章\舒适座驾.jpg
案例效果	DVD\源文件\效果\第5章\舒适座驾.psd
视频教程	DVD\视频\第5章\实例44.swf
视频长度	1分33秒
制作难度	★★
技术点睛	"减淡工具" 🔍、"加深工具" ✋
思路分析	本实例介绍了减淡工具和加深工具的基本操作和应用技巧，让读者能够快速掌握工具的基本应用

最终效果如右图所示。

操作步骤

① 打开随书附带光盘中的"源文件\素材\第5章\舒适座驾.jpg"素材，如图5-41所示。

② 选择工具箱中的 🔍（减淡工具），在工具属性栏中设置"曝光度"为80%，"画笔"为"柔边圆120像素"，如图5-42所示。

图5-41 素材

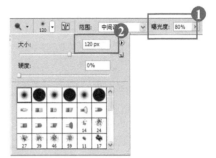

图5-42 工具属性栏

? 专家指点

减淡工具属性栏中各主要选项的含义如下。

➢ 范围：此列表框中包含"暗调"、"中间调"和"高光"3个选项。分别选择相应的选项，可以处理图像中处于3个不同色调的区域。

➢ 曝光度：在该文本框中输入数值或拖动三角滑块，可以定义操作时的亮化程度，曝光度值越高，减淡工具的使用效果就越明显。

➢ 喷枪：单击该按钮，此时减淡工具具有喷枪的效果。

➢ 保护色调：如果希望操作后图像的色调不发生变化，选中"保护色调"复选框即可。

③ 移动鼠标指针至图像编辑窗口中车身位置处，单击鼠标左键并拖曳，减淡图像，如图5-43所示。

④ 用与上面同样的方法，继续在车身和地平线上背景处拖曳鼠标，减淡图像，效果如图5-44所示。

图5-43 减淡图像

图5-44 减淡后的效果

? 专家指点

减淡工具与加深工具配合使用可以为图像添加立体感，是绘制各种写实及卡通风格图像时常用的工具，经常应用于绘制人物皮肤、头发及服装等深浅的变化。

⑤ 选择工具箱中的 （加深工具），在工具属性栏中设置"曝光度"为10%，"画笔"为"柔边圆120像素"，如图5-45所示。

⑥ 移动鼠标指针至图像编辑窗口中车的倒影位置处，单击鼠标左键并拖曳，加深图像，效果如图5-46所示。

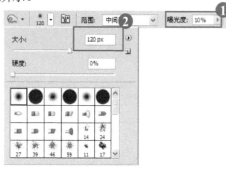

图5-45 工具属性栏

图5-46 加深后的图像

? 专家指点

加深工具和减淡工具可以很容易地改变图像的曝光度，从而使图像变亮或变暗，并且这两种工具属性栏中的选项是相同的，其工具属性栏中"范围"列表框中各选项的含义如下。

➤ 阴影：选择该选项表示对图像暗部区域的像素加深或减淡。

➤ 中间调：选择该选项表示对图像中间色调区域加深或减淡。

➤ 高光：选择该选项表示对图像亮度区域的像素加深或减淡。

实 例 小 结

本例主要介绍了在工具属性栏设置相应画笔，然后使用 （减淡工具）和 （加深工具）对指定区域进行减淡或加深处理的基本操作方法。

Example 实例 45 海绵工具——品味咖啡

案例文件	DVD\源文件\素材\第5章\品味咖啡.jpg
案例效果	DVD\源文件\效果\第5章\品味咖啡.psd
视频教程	DVD\视频\第5章\实例45.swf
视频长度	39秒
制作难度	★★
技术点睛	"海绵工具"
思路分析	本实例介绍了海绵工具的基本操作方法和应用技巧，让读者能够快速掌握该工具的基本应用

最终效果如右图所示。

操 作 步 骤

① 打开随书附带光盘中的"源文件\素材\第5章\品味咖啡.jpg"素材，如图5-47所示。

② 选择工具箱中的 （海绵工具），在工具属性栏中设置"模式"为"饱和"，"画笔"为"柔边圆200像素"，如图5-48所示。

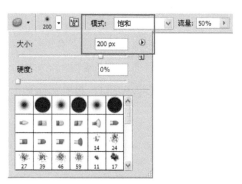

图5-47 素材　　　　　　　　　　　　　　　图5-48 工具属性栏

② 专家指点

海绵工具属性栏中各主要选项的含义如下。

➤ 画笔：在此可以选择一种画笔，以定义操作时的笔刷大小。

➤ 模式：在该列表中包括"饱和"和"降低饱和度"两个选项，选择"饱和"选项，可以增加图像中某部分的饱和度；选择"降低饱和度"选项，可以减少图像中某部分的饱和度。

➤ 流量：在该文本框中输入数值或拖动三角滑块，可以控制增加或降低饱和度的程度。定义的数值越大，效果将越明显。

⑬ 移动鼠标指针至图像编辑窗口中的适当位置处，单击鼠标左键并拖曳，加色图像，如图5-49所示。

⑭ 用与上面同样的方法，继续在图像其他位置处拖曳鼠标，加色图像，效果如图5-50所示。

图5-49 加色图像　　　　　　　　　　　　　图5-50 加色后的效果

② 专家指点

与海绵工具相关的快捷键如下。

➤ 按【O】键可以选取当前色调工具。

➤ 按【Shift＋O】组合键，可以在减淡工具、加深工具和海绵工具之间进行切换。

实例小结

本例主要介绍在工具属性栏设置相应的画笔大小和饱和度，然后使用 （海绵工具）修饰图像的基本方法。

Example 实例 46 自动调色命令——水晶花朵

案例文件	DVD\源文件\素材\第5章\水晶花朵.jpg
案例效果	DVD\源文件\效果\第5章\水晶花朵.psd
视频教程	DVD\视频\第5章\实例46.swf
视频长度	33秒
制作难度	★★
技术点睛	"自动色调"命令、"自动对比度"命令、"自动颜色"命令
思路分析	本实例介绍了自动调色功能的应用，让读者快速掌握自动调色功能

最终效果如右图所示。

操 作 步 骤

01 打开随书附带光盘中的"源文件\素材\第5章\水晶花朵.jpg"素材，如图5-51所示。

02 执行"图像/自动色调"命令，即可自动调整色调，如图5-52所示。

图5-51 素材

图5-52 自动调整色调

03 执行"图像/自动对比度"命令，即可自动调整对比度，如图5-53所示。

04 执行"图像/自动颜色"命令，即可自动调整图像颜色，效果如图5-54所示。

图5-53 自动调整对比度

图5-54 自动调整颜色

很多读者对于软件提供的自动功能非常依赖，认为使用其调整出来的效果是非常准确的，也是非常贴近现实的。但需要注意的是，在不同的情况下，所需要的图像色彩、对比度并不相同，所以使用自动功能处理得到的效果并不一定就能满足需要，甚至有些图像经过自动功能处理后，反而在色彩、对比度等方面不合理。

实 例 小 结

本例主要介绍了应用"自动色调"、"自动对比度"和"自动颜色"命令自动调整图像的基本方法。

Example 实例 47 "色阶"命令——色彩动漫

案例文件	DVD\源文件\素材\第5章\色彩动漫.jpg
案例效果	DVD\源文件\效果\第5章\色彩动漫.psd
视频教程	DVD\视频\第5章\实例47.swf
视频长度	39秒
制作难度	★★
技术点睛	"色阶"命令
思路分析	本实例介绍了"色阶"命令的基本操作和应用，让读者快速掌握利用"色阶"命令进行简单的图像处理

最终效果如右图所示。

操 作 步 骤

① 打开随书附带光盘中的"源文件\素材\第5章\色彩动漫.jpg"素材，如图5-55所示。

② 执行"图像/调整/色阶"命令，如图5-56所示。

图5-55 素材

图5-56 执行相应命令

③ 弹出"色阶"对话框，在"输入色阶"中设置各参数值分别为0、0.80、220，如图5-57所示。

④ 单击"确定"按钮，即可使用"色阶"命令调整图像，效果如图5-58所示。

"自动色阶"命令与"色阶"对话框中的"自动"按钮功能完全相同。该命令通过将每个通道中最亮和最暗的像素定义为白色和黑色，然后按比例重新分配中间像素值来自动调整图像的色调。

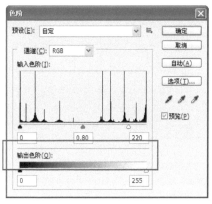

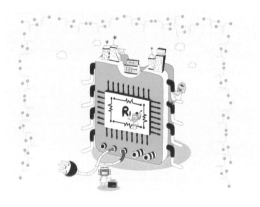

图5-57 "色阶"对话框　　　　　　　　　　图5-58 调整图像

？ 专家指点

"色阶"对话框中各主要选项的含义如下。

➢ 通道：在该下拉列表中可以选择要进行色调调整的颜色通道。

➢ 输入色阶：可以在该文本框中输入所需的数值或拖曳直方图下方的滑块来分别设置图像的暗调、中间调和高光。

➢ 输出色阶：在该文本框中输入数值或拖曳"输出色阶"中暗部和亮部滑块定义暗调值和高光值。

实 例 小 结

本例主要介绍了应用"色阶"命令打开"色阶"对话框，设置相应参数调整图像的基本方法。

Example（实例）48 "曲线"命令——娇艳欲滴

案例文件	DVD\源文件\素材\第5章\娇艳欲滴.jpg
案例效果	DVD\源文件\效果\第5章\娇艳欲滴.psd
视频教程	DVD\视频\第5章\实例48.swf
视频长度	41秒
制作难度	★★
技术点睛	"曲线"命令
思路分析	本实例介绍了"曲线"命令的基本应用，让读者快速掌握利用"曲线"命令进行简单图像处理

最终效果如下图所示。

操 作 步 骤

01 打开随书附带光盘中的"源文件\素材\第5章\娇艳欲滴.jpg"素材,如图5-59所示。

02 执行"图像/调整/曲线"命令,如图5-60所示。

图5-59 素材　　　　　　　　　　　　　　图5-60 执行相应命令

? 专家指点

　　如果要使曲线网格显示得更精细,可以按住【Alt】键的同时用鼠标单击网格,默认的4×4网格将变成10×10的网格,在该网格上,再次按住【Alt】键的同时单击鼠标左键,即可恢复至默认的状态。

03 弹出"曲线"对话框,单击对话框中的曲线,设置"输出"为170,"输入"为117,如图5-61所示。

04 单击"确定"按钮,即可使用"曲线"命令调整图像色调,效果如图5-62所示。

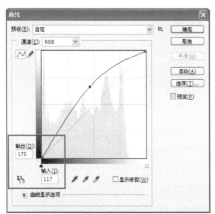

图5-61 "曲线"对话框　　　　　　　　　　图5-62 调整图像色调

? 专家指点

　　"曲线"对话框中各主要选项的含义如下。

➢ 通道:与"色阶"命令相同,在不同的颜色模式下,该下拉列表将显示不同的选项。

➢ 曲线调整框:该区域用于显示当前对曲线所进行的修改。

➢ 调节线:在该直线上可以添加最多不超过14个节点,当鼠标置于节点上并变为"十"字状态时,就可以拖动该节点对图像进行调整。

实 例 小 结

本例主要介绍了应用"曲线"命令打开"曲线"对话框，设置相应参数以调整图像色调的基本方法。

Example 实例 49 "色彩平衡"命令——时尚达人

案例文件	DVD\源文件\素材\第5章\时尚达人.jpg
案例效果	DVD\源文件\效果\第5章\时尚达人.psd
视频教程	DVD\视频\第5章\实例49.swf
视频长度	47秒
制作难度	★★
技术点睛	"色彩平衡"命令
思路分析	本实例介绍了"色彩平衡"命令的基本应用，让读者快速掌握利用"色彩平衡"命令进行简单图像处理

最终效果如右图所示。

操 作 步 骤

01 打开随书附带光盘中的"源文件\素材\第5章\时尚达人.jpg"素材，如图5-63所示。

02 执行"图像/调整/色彩平衡"命令，如图5-64所示。

图5-63 素材

图5-64 执行相应命令

03 弹出"色彩平衡"对话框，设置"色阶"为7、50、45，如图5-65所示。

04 单击"确定"按钮，即可使用"色彩平衡"命令调整图像，效果如图5-66所示。

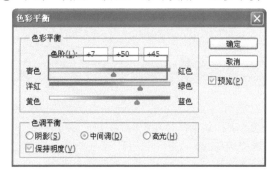

图5-65 "色彩平衡"对话框

图5-66 调整图像

"色彩平衡"对话框中各主要选项的含义如下。

➤ 色彩平衡：在该区域中，分别显示了青色和红色、黄色和蓝色、洋红和绿色这3对互补的颜色，每一对颜色中间的滑块，用于控制各主要色彩的增减。

➤ 色调平衡：分别选中该区域中的3个单选按钮，可以调整图像颜色的最暗处、中间度和最亮度。

➤ 保持明度：选中该复选框，图像像素的亮度值不变，即只有颜色值发生变化。

实 例 小 结

本例主要介绍了应用"色彩平衡"命令打开"色彩平衡"对话框，然后设置相应参数调整图像的基本方法。

Example 实例 50 "色相/饱和度"命令——创意广告

案例文件	DVD\源文件\素材\第5章\创意广告.jpg
案例效果	DVD\源文件\效果\第5章\创意广告.psd
视频教程	DVD\视频\第5章\实例50.swf
视频长度	47秒
制作难度	★★
技术点睛	"色相/饱和度"命令
思路分析	本实例介绍了"色相/饱和度"命令的基本应用，让读者快速掌握利用"色相/饱和度"命令进行简单图像处理

最终效果如下图所示。

操 作 步 骤

① 打开随书附带光盘中的"源文件\素材\第5章\创意广告.jpg"素材，如图5-67所示。

② 执行"图像/调整/色相/饱和度"命令，如图5-68所示。

③ 弹出"色相/饱和度"对话框，设置"色相"为–9、"饱和度"为30、"明度"为7，如图5-69所示。

④ 单击"确定"按钮，即可使用"色相/饱和度"命令调整图像，效果如图5-70所示。

使用"色相/饱和度"命令可以调整整幅图像或单个颜色分量的色相、饱和度及亮度值，或者同时调整图像中的所有颜色。在Photoshop CS5中，此命令尤其适用于微调CMYK图像的颜色，以便颜色值处在输出设备的色域内。

图5-67 素材

图5-68 执行相应命令

图5-69 "色相/饱和度"对话框

图5-70 调整图像

? 专家指点

"色相/饱和度"对话框中各主要选项的含义如下。

➤ 色相：使用该滑块可以调节图像的色调。无论向左还是向右拖动滑块，都可以得到一个新色相。

➤ 饱和度：使用该滑块可以调节图像的饱和度，向右拖动滑块可以增加饱和度，向左拖动滑块可以减少饱和度。

➤ 明度：使用该滑块可以调节像素的亮度，向右拖动滑块可以增加亮度，向左拖动滑块减少亮度。

➤ 着色：该选项用于将当前图像转换成为某一种色调的单色调图像。

实 例 小 结

本例主要介绍了应用"色相/饱和度"命令打开"色相/饱和度"对话框，设置相应参数以调整图像的基本方法。

第6章　掌握图层管理操作

本章内容

➢ 创建图层——野菊花
➢ 隐藏与显示图层——广告创意
➢ 对齐与合并图层——彩色杯子
➢ 设置不透明度和填充——玻璃球

➢ "斜面和浮雕"样式——元旦快乐
➢ "外发光"样式——颁奖盛典
➢ "描边"样式——青春驿站
➢ 图层混合模式的应用——爱情故事

在使用Photoshop编辑图像时，图层是绘制和处理图像的基础，每一幅作品的设计绘制都离不开设计者对图层的灵活运用，例如，用于创建图层特殊效果的不透明度和混合模式等，因此，读者需要熟练使用图层进行不同的操作。

Example 实例 51　创建图层——野菊花

案例文件	DVD\源文件\素材\第6章\野菊花.jpg
案例效果	DVD\源文件\效果\第6章\野菊花.psd
视频教程	DVD\视频\第6章\实例51.swf
视频长度	1分11秒
制作难度	★★
技术点睛	"图层"命令
思路分析	本实例介绍了利用"图层"命令创建新图层的基本操作方法，让读者能够快速掌握图层的创建及应用

最终效果如下图所示。

操 作 步 骤

01 打开随书附带光盘中的"源文件\素材\第6章\野菊花.jpg"素材，如图6-1所示。

02 执行"图层/新建/图层"命令，弹出"新建图层"对话框，使用默认设置，如图6-2所示。

图6-1 素材

图6-2 "新建图层"对话框

? 专家指点

还可以通过以下3种方法创建图层。

➢ 单击"图层"面板底部的"创建新图层"按钮。

➢ 按【Ctrl＋Shift＋N】组合键。

➢ 单击"图层"面板右上角的控制按钮，在弹出的菜单中选择"新建图层"选项。

⑩ 单击"确定"按钮，即可在"图层"面板中新建"图层1"图层，如图6-3所示。

⑭ 单击工具箱下方的"设置前景色"色块，打开"拾色器（前景色）"对话框，设置前景色R为255、G为250、B为170，如图6-4所示。

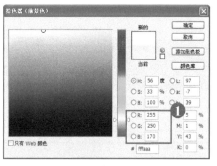

图6-3 新建"图层1"图层　　　　图6-4 "拾色器（前景色）"对话框

? 专家指点

在Photoshop CS5中打开JPG文件时，"图层"面板中将会出现一个"背景"图层，该图层是一个不透明图层，以工具箱中设置的背景色为底色，图层右侧有一个锁的图标，表示该图层被锁定。

⑮ 单击"确定"按钮，按【Alt＋Delete】组合键，填充前景色，在"图层"面板中，设置"不透明度"为25%，如图6-5所示。

⑯ 执行操作后，图像编辑窗口的效果如图6-6所示。

图6-5 设置"不透明度"　　　　图6-6 图像效果

? 专家指点

图层是Photoshop CS5的精髓功能之一，也是Photoshop系列软件的最大特色。使用图层功能可以很方便地修改图像、简化图像编辑操作，是图像编辑更具有弹性。使用图层绘图的优点在于可以非常方便地在相对独立的情况下对图像进行编辑和修改，可以为不同胶片（及Photoshop CS5中的图层）设置混合模式以及透明度，也可以通过更改图层的顺序和属性来改变图像的合成效果，而且在对图层中的某个图像进行处理时，不会影响到其他图层中的图像。

实 例 小 结

本例主要介绍了通过"图层"命令新建图层的方法，然后进行填充颜色，并设置图层的不透明度来调整图像效果。

Example 实例 52 隐藏与显示图层——广告创意

案例文件	DVD\源文件\素材\第6章\广告创意.psd
案例效果	DVD\源文件\效果\第6章\广告创意.psd
视频教程	DVD\视频\第6章\实例52.swf
视频长度	57秒
制作难度	★★
技术点睛	指示图层可见性
思路分析	本实例介绍了隐藏图层和显示图层的基本操作方法，让读者掌握如何隐藏不需要的图层，以及如何显示需要的图层

最终效果如右图所示。

操 作 步 骤

⓵ 打开随书附带光盘中的"源文件\素材\第6章\广告创意.psd"素材，如图6-7所示。

⓶ 在"图层"面板中选中需要隐藏的图层，将鼠标指针移至图层左侧的"指示图层可见性"图标上，如图6-8所示。

图6-7 素材　　　　　　　　　　图6-8 "指示图层可见性"图标

⓷ 单击鼠标左键，"指示图层可见性"图标呈隐藏状态，如图6-9所示。

⓸ 执行操作后，隐藏图层，图像编辑窗口的效果如图6-10所示。

图6-9 隐藏"指示图层可见性"图标　　　　图6-10 隐藏图层

⓹ 在"图层"面板中选中要显示的图层，将鼠标指针移至图层左侧的"指示图层可见性"图标处，单击鼠标左键，"指示图层可见性"图标呈显示状态，如图6-11所示。

⓺ 执行操作后，显示图层，图像编辑窗口的效果如图6-12所示。

图6-11 显示"指示图层可见性"图标 图6-12 显示图层

？ 专家指点

如果在图层左侧的"指示图层可见性"图标列按住鼠标左键不放向下拖动，可以显示或隐藏拖动过程中所有光标掠过的图层或图层组。如果只需要显示某一个图层，隐藏其他多个图层，可以按住【Alt】键的同时单击此图层左侧的"指示图层可见性"图标，再次按住【Alt】键的同时单击此图层左侧的"指示图层可见性"图标，即可重新显示其他图层。

实 例 小 结

本例主要介绍了利用"指示图层可见性"图标隐藏不需要图层和显示需要图层的基本操作方法。

Example 实例 53 对齐与合并图层——彩色杯子

案例文件	DVD\源文件\素材\第6章\彩色杯子.psd
案例效果	DVD\源文件\效果\第6章\彩色杯子.psd
视频教程	DVD\视频\第6章\实例53.swf
视频长度	54秒
制作难度	★★
技术点睛	"对齐"命令、"合并图层"命令
思路分析	本实例介绍了对齐图层和合并图层的基本操作方法，让读者掌握如何对齐相应的图层及合并相应图层

最终效果如右图所示。

操 作 步 骤

01 打开随书附带光盘中的"源文件\素材\第6章\彩色杯子.psd"素材，如图6-13所示。

02 按住【Ctrl】键，在"图层"面板中选中需要对齐分布的图层，如图6-14所示。

？ 专家指点

对齐功能可以将图层中的图像进行准确定位，是指将所选图层按照指定的方式进行对齐排列。

图6-13 素材

图6-14 选择图层

⓷ 执行"图层/对齐/垂直居中"命令，图像编辑窗口中的图层将进行垂直居中对齐，效果如图6-15所示。

⓸ 执行"图层/合并图层"命令，即可将选中的图层合并，如图6-16所示。

图6-15 垂直居中对齐　　　　　图6-16 合并图层

实 例 小 结

本例主要介绍了通过运用"对齐"和"合并图层"命令进行对齐和合并指定图层的基本操作方法。

Example 实例 54 设置不透明度和填充——玻璃球

案例文件	DVD\源文件\素材\第6章\玻璃球.psd
案例效果	DVD\源文件\效果\第6章\玻璃球.psd
视频教程	DVD\视频\第6章\实例54.swf
视频长度	39秒
制作难度	★★
技术点睛	"不透明度"选项、"填充"选项
思路分析	本实例介绍了设置图层"不透明度"和"填充"的基本操作方法，让读者了解并熟练运用该设置对图像进行调整

最终效果如右图所示。

操 作 步 骤

⓵ 打开随书附带光盘中的"源文件\素材\第6章\玻璃球.psd"素材，如图6-17所示。

⓶ 在"图层"面板中选择"图层1"，设置"不透明度"为70%，如图6-18所示。

图6-17 素材　　　　　图6-18 设置"不透明度"

❓ 专家指点

利用"填充不透明度"可以反复地在当前图层的上方叠加更多、更丰富的图层样式。要叠加更多的图层样式，可以先复制具有图层样式的图层，然后将复制得到的新图层的填充数值设置为0，最后为得到的新图层应用与其他图层相同的图层样式，重新设置每一种图层样式的参数。

③ 执行操作后，图像编辑窗口显示效果如图6-19所示。

④ 在"图层"面板的"图层1"上，设置"填充"为50%，图像编辑窗口显示效果如图6-20所示。

图6-19 设置不透明度　　　　　　　　　　　图6-20 设置填充

? 专家指点

图层的"填充"与图层的"不透明度"不同，它仅改变在当前图层上使用绘图工具绘制得到图像的不透明度，而图层的透明度改变的是整个图层中的图像，包括图层样式的透明效果。

实 例 小 结

本例主要介绍了通过设置"不透明度"和"填充"的参数值，改变图层的不透明效果和填充效果。

Example 实例 55　"斜面和浮雕"样式——元旦快乐

案例文件	DVD\源文件\素材\第6章\元旦快乐.psd
案例效果	DVD\源文件\效果\第6章\元旦快乐.psd
视频教程	DVD\视频\第6章\实例55.swf
视频长度	47秒
制作难度	★ ★
技术点睛	"斜面和浮雕"命令、"图层样式"对话框
思路分析	本实例介绍了运用"斜面和浮雕"命令修饰图像的基本操作方法，让读者了解并掌握斜面和浮雕效果的设置

最终效果如右图所示。

操 作 步 骤

① 打开随书附带光盘中的"源文件\素材\第6章\元旦快乐.psd"素材，如图6-21所示。

② 选中"图层1"，执行"图层/图层样式/斜面和浮雕"命令，如图6-22所示。

③ 弹出"图层样式"对话框，设置"样式"为"枕状浮雕"，"深度"为800%，"大小"为10，"软化"为7，如图6-23所示。

④ 单击"确定"按钮，即可设置斜面和浮雕样式，效果如图6-24所示。

图6-21 素材

图6-22 执行相应命令

"斜面和浮雕"选项区中各主要选项的含义如下。

➤ 样式：用于设置斜面和浮雕的样式。

➤ 方法：用于设置斜面和浮雕的平滑效果。

➤ 深度：用于设置斜面和浮雕的深度，其数值越大，浮雕效果越明显。

➤ 方向：用于设置斜面和浮雕的方向。

➤ 软化：用于设置斜面和浮雕效果的柔和度。

➤ 光泽等高线：用于设置图像产生类似金属光泽的效果。

➤ 高光模式：用于设置斜面和浮雕高亮部分的模式。

➤ 角度：用于设置斜面和浮雕的角度，即亮部和暗部的方向。

➤ 高度：用于设置亮部和暗部的高度。

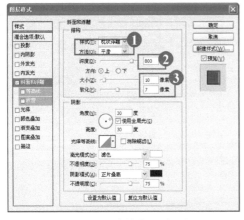

图6-23 "图层样式"对话框

图6-24 斜面和浮雕效果

专家指点

"斜面和浮雕"样式是一个非常重要的图层样式，功能也非常强大。它可以使当前图层中的图像产生类似于绸缎的平滑效果。

实例小结

本例主要介绍了通过应用"斜面和浮雕"命令，打开"图层样式"对话框，设置相应参数以修饰图像的基本方法。

Example 实例 56 "外发光"样式——颁奖盛典

案例文件	DVD\源文件\素材\第6章\颁奖盛典.psd
案例效果	DVD\源文件\效果\第6章\颁奖盛典.psd
视频教程	DVD\视频\第6章\实例56.swf
视频长度	51秒
制作难度	★★
技术点睛	"外发光"命令、"图层样式"对话框
思路分析	本实例介绍了运用"外发光"命令修饰图像的基本操作方法，让读者快速了解并掌握外发光效果的设置

最终效果如右图所示。

操 作 步 骤

01 打开随书附带光盘中的"源文件\素材\第6章\颁奖盛典.psd"素材，如图6-25所示。

02 选中"图层1"，执行"图层/图层样式/外发光"命令，如图6-26所示。

？ 专家指点

应用"外发光"图层样式可以为所选图层中的图像外边缘添加发光效果。

图6-25 素材

图6-26 执行相应命令

？ 专家指点

"外发光"样式可以使当前图层中图像边缘的外部产生发光效果。对话框中的"方法"列表框用于设置边缘元素的模型，可以使用"柔和"或"精确"选项产生效果；"扩展"文本框用于设置发光效果的发散程度；"大小"文本框用于设置发光范围的大小。

03 弹出"图层样式"对话框，设置"不透明度"为75%，"扩展"为15%，"大小"为30，如图6-27所示。

04 单击"确定"按钮，即可设置外发光样式，效果如图6-28所示。

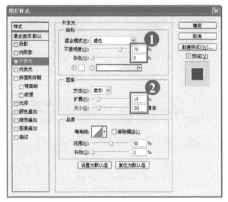

图6-27 "图层样式"对话框　　　　　　　图6-28 外发光效果

实 例 小 结

本例主要介绍了通过应用"外发光"命令，打开"图层样式"对话框，设置相应参数以修饰图像的基本方法。

❓ 专家指点

"外发光"对话框中各选项的含义如下。

➢ 方法：用于设置光线的发散效果。

➢ 扩展和大小：用于设置外发光的模糊程度和亮度。

➢ 范围：用于设置颜色不透明度的过渡范围。

➢ 抖动：用于设置光照的随机倾斜度。

Example 实例 57 "描边"样式——青春驿站

案例文件	DVD\源文件\素材\第6章\青春驿站.psd
案例效果	DVD\源文件\效果\第6章\青春驿站.psd
视频教程	DVD\视频\第6章\实例57.swf
视频长度	43秒
制作难度	★ ★
技术点睛	"模糊工具" 💧
思路分析	本实例介绍了模糊工具的基本操作方法，以及应用技巧，让读者快速了解模糊工具的操作与应用

最终效果如右图所示。

操 作 步 骤

① 打开随书附带光盘中的"源文件\素材\第6章\青春驿站.psd"素材，如图6-29所示。

② 选中"图层1"，执行"图层/图层样式/描边"命令，如图6-30所示。

❓ 专家指点

"描边"样式可以在当前图层的周围绘制边缘效果，边缘可以是一种颜色或一种渐变色，也可以是一种图案。

图6-29 素材　　　　　　　　　　　　　图6-30 执行相应命令

⑬ 弹出"图层样式"对话框，设置"大小"为7，"颜色"为"橙黄色（RGB参数分别为255、238、1）"，如图6-31所示。

⑭ 单击"确定"按钮，即可设置描边样式，效果如图6-32所示。

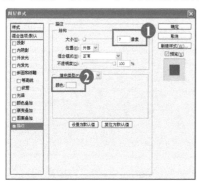

图6-31 "图层样式"对话框　　　　　　　　　图6-32 描边效果

? 专家指点

"描边"对话框中各选项的含义如下。

➤ 大小：用于设置描边的大小。

➤ 位置：单击左侧的下拉按钮，在弹出的列表框中可以选择描边的位置。

➤ 填充类型：用于设置图像描边的类型。

➤ 颜色：单击该图标，可以设置描边的颜色。

实 例 小 结

本例主要介绍了通过应用"描边"命令，打开"图层样式"对话框，设置相应参数以修饰图像的基本方法。

Example 实例 58 图层混合模式的应用——爱情故事

案例文件	DVD\源文件\素材\第6章\书.jpg、背景.psd、背景1.psd、文字.psd、文字1.psd
案例效果	DVD\源文件\效果\第6章\爱情故事.psd
视频教程	DVD\视频\第6章\实例58.swf
视频长度	2分37秒
制作难度	★★
技术点睛	"移动工具" ▶⊕、设置图层的混合模式
思路分析	本实例介绍了打开并置入素材图像，然后使用图层混合模式混合图像，让读者掌握图层混合模式的实践应用

最终效果如下图所示。

操 作 步 骤

⓪1 打开随书附带光盘中的"源文件\素材\第6章\书.jpg、背景"素材，如图6-33和图6-34所示。

图6-33 书素材　　　　　　　　　　图6-34 背景素材

⓪2 使用 ▶╋（移动工具）将背景素材移至书素材图像编辑窗口，在"图层"面板中将显示该素材图层，如图6-35所示，调整位置和大小。

⓪3 在"图层"面板中单击"设置图层的混合模式"下拉按钮，在弹出的列表中选择"颜色"选项，图像效果如图6-36所示。

图6-35 置入图像　　　　　　　　　图6-36 颜色混合模式的效果

?　专家指点

颜色：选择此模式，最终图像的像素值由下方图层的"明度"以及上方图层的"色相"和"饱和度"值构成。

⓪4 打开随书附带光盘中的"源文件\素材\第6章\背景1.psd"素材，如图6-37所示。

⓪5 使用 ▶╋（移动工具）将背景1素材移至书素材图像编辑窗口，并调整其大小和位置，效果如图6-38所示。

⓪6 在"图层"面板中，单击"设置图层的混合模式"下拉按钮，在弹出的列表中选择"滤色"选项，图像效果如图6-39所示。

图6-37 背景1素材　　　　　　　　　　图6-38 置入图像

⑦ 打开随书附带光盘中的"源文件\素材\第6章\文字.jpg"素材，如图6-40所示。

图6-39 滤色混合模式的效果　　　　　　图6-40 文字素材

? 专家指点

　　滤色：该模式与"正片叠加"模式相反，它是将上方图层像素的互补色与底色相乘后所得的效果比原有颜色更浅，具有漂白的效果。

　　⑧ 使用 ▶⁺（移动工具）将文字素材移至书素材图像编辑窗口，并调整其大小和位置，效果如图6-41所示。

　　⑨ 在"图层"面板中，单击"设置图层的混合模式"下拉按钮，在弹出的列表中选择"明度"选项，图像如图6-42所示。

图6-41 置入图像　　　　　　　　　　图6-42 明度混合模式的效果

? 专家指点

　　明度：选择此模式，最终图像的像素值由下方图的"色相"和"饱和度"值，以及上方图层的"明度"构成。

　　⑩ 打开随书附带光盘中的"源文件\素材\第6章\文字1.psd"素材，如图6-43所示。

　　⑪ 使用 ▶⁺（移动工具）将文字1素材移至书素材图像编辑窗口，并调整其大小和位置，效果如

图6-44所示。

⓬ 在"图层"面板中单击"设置图层的混合模式"下拉按钮，在弹出的列表中选择"变亮"选项，效果如图6-45所示。

图6-43 文字1素材　　　　　图6-44 置入图像　　　　　图6-45 变亮混合模式的效果

? 专家指点

变亮：该模式与"变暗"模式相反，混合结果为图层中较亮的颜色。

实 例 小 结

本例首先打开素材并置入图像，然后调整其大小和位置，再通过使用图层混合模式混合图像，使图像具有相应特殊效果。

? 专家指点

Photoshop CS5中提供了多种可以直接应用于图层的混合模式，不同的颜色混合将产生不同的效果，适当地使用混合模式会使图像呈现出意向不到的效果。

其他各主要常用混合模式的含义如下。

➤ 变暗：选择此模式，将以上方图层中较暗像素代替下方图层中与之相对应的较亮像素，且下方图层中的较暗区域代替上方图层中的较亮区域，因此叠加后整体图像呈暗色调。

➤ 正片叠加：选择此模式，整体效果显示由上方图层及下方图层的像素值中较暗的像素合成的图像效果。

➤ 颜色加深：此模式与"颜色减淡"模式相反，通常用于创建非常暗的投影效果。

➤ 叠加：选择此选项，图像最终的效果取决于下方图层，但是上方图层的明暗对比效果也将直接影响到整体效果，叠加后下方图层的明度区与投影区仍被保留。

技术提高篇

第7章　掌握文字、路径和形状工具

本章内容

- ➤ 创建文字工具——隐逸生活
- ➤ 变形文字——玩转地球
- ➤ 钢笔工具——春色满园
- ➤ 自由钢笔工具——满满的爱心
- ➤ 矢量形状工具——自然气息

- ➤ 自定形状工具——手机界面
- ➤ 平滑与尖突锚点——图形变形
- ➤ 添加与删除锚点——变形鱼
- ➤ 填充与描边路径——雨季年华

在设计中文字是不可缺少的重要元素，它直接传达了设计者的表达意图，好的文字效果可以起到画龙点睛的作用，因此，对于文字的设计和编排是非常重要的。Photoshop软件不仅提供了绘制和编辑图像的功能，还拥有很强大的文字处理功能，可以对其进行相关应用。

Example 实例 59　创建文字工具——隐逸生活

案例文件	DVD\源文件\素材\第7章\隐逸生活.jpg
案例效果	DVD\源文件\效果\第7章\隐逸生活.psd
视频教程	DVD\视频\第7章\实例59.swf
视频长度	2分40秒
制作难度	★★
技术点睛	"横排文字工具" T、"直排文字工具" ↓T
思路分析	本实例介绍了利用"横排文字工具" T 和"直排文字工具"↓T创建横排文字和直排文字的方法，让读者能够快速掌握各种创建文字的方法及应用技巧

最终效果如右图所示。

操 作 步 骤

01 打开随书附带光盘中的"源文件\素材\第7章\隐逸生活.jpg"素材，选择工具箱中的 T（横排文字工具），在素材图像左上角适当位置单击鼠标左键，确定文字的插入点，如图7-1所示。

02 在工具属性栏的"设置字体系列"下拉列表框中选择"经典粗黑繁"选项，在"设置字体大小"列表框中选择"10点"选项，如图7-2所示。

03 设置前景色为黑色（RGB参数值均为0），选择一种输入法，输入文字"远离喧嚣隐逸生活"，如图7-3所示。

04 按【Ctrl＋Enter】组合键，即可创建横排文字，效果如图7-4所示。

❓ 专家指点

　　在文本的排列方式中，横排是最为常见的一种方式，在输入文字之前，用户可以对文字进行粗略的格式设置，该操作可以在工具属性栏中完成，也可以在"字符"面板中完成。

图7-1 素材

图7-2 工具属性栏

图7-3 输入文字

图7-4 创建横排文字后的效果

⑤ 用与上面同样的方法，设置"字体"为Arial，"字体大小"为"5点"，设置前景色为黑色（RGB参数值均为0），在适当位置输入相应文字，如图7-5所示。

⑥ 选择工具箱中的 ⫶T⫶（直排文字工具），设置"字体"为"楷体_GB2312"，"字体大小"为"5点"，设置前景色为黑色（RGB参数值均为0），在适当位置输入相应文字，如图7-6所示。

图7-5 创建其他横排文字

图7-6 输入文字

❓ 专家指点

在平时的操作中，通常使用【Enter】键来确定当前操作，但是在输入文字的过程中，【Enter】键的作用是换行，而不是确认完成操作。

⑦ 在工具属性栏中单击"切换字符和段落面板"按钮 ▤，弹出"字符"面板，在"设置行距"列表框中选择"7点"选项，如图7-7所示。

⑧ 关闭"字符"面板，按【Ctrl＋Enter】组合键，即可创建竖排文字，使用 ▸╋（移动工具）将文字移至合适位置，效果如图7-8所示。

图7-7 "字符"面板

图7-8 移动文字

？ 专家指点

在图像编辑窗口中输入文字后，单击工具属性栏上的"提交所有当前编辑"按钮✓，或者单击工具箱中的任意一种工具，确认输入的文字。如果单击工具属性栏上的"取消所有当前编辑"按钮◯，即可清除输入的文字。

实 例 小 结

本例主要介绍了利用 T.（横排文字工具）和 ↓T.（直排文字工具）创建横排文字和直排文字的方法，同时设置相应字体和大小，使文字与图像更加协调美观。

Example 实例 60 变形文字——玩转地球

案例文件	DVD\源文件\素材\第7章\玩转地球.jpg
案例效果	DVD\源文件\效果\第7章\玩转地球.psd
视频教程	DVD\视频\第7章\实例60.swf
视频长度	2分45秒
制作难度	★★
技术点睛	"横排文字工具" T.、"创建文字变形"按钮 1.、"变形文字"对话框
思路分析	本实例介绍了设置不同变形文字效果的基本方法，让读者快速掌握如何对文字进行变形处理

最终效果如右图所示。

操 作 步 骤

① 打开随书附带光盘中的"源文件\素材\第7章\玩转地球.jpg"素材，如图7-9所示。

② 选择工具箱中的 T.（横排文字工具），在素材图像左上角的适当位置单击鼠标左键，确定文字的插入点，设置"字体"为"华文琥珀"，"字体大小"为"60点"，设置前景色为白色（RGB参数值均为255），输入相应文字，如图7-10所示。

③ 在工具属性栏中单击"创建文字变形"按钮 1.，弹出"变形文字"对话框，设置"样式"为"扇形"，"弯曲"为42%，如图7-11所示。

④ 单击"确定"按钮，设置扇形变形文字，按【Ctrl＋Enter】组合键确认输入，使用 ▶← （移动工具）将文字移至合适位置，效果如图7-12所示。

图7-9 素材

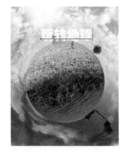

图7-10 输入横排文字

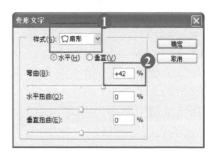

图7-11 "变形文字"对话框

⑤ 选择工具箱中的 T.（横排文字工具），在文字对象上单击鼠标左键，使文字呈可编辑状态，在工具属性栏中单击"创建文字变形"按钮，弹出"变形文字"对话框，设置"样式"为"凸起"，"弯曲"为50％，如图7-13所示。

⑥ 单击"确定"按钮，设置凸起变形文字，按【Ctrl＋Enter】组合键确认输入，使用 ▶+（移动工具）将文字移至合适位置，效果如图7-14所示。

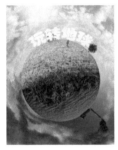

图7-12 扇形变形文字

图7-13 "变形文字"对话框

图7-14 凸起变形文字

实例小结

本例主要介绍了利用 T.（横排文字工具）选中需要进行编辑的文字，然后单击"创建文字变形"按钮，弹出"变形文字"对话框，设置相应参数以改变文字形状的方法。

Example 实例 61 钢笔工具——春色满园

案例文件	DVD\源文件\素材\第7章\春色满园.jpg、春.jpg、春1.jpg、春2.jpg
案例效果	DVD\源文件\效果\第7章\春色满园.psd
视频教程	DVD\视频\第7章\实例61.swf
视频长度	3分14秒
制作难度	★★
技术点睛	"钢笔工具" ✐、"路径"命令、"自由变换"命令
思路分析	本实例介绍了使用钢笔工具创建路径的方法，并将路径转换为选区，将指定的素材置入到所绘制的选区内，让读者掌握钢笔工具的使用

最终效果如右图所示。

操 作 步 骤

01 打开随书附带光盘中的"源文件\素材\第7章\春色满园.jpg"
素材，如图7-15所示。

02 选择工具箱中的 ✐（钢笔工具），移动鼠标指针至图像编
辑窗口左上方的白色矩形区域，在适当位置单击鼠标左键，确定起
始点，向下拖曳鼠标，在适当位置再次单击鼠标左键，绘制路径，如图7-16所示。

❓ 专家指点

✐（钢笔工具）是绘制路径的基本工具，使用该工具可以绘制光滑而复杂的路径。在绘制路径时，
按住【Shift】键的同时，可以沿水平、垂直或45°角方向绘制线段。

图7-15 春色满园素材

图7-16 绘制路径

❓ 专家指点

使用钢笔工具绘制路径时，应该注意以下3点。

➤ 在某点处单击鼠标左键，将绘制该点与上一点之间的连接直线。

➤ 在某点单击鼠标左键并拖曳，将绘制该点与上一点之间的曲线。

➤ 默认情况下，只有结束了当前绘制路径的操作，才可以绘制另一条路径。因此，如果希望在为
封闭上一条路径前绘制新路径，只需要按【Esc】键，或单击工具箱中的任意一个工具，或按住【Ctrl】键
的同时，在图像编辑窗口中的空白区域单击鼠标左键即可。

---

03 依次移动并单击鼠标左键，当绘制结束时，拖动鼠标指针至起始点处并单击鼠标左键，绘
制一个封闭路径，如图7-17所示。

04 执行"窗口/路径"命令，弹出"路径"面板，在该面板下方单击"将路径作为选区载入"
按钮 ⭕，如图7-18所示。

图7-17 绘制封闭路径

图7-18 "路径"面板

❓ 专家指点

除了运用上述方法将路径转换为选区外，还有以下两种方法。

➤ 按【Ctrl＋Enter】组合键。

➤ 在图像编辑窗口中单击鼠标右键，在弹出的快捷菜单中选择"建立选区"选项，弹出"建立选
区"对话框，单击"确定"按钮即可。

⑤ 执行操作后，即可将路径转换为选区，如图7-19所示。

⑥ 执行"文件/打开"命令，打开随书附带光盘中的"源文件\素材\第7章\春.jpg"素材，如图7-20所示。

⑦ 执行"选择/全部"命令，全选图像，执行"编辑/拷贝"命令，拷贝图像，按【Ctrl＋Tab】组合键，切换至春色满园图像编辑窗口，执行"编辑/选择性粘贴/贴入"命令，将拷贝的图像贴入选区内，如图7-21所示。

图7-19 将路径转换为选区　　　　图7-20 春素材　　　　图7-21 贴入图像

⑧ 执行"编辑/自由变换"命令，调出变换控制框，调整图像的大小和位置，效果如图7-22所示。

⑨ 打开随书附带光盘中的"源文件\素材\第7章\春1.jpg、春2.jpg"素材，如图7-23和图7-24所示。

图7-22 变换图像　　　　图7-23 春1素材　　　　图7-24 春2素材

⑩ 用与上面同样的方法，使用 ✎（钢笔工具）绘制相应的路径，并将路径转换为选区，将打开的素材依次贴入到相应的选区内，并调整其大小和位置，效果如图7-25和图7-26所示。

图7-25 贴入图像1　　　　图7-26 贴入图像2

❓ 专家指点

　　总的来说，路径与形状既有本质上的区别，也有本质上的联系。路径是以一个虚体的形状存在于图像中，它仅仅是一条线，不存在任何图像像素，因此不会被打印输出，仅存在于"路径"面板中。而形状是在路径的基础上通过一个特殊的图层——形状图层表现出来的，在图像中呈现为可印刷的实体图像。

实 例 小 结

　　本例主要介绍了通过 ✎（钢笔工具）绘制路径的方法，并结合"路径"命令，将路径转换为选区，运用"全选"、"拷贝"和"贴入"等命令对图像进行置入操作。

Example 实例 62 自由钢笔工具——满满的爱心

案例文件	DVD\源文件\素材\第7章\满满的爱心.jpg
案例效果	DVD\源文件\效果\第7章\满满的爱心.psd
视频教程	DVD\视频\第7章\实例62.swf
视频长度	1分34秒
制作难度	★★
技术点睛	"自由钢笔工具"✐、"色相/饱和度"命令
思路分析	本实例介绍了应用自由钢笔工具创建选区，并进行调整色相/饱和度的基本操作，让读者了解并熟练掌握自由钢笔工具的应用方法和技巧

最终效果如右图所示。

操作步骤

01 打开随书附带光盘中的"源文件\素材\第7章\满满的爱心.jpg"素材，如图7-27所示。

02 选择工具箱中的✐（自由钢笔工具），在工具属性栏中选中"磁性的"复选框，移动鼠标指针至图像编辑窗口中的心形边缘，单击鼠标左键并沿边缘拖曳，如图7-28所示。

? 专家指点

自由钢笔工具用于随意绘图，如同用铅笔在纸上绘图一样，在绘制路径时，系统会自动在曲线上添加锚点，绘制完成后，可以进一步对其进行调整。

03 依次在边缘处拖曳鼠标，将鼠标指针移至起始点上，此时指针下方出现一个小圆圈，如图7-29所示。

图7-27 素材　　　　图7-28 绘制自由路径　　　　图7-29 鼠标形状

04 单击鼠标左键，绘制路径，执行"窗口/路径"命令，弹出"路径"面板，在该面板下方单击"将路径作为选区载入"按钮○，将路径转换为选区，如图7-30所示。

? 专家指点

使用自由钢笔工具还可以对未封闭的路径进行绘制，操作方法是，在未封闭路径的起点或终点上按住鼠标左键并拖曳，待鼠标指针到达路径另一端时释放鼠标，即可将开放的路径封闭。

05 执行"图像/调整/色相/饱和度"命令，弹出"色相/饱和度"对话框，设置"色相"为-40，

"饱和度"为7，如图7-31所示。

⑥ 单击"确定"按钮，调整选区内的颜色，按【Ctrl＋D】组合键取消选区，效果如图7-32所示。

图7-30 转换为选区　　　图7-31 "色相/饱和度"对话框　　　图7-32 取消选区

实例小结

本例主要介绍了通过 （自由钢笔工具）绘制路径的方法，并将其转换为选区，结合"色相/饱和度"命令，对其进行调整。

Example 实例 63 矢量形状工具——自然气息

案例文件	DVD\源文件\素材\第7章\自然气息.psd
案例效果	DVD\源文件\效果\第7章\自然气息.psd
视频教程	DVD\视频\第7章\实例63.swf
视频长度	2分40秒
制作难度	★★
技术点睛	"视图/参考线"命令、"圆角矩形工具"
思路分析	本实例介绍了运用参考线作为辅助工具，结合圆角矩形工具创建圆角矩形的基本操作方法，让读者掌握圆角矩形等矢量形状工具的应用

最终效果如右图所示。

操作步骤

① 打开随书附带光盘中的"源文件\素材\第7章\自然气息.psd"素材，如图7-33所示。

② 选中"图层0"，执行"视图/新建参考线"命令，弹出"新建参考线"对话框，选中"垂直"单选按钮，设置"位置"为"1厘米"，如图7-34所示。

❓ 专家指点

圆角矩形工具可以绘制有圆角的矩形和路径，在工具属性栏中可以设置圆角半径，数值越大，角度越圆滑，如果该值为0像素，则可以创建矩形。

❓ 专家指点

参考线是浮动在整个图像上却不被打印的直线，主要用来协助对齐和定位图形对象。

03 单击"确定"按钮，创建垂直参考线，用与上面同样的方法，设置"位置"分别为6、11、16、21、26、31，新建参考线，如图7-35所示。

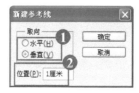

图7-33 素材　　　　　　　图7-34 "新建参考线"对话框　　　　　　图7-35 创建参考线

04 执行"视图/新建参考线"命令，弹出"新建参考线"对话框，选中"水平"单选按钮，设置"位置"为"2厘米"，如图7-36所示。

05 单击"确定"按钮，创建水平参考线，用与上面同样的方法，设置"位置"分别为7、12、17，新建参考线，如图7-37所示。

06 选择工具箱中的 █ （圆角矩形工具），在工具属性栏中单击"几何选项"下拉按钮，弹出"圆角矩形选项"面板，选中"固定大小"单选按钮，设置W为"4厘米"，H为"4厘米"，如图7-38所示。

图7-36 "新建参考线"对话框　　　　图7-37 创建参考线　　　　　图7-38 "圆角矩形选项"面板

❓ 专家指点

　　在运用圆角矩形工具绘制路径时，按住【Shift】键的同时，在图像编辑窗口中按住鼠标左键并拖曳，可以绘制一个正圆角矩形；按住【Alt】键的同时，在图像编辑窗口中按住鼠标左键并拖曳，可以绘制以起点为中心的圆角矩形；按住【Shift＋Alt】组合键的同时按住鼠标左键并拖曳，可以绘制以起点为中心的正圆角矩形。

❓ 专家指点

　　在弹出的"圆角矩形选项"面板中，各主要选项的含义如下。

➢ 不受约束：选中该单选按钮，可以任意绘制各种形状、路径或者图像。

➢ 方形：选中该单选按钮，可以绘制不同大小的正方形。

➢ 固定大小：选中该单选按钮，可以在W和H文本框中输入相应数值，定义形状、路径或图像的宽度和高度。

➢ 比例：选中该单选按钮，可以在W和H文本框中输入相应数值，定义形状、路径或图像的宽度和高度比例值。

➢ 从中心：选中该复选框，可以从中心向外放射性地绘制形状、路径或者图像。

➢ 对齐像素：选中该复选框，可以使圆角矩形的边缘无混清现象。

07 单击工具属性栏中的"路径"按钮 🎇，移动鼠标指针至图像编辑窗口中，根据参考线依次单击鼠标左键，创建圆角矩形路径，如图7-39所示。

08 按【Ctrl+Enter】组合键，将路径转换为选区，按【Delete】键删除选区内的图像，然后按【Ctrl+D】组合键取消选区，并清除参考线，效果如图7-40所示。

图7-39 创建圆角矩形路径

图7-40 创建圆角矩形后的效果

实例小结

本例主要介绍了应用 ⬜（圆角矩形工具），同时结合参考线的辅助功能，创建圆角路径，并将其转换为选区的方法，以得到需要的图像。

Example 实例 64 自定形状工具——手机界面

案例文件	DVD\源文件\素材\第7章\手机界面.jpg
案例效果	DVD\源文件\效果\第7章\手机界面.psd
视频教程	DVD\视频\第7章\实例64.swf
视频长度	2分钟2秒
制作难度	★★
技术点睛	"自定形状工具" 🐾
思路分析	本实例介绍了运用自定形状工具创建自定义图像的基本操作方法，让读者快速了解并掌握自定形状工具的应用和技巧

最终效果如右图所示。

操作步骤

01 打开随书附带光盘中的"源文件\素材\第7章\手机界面.jpg"素材，如图7-41所示。

02 选择工具箱中的 🐾（自定形状工具），在工具属性栏中单击"点按可打开'自定形状'拾色器"按钮，弹出"自定形状"面板，单击面板右上角的黑色小三角按钮 ▶，在弹出的列表菜单中选择"全部"选项，如图7-42所示。

03 执行操作后，弹出信息提示框，如图7-43所示。

04 单击"追加"按钮，加载形状，并在面板中选择"信封1"选项，如图7-44所示。

❓ 专家指点

选取自定形状工具时，单击"点按可打开'自定形状'拾色器"按钮，可以弹出"自定形状"面板，将鼠标指针移至"自定形状"面板右下角，当鼠标指针呈双箭头形状时，单击鼠标左键并拖曳，即可随意调整面板的大小。

图7-41 素材

图7-42 选择"全部"选项

图7-43 信息提示框

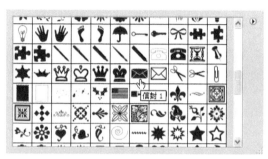

图7-44 选择"信封1"选项

⑤ 单击工具属性栏中的"形状图层"按钮，设置前景色为白色，移动鼠标指针至图像编辑窗口中的适当位置，单击鼠标左键并拖曳，绘制信封标志，如图7-45所示。

⑥ 在工具属性栏中单击"点按可打开'样式'拾色器"按钮，弹出"样式"面板，单击面板右上角的黑色小三角按钮，在弹出的列表菜单中选择"Web样式"选项，如图7-46所示。

图7-45 创建信封形状

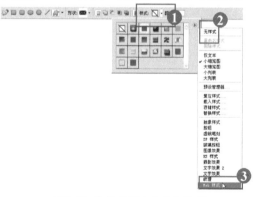

图7-46 选择"Web样式"选项

⑦ 执行操作后，弹出信息提示框，单击"追加"按钮，加载样式，并在面板中选择"条纹布"选项，如图7-47所示。

⑧ 执行操作后，在图像编辑窗口中显示最终效果，如图7-48所示。

❓ 专家指点

在创建自定形状时，在"自定形状"面板中选择所需的形状，将鼠标指针移至图像编辑窗口中，按住【Shift】键的同时，单击鼠标左键并拖曳，可以绘制一个标准的形状；按住【Shift＋Alt】组合键的同时，在图像编辑窗口中单击鼠标左键并拖曳，可以绘制一个以起点为中心的标准形状，还可以将绘制好的路径形状转换为选区，进行描边填充颜色。

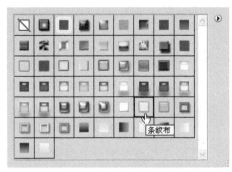

图7-47 选择"条纹布"选项

图7-48 绘制自定形状

实 例 小 结

本例主要介绍了通过使用 ✿（自定形状工具）加载系统自定义好的形状图形，并在图像中创建自定形状的基本方法。

Example 实例 65 平滑与尖突锚点——图形变形

案例效果	DVD\源文件\效果\第7章\三叶草.psd、变形梅花.psd
视频教程	DVD\视频\第7章\实例65.swf
视频长度	3分钟40秒
制作难度	★★
技术点睛	"转换点工具" ⌐
思路分析	本实例介绍了应用转换点工具对路径节点进行平滑和尖突处理的基本操作，让读者快速了解并掌握平滑节点和尖突节点的操作

最终效果如右图所示。

操 作 步 骤

01 执行"文件/新建"命令，新建一个空白文件，选择工具箱中的 ✿（自定形状工具），在工具属性栏中单击"点按可打开'自定形状'拾色器"按钮，弹出"自定形状"面板，在其中选择"三叶草"选项，创建三叶草形状，如图7-49所示。

02 选择工具箱中的 ⌐（转换点工具），移动鼠标指针至三叶草图形中的节点上，单击鼠标左键并拖曳，即可平滑节点，如图7-50所示。

❓ 专家指点

通常情况下，一次绘制完成的路径并不一定会满足设计者的需要，或者需要两条相似路径的时候，如果再重新手动绘制，会比较麻烦，遇到这种情况，可以利用路径的编辑功能修改锚点，以得到想要的效果。路径的锚点通常可以分为直角型、光滑型和拐角型3大类，对这3类锚点进行相互转换，可以得到不同的效果。

03 按住【Ctrl】键的同时单击鼠标左键，即可移动节点，如图7-51所示。

04 用与上同样的方法，继续平滑并移动其他节点，即可改变路径，效果如图7-52所示。

图7-49 创建形状　　　图7-50 平滑节点　　　　图7-51 移动节点　图7-52 平滑节点后的效果

⑤ 执行"文件/新建"命令，新建一个空白文件，选择工具箱中的 ▲（自定形状工具），在工具属性栏中单击"点按可打开'自定形状'拾色器"按钮，弹出"自定形状"面板，在其中选择"梅花"选项，创建一个梅花形状，如图7-53所示。

⑥ 选择工具箱中的 ▲（转换点工具），移动鼠标指针至梅花图形中的节点上，在形状上单击鼠标左键显示节点，按住【Alt】键的同时，在最上方节点上单击鼠标左键，并向下拖曳，即可移动控制柄，尖突节点，如图7-54所示。

⑦ 用与上面同样的方法，尖突其他节点，效果如图7-55所示。

图7-53 创建形状　　　　　　图7-54 尖突节点　　　　　　图7-55 尖突节点后的效果

❓ 专家指点

在Photoshop CS5中提供了两种用于选择路径的工具，如果在编辑过程中要选择整条路径，则可以使用路径选择工具；如果只需要选择路径中的某一个锚点，则可以使用直接选择工具。在当前使用的工具是直接选择工具时，只需按住【Alt】键单击路径，即可将整条路径选中。按住【Ctrl】键单击鼠标左键即可在这两种工具之间进行切换。

实 例 小 结

本例主要介绍了通过应用 ▲（转换点工具）进行转换点操作，然后在节点上拖动鼠标以平滑与尖突节点。

Example 实例 66 添加与删除锚点——变形鱼

案例效果	DVD\源文件\效果\第7章\变形鱼.psd
视频教程	DVD\视频\第7章\实例66.swf
视频长度	1分钟6秒
制作难度	★★
技术点睛	"添加锚点工具" ✎ 、"删除锚点工具" ✎
思路分析	本实例介绍了应用添加锚点工具和删除锚点工具对形状进行改变的基本操作方法，让读者快速了解并掌握添加锚点和删除锚点的操作方式与应用技巧

最终效果如右图所示。

操作步骤

⑪ 执行"文件/新建"命令，新建一个空白文件，选择工具箱中的 ▲（自定形状工具），在工具属性栏中单击"点按可打开'自定形状'拾色器"按钮，弹出"自定形状"面板，在其中选择"鱼"选项，创建一个鱼形状，如图7-56所示。

⑫ 选择工具箱中的 ✎（添加锚点工具），移动鼠标指针至鱼嘴位置处，单击鼠标左键，即可添加锚点，如图7-57所示。

❓ 专家指点

在路径被选中的状态下，使用添加锚点工具直接单击要添加节点的位置，即可在该位置处增加一个节点。

⑬ 拖动鼠标指针至添加的节点上，单击鼠标左键并拖曳，改变路径形状，并按住【Ctrl】键的同时单击鼠标左键，移动节点至合适位置，如图7-58所示。

图7-56 创建形状　　　　图7-57 添加锚点　　　　图7-58 移动节点

⑭ 选择工具箱中的 ✎（删除锚点工具），移动鼠标指针至上方鱼鳍位置的节点处，单击鼠标左键，即可删除锚点，效果如图7-59所示。

实例小结

图7-59 删除锚点后的效果

本例主要介绍了应用 ✎（添加锚点工具）和 ✎（删除锚点工具）对图形进行简单变形处理的操作方法。

Example 实例 67 填充与描边路径——雨季年华

案例文件	DVD\源文件\素材\第7章\雨季年华.jpg
案例效果	DVD\源文件\效果\第7章\雨季年华.psd
视频教程	DVD\视频\第7章\实例67.swf
视频长度	3分钟6秒
制作难度	★★
技术点睛	"自定形状工具" ▲、"路径"命令、"画笔工具" ✎
思路分析	本实例介绍了运用自定形状工具创建自定形状路径，并对路径进行填充和描边的基本操作，让读者快速掌握填充与描边路径的应用

最终效果如下图所示。

操 作 步 骤

① 打开随书附带光盘中的"源文件\素材\第7章\雨季年华.jpg"素材，如图7-60所示。

② 选择工具箱中的 🐾（自定形状工具），在工具属性栏中单击"路径"按钮 🔣，并单击"点按可打开'自定形状'拾色器"按钮，弹出"自定形状"面板，选择"五角星边框"选项，在图像编辑窗口中，创建多个五角星边框路径，如图7-61所示。

> **? 专家指点**
>
> 填充路径的方法包括多种，除了本实例介绍的方法外，还有以下3种。
>
> ➤ 在图像编辑窗口中选择需要填充的路径，单击"路径"面板底部的"用前景色填充路径"按钮。
>
> ➤ 选择需要填充的路径，按住【Alt】键的同时，单击"路径"面板底部的"用前景色填充路径"按钮，在弹出的"填充路径"对话框中设置相应选项，单击"确定"按钮即可。
>
> ➤ 在"路径"面板上单击右上角的三角形按钮，在弹出的面板下拉菜单中选择"填充路径"选项。

图7-60 素材

图7-61 创建五角形边框路径

③ 设置前景色为粉红色（RGB参数值分别为251、203、223），执行"窗口/路径"命令，弹出"路径"面板，在"工作路径"路径上单击鼠标右键，在弹出的快捷菜单中选择"填充路径"选项，如图7-62所示。

④ 弹出"填充路径"对话框，保持默认设置，如图7-63所示。

图7-62 选择"填充路径"选项

图7-63 "填充路径"对话框

⑤ 单击"确定"按钮，即可填充路径，在"路径"面板的灰色空白处单击鼠标左键，隐藏路径，效果如图7-64所示。

⑥ 选择工具箱中的 ✎ (画笔工具)，执行"窗口/画笔"命令，弹出"画笔"面板，设置"画笔笔尖形状"为Flowing Stars，"间距"为200%，如图7-65所示。

图7-64 填充路径

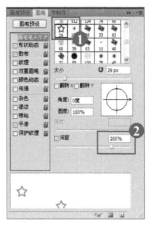

图7-65 "画笔"面板

⑦ 执行"窗口/路径"命令，弹出"路径"面板，单击面板底部的"用画笔描边路径"按钮 ◯ ，如图7-66所示。

⑧ 执行操作后，即可描边路径，在"路径"面板的灰色空白处单击鼠标左键，隐藏路径，效果如图7-67所示。

图7-66 单击"用画笔描边路径"按钮

图7-67 描边路径

❓ 专家指点

除了运用上述方法描边路径外，还有以下3种方法。

➤ 选择需要描边的路径，单击鼠标右键，在弹出的快捷菜单中选择"描边路径"选项。

➤ 按住【Alt】键的同时，单击"路径"面板底部的"用画笔描边路径"按钮，弹出"描边路径"对话框，在其中选择需要的工具，单击"确定"按钮即可。

➤ 选取工具箱中的 ▸ (路径选择工具)，在图像编辑窗口中单击鼠标右键，在弹出的快捷菜单中选择"描边路径"选项。

实 例 小 结

本例主要介绍了通过使用 ✿ (自定形状工具) 创建自定义路径，并通过设置前景色和画笔，对其进行填充和描边处理的基本方法。

第8章　掌握通道和蒙版的应用

本章内容

通道的主要功能是保存图像的颜色信息，也可以存放图像中的选区，并通过对通道的各种运算来合成具有特殊效果的图像。而图层蒙版可以很好地控制图层区域的显示或隐藏，可以在不破坏图像的情况下反复编辑图像，直到得到所需要的效果。

Example 实例 68　创建专色通道——人物剪影

案例文件	DVD\源文件\素材\第8章\人物剪影.jpg
案例效果	DVD\源文件\效果\第8章\人物剪影.psd
视频教程	DVD\视频\第8章\实例68.swf
视频长度	1分钟38秒
制作难度	★★
技术点睛	"魔棒工具" 💥 、"新建专色通道"选项、"新建专色通道"对话框
思路分析	本实例介绍了利用魔棒工具快速创建选区，以及利用"通道"面板创建专色通道的方法，让读者能够快速掌握专色通道的应用技巧

最终效果如右图所示。

操 作 步 骤

01 打开随书附带光盘中的"源文件\素材\第8章\人物剪影.jpg"素材，如图8-1所示。

02 选择工具箱中的 💥（魔棒工具），在素材图像编辑窗口的蓝色区域上重复单击鼠标左键，依次选择所有蓝色区域，创建蓝色选区，如图8-2所示。

图8-1 素材

图8-2 创建选区

❓ 专家指点

专色通道是指需要读者自行创建的通道，专色通道用于在照排发片时生成第5块色板，即专色版，在进行专色印刷或进行UV、烫金、烫银等特殊印刷工艺时将用到此类通道。

⓷ 执行"窗口/通道"命令，展开"通道"面板，单击面板右上角的三角形按钮 ，在弹出的面板下拉菜单中，选择"新建专色通道"选项，如图8-3所示。

⓸ 弹出"新建专色通道"对话框，单击"颜色"色块，弹出"选择专色"对话框，设置专色R为255、G为190、B为213，如图8-4所示。

 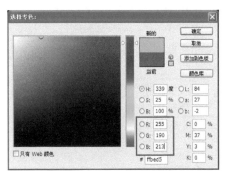

图8-3 选择"新建专色通道"选项　　　　图8-4 "选择专色"对话框

❓ 专家指点

通道主要用来存储图像的色彩信息和图层中的选择信息，使用通道可以复原失真严重的图像。"通道"面板是创建和编辑通道的主要场所，默认情况下，"通道"面板显示的都是颜色通道。通道内容的缩览图显示在通道名称的左侧，并且在编辑通道时自动更新。

⓹ 单击"确定"按钮，返回"新建专色通道"对话框，设置"名称"为"人物剪影"，"密度"为70%，如图8-5所示。

⓺ 单击"确定"按钮，即可创建专色通道，展开"通道"面板，在其中将自动生成一个专色通道，此时图像编辑窗口的效果如图8-6所示。

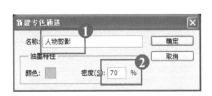 

图8-5 "新建专色通道"对话框　　　　图8-6 创建专色通道后的效果

❓ 专家指点

设置专色通道只是用来在屏幕上显示模拟效果的，对实际打印输出并无影响，此外，如果新建专色通道之前制作了选区，则新建通道后，将在选区内填充专色通道颜色。

实 例 小 结

本例主要介绍了利用 （魔棒工具）和"通道"面板快速创建选区，并创建专色通道的基本操作方法。

Example 实例 69 创建复合通道——偏色月季

案例文件	DVD\源文件\素材\第8章\偏色月季.jpg
案例效果	DVD\源文件\效果\第8章\偏色月季.psd
视频教程	DVD\视频\第8章\实例69.swf
视频长度	43秒
制作难度	★★
技术点睛	"指示通道可见性"图标
思路分析	本实例介绍了创建复合通道的基本操作方法，让读者快速了解并掌握如何利用复合通道调整图像效果

最终效果如右图所示。

操 作 步 骤

⓵ 打开随书附带光盘中的"源文件\素材\第8章\偏色月季.jpg"素材，如图8-7所示。

⓶ 展开"通道"面板，单击"绿"通道左侧的"指示通道可见性"图标，隐藏"绿"通道，如图8-8所示。

图8-7 素材

图8-8 隐藏"绿"通道

❓ 专家指点

在"通道"面板中，主要选项及按钮的含义如下。

➤ "将通道作为选区载入"按钮 ○：单击此按钮可以调出当前选择的通道所保存的选区。

➤ "将选区存储为通道"按钮 ▣：在选区处于激活的状态下，单击此按钮，可以将当前选区保存为Alpha通道。

➤ "创建新通道"按钮 ▣：单击此按钮，可以按默认设置新建一个Alpha通道。

➤ "删除当前通道"按钮 🗑：单击此按钮，可以删除当前选择的通道。

⓷ 执行操作后，在图像编辑窗口中显示复合通道效果，如图8-9所示。

⓸ 再次单击"绿"通道左侧的"指示通道可见性"图标，显示"绿"通道，单击"蓝"通道左侧的"指示通道可见性"图标，隐藏"蓝"通道，图像编辑窗口中显示复合通道效果，如图8-10所示。

❓ 专家指点

复合通道始终以彩色显示，是用于预览并编辑整个图像颜色通道的一个快捷方式。分别单击"红"、"绿"和"蓝"通道左侧的"指示通道可见性"图标，都可以复合其他两个复合通道，得到不同的效果。

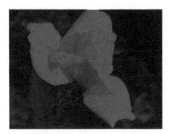

图8-9 复合通道效果1　　　　　　　图8-10 复合通道效果2

实 例 小 结

本例主要介绍了利用单击"指示通道可见性"图标，显示和隐藏相应的通道，以创建混合通道，得到需要的图像效果。

Example 实例 70 创建单色通道——单色向日葵

案例文件	DVD\源文件\素材\第8章\单色向日葵.jpg
案例效果	DVD\源文件\效果\第8章\单色向日葵.psd
视频教程	DVD\视频\第8章\实例70.swf
视频长度	39秒
制作难度	★★
技术点睛	"删除通道"选项
思路分析	本实例介绍了利用"删除通道"选项删除指定通道，以创建不同单色通道的方法，让读者快速掌握单色通道的创建与运用

最终效果如右图所示。

操 作 步 骤

01 打开随书附带光盘中的"源文件\素材\第8章\单色向日葵.jpg"素材，如图8-11所示。

02 展开"通道"面板，在"红"通道上单击鼠标左键，选择通道，单击鼠标右键，在弹出的快捷菜单中选择"删除通道"选项，如图8-12所示。

❓ 专家指点

在"通道"面板中任意删除其中一个通道，所有通道都会变成黑白色，原有彩色通道也会变成灰度。

图8-11 素材

图8-12 选择"删除通道"选项

⑩ 执行操作后，"通道"面板中显示的通道如图8-13所示。

⑩ 此时，图像编辑窗口中显示效果如图8-14所示。

图8-13 删除通道后

图8-14 创建单色通道的效果

实 例 小 结

本例主要介绍了利用"删除通道"选项，删除相应的通道，以创建单色通道，得到需要的图像效果。

Example 实例 71 创建Alpha通道——彩色铅笔

案例文件	DVD\源文件\素材\第8章\彩色铅笔.jpg
案例效果	DVD\源文件\效果\第8章\彩色铅笔.psd
视频教程	DVD\视频\第8章\实例71.swf
视频长度	1分钟12秒
制作难度	★★
技术点睛	"新建通道"选项、"新建通道"对话框
思路分析	本实例介绍了应用"新建通道"选项创建Alpha通道的方法，让读者了解并熟练掌握Alpha通道的创建方法与技巧应用

最终效果如右图所示。

操 作 步 骤

⑩ 打开随书附带光盘中的"源文件\素材\第8章\彩色铅笔.jpg"素材，如图8-15所示。

⑩ 展开"通道"面板，单击面板右上角的三角形按钮▼，在弹出的面板下拉菜单中选择"新建通道"选项，如图8-16所示。

图8-15 素材

图8-16 选择"新建通道"选项

? 专家指点

除了运用上述方法创建Alpha通道外，还有以下两种方法。

➤ 单击"通道"面板底部的"创建新通道"按钮 <u>⊒</u> 。

➤ 按住【Alt】键的同时，单击"通道"面板底部的"创建新通道"按钮 <u>⊒</u> 。

03 弹出"新建通道"对话框，单击"颜色"图块，弹出"选择通道颜色"对话框，设置通道颜色R为88、G为96、B为252，如图8-17所示。

04 单击"确定"按钮，返回"新建通道"对话框，设置"名称"为"彩色铅笔"，"不透明度"为30%，如图8-18所示。

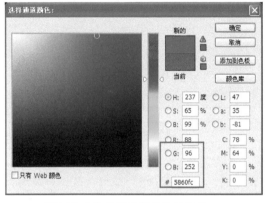

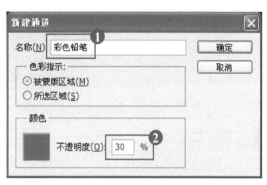

图8-17 "选择通道颜色"对话框　　　　　图8-18 "新建通道"对话框

05 创建一个新的Alpha通道，在"通道"面板中单击"彩色铅笔"通道左侧的"指示通道可见性"图标，如图8-19所示。

06 即可显示"彩色铅笔"通道，图像编辑窗口中的图像效果如图8-20所示。

图8-19 单击"指示通道可见性"图标　　　　图8-20 显示"彩色铅笔"通道

? 专家指点

RGB图像有4个颜色通道，即RGB、红、绿和蓝；CMYK图像有5个颜色通道，即CMYK、青色、黄色、洋红和黑色。

实 例 小 结

本例主要介绍了通过"新建通道"选项创建Alpha通道，并利用单击"指示通道可见性"图标，显示创建的通道，得到需要的图像效果。

Example 实例 72 "计算"命令——灰色记忆

案例文件	DVD\源文件\素材\第8章\背景.jpg、主体.jpg
案例效果	DVD\源文件\效果\第8章\灰色记忆.psd
视频教程	DVD\视频\第8章\实例72.swf
视频长度	42秒
制作难度	★★
技术点睛	"计算"命令、"计算"对话框
思路分析	本实例介绍了运用"计算"命令合成图像的基本操作，让读者掌握合成图像的方法与技巧

最终效果如下图所示。

操 作 步 骤

01 打开随书附带光盘中的"源文件\素材\第8章\背景.jpg、主体.jpg"素材，如图8-21和图8-22所示。

? 专家指点

"计算"命令可以用来混合两个来自一个或多个源图像的单个通道，使用该命令可以创建新的通道和选区，也可以生成新的黑白图像。

图8-21 背景素材

图8-22 主体素材

02 执行"图像/计算"命令，弹出"计算"对话框，设置"源1"为"背景.jpg"，"源2"为"主体.jpg"，"混合"为"正片叠底"，如图8-23所示。

03 单击"确定"按钮，即可合成图像，效果如图8-24所示。

? 专家指点

"计算"对话框中各主要选项的含义如下。

➤ 源1：选择要参与计算的第一幅图像，系统默认为当前编辑的图像。

➤ 通道：选择第一幅图像中要进行计算的通道名。

➤ 源2：选择要参与计算的第二幅图像。

➤ 混合：选择图像合成的模式。

➤ 结果：选择如何应用混合模式结果。

图8-23 "计算"对话框

图8-24 合成后的图像

实 例 小 结

本例主要介绍了通过应用"计算"命令，在弹出的"计算"对话框中设置相应混合图像，进行混合操作的基本方法。

Example 实例 73 "应用图像"命令——魔幻空间

案例文件	DVD\源文件\素材\第8章\背景1.jpg、主体1.jpg
案例效果	DVD\源文件\效果\第8章\魔幻空间.psd
视频教程	DVD\视频\第8章\实例73.swf
视频长度	34秒
制作难度	★★
技术点睛	"应用图像"命令
思路分析	本实例介绍了运用"应用图像"命令，设置相应参数，以合成图像的基本操作，让读者掌握运用"应用图像"命令合成图像的方法

最终效果如下图所示。

操 作 步 骤

01 打开随书附带光盘中的"源文件\素材\第8章\背景1.jpg、主体1.jpg"素材，如图8-25和图8-26所示。

图8-25 背景1素材

图8-26 主体1素材

⑫ 执行"图像/应用图像"命令，弹出"应用图像"对话框，设置"源"为"主体1.jpg"，"混合"为"正片叠底"，"不透明度"为55%，如图8-27所示。

⑬ 单击"确定"按钮，即可合成图像，效果如图8-28所示。

图8-27 "应用图像"对话框　　　　　　　　　图8-28 合成后的图像

❓ 专家指点

"应用图像"对话框中各主要选项的含义如下。

➢ 图层：选择源图像中的图层参与计算。

➢ 通道：选择源图像中的通道参与计算，选中"反相"复选框，则表示源图像反相后进行计算。

➢ 混合：选择需要的合成模式进行计算。

➢ 蒙版：选中该复选框后，只对不透明区域进行合并。

实 例 小 结

本例主要介绍了通过运用"应用图像"命令，在弹出的"应用图像"对话框中设置相应选项，混合图像的基本操作方法。

Example 实例 74 创建剪贴蒙版——画中美人

案例文件	DVD\源文件\素材\第8章\画中美人.psd
案例效果	DVD\源文件\效果\第8章\画中美人.psd
视频教程	DVD\视频\第8章\实例74.swf
视频长度	39秒
制作难度	★★
技术点睛	"图层"面板、"创建剪贴蒙版"选项
思路分析	本实例介绍了应用"图层"面板创建剪贴蒙版的基本操作方法，让读者快速了解并掌握剪贴蒙版的创建及应用技巧

最终效果如右图所示。

操 作 步 骤

⑪ 打开随书附带光盘中的"源文件\素材\第8章\画中美人.psd"素材，如图8-29所示。

⑫ 展开"图层"面板，选择"图层1"，单击鼠标右键，在弹出的快捷菜单中选择"创建剪贴蒙版"选项，如图8-30所示。

图8-29 素材

图8-30 选择"创建剪贴蒙版"选项

③ 执行操作后，"图层"面板中的"图层1"显示如图8-31所示。

④ 此时，图像编辑窗口中显示效果如图8-32所示。

图8-31 创建剪贴蒙版

图8-32 创建剪贴蒙版后的效果

? 专家指点

除了运用上述方法创建剪贴蒙版外，还可以执行"图层/创建剪贴蒙版"命令。

实 例 小 结

本例主要介绍了通过应用"创建剪贴蒙版"选项，创建剪贴蒙版，以得到需要的图像效果的基本操作方法。

Example 实例 75 创建快速蒙版——炫彩美发

案例文件	DVD\源文件\素材\第8章\炫彩美发.jpg
案例效果	DVD\源文件\效果\第8章\炫彩美发.psd
视频教程	DVD\视频\第8章\实例75.swf
视频长度	1分钟36秒
制作难度	★★
技术点睛	"以快速蒙版模式编辑"按钮 ◎ 、"以标准模式编辑"按钮 ◎ 、"色相/饱和度"对话框
思路分析	本实例介绍了应用"以快速蒙版模式编辑"按钮 ◎ 创建快速蒙版，并将其转换为选区，然后进行色相/饱和度调整的基本操作方法，让读者快速了解快速蒙版的应用技巧

最终效果如下图所示。

操 作 步 骤

① 打开随书附带光盘中的"源文件\素材\第8章\炫彩美发.jpg"素材，如图8-33所示。

② 单击工具箱底部的"以快速蒙版模式编辑"按钮🔲，选择工具箱中的 ✍（画笔工具），在工具属性栏中设置"画笔"为"柔边圆50像素"，如图8-34所示。

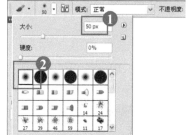

图8-33 素材　　　　　　　　　　　图8-34 设置"画笔"

❓ 专家指点

快速蒙版的特点是与绘图工具结合起来创建选区，比较适用于对选择要求不是很高的情况。

③ 拖动鼠标指针至图像编辑窗口的人物皮肤上进行涂抹，如图8-35所示。

④ 单击工具箱底部的"以标准模式编辑"按钮🔳，即可将涂抹区域转换为选区，效果如图8-36所示。

图8-35 涂抹图像　　　　　　　　　　图8-36 创建选区

❓ 专家指点

进入快速蒙版后，当运用黑色绘图工具作图时，将在图像中得到红色的区域。即是非选区区域，当运用白色绘图工具作图时，可以去除红色的区域；即是生成的选区，用灰色绘图工具作图，则生成的选区将会带有一定的羽化。

⑤ 按【Ctrl＋U】组合键，弹出"色相/饱和度"对话框，设置"色相"为–30，"明度"为10，如图8-37所示。

⑥ 单击"确定"按钮，按【Ctrl＋D】组合键取消选区，即可利用快速蒙版调整图像，效果如图8-38所示。

实 例 小 结

本例主要介绍了应用"以快速蒙版模式编辑"按钮🔲创建快速蒙版，然后应用"以标准模式编辑"按钮██将蒙版转换为选区，再应用"色相/饱和度"对话框，调整图像效果的基本操作方法。

图8-37 "色相/饱和度"对话框　　　　图8-38 调整后的图像效果

Example (实例) 76 创建矢量蒙版——玩转摄影

案例文件	DVD\源文件\素材\第8章\玩转摄影.psd
案例效果	DVD\源文件\效果\第8章\玩转摄影.psd
视频教程	DVD\视频\第8章\实例76.swf
视频长度	59秒
制作难度	★★
技术点睛	"自定形状工具"🧩、"图层/矢量蒙版/当前路径"命令
思路分析	本实例介绍了运用自定形状工具创建自定形状路径，然后创建矢量蒙版的基本操作方法，让读者快速掌握创建矢量蒙版的方法和应用技巧

最终效果如右图所示。

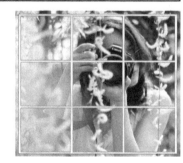

操 作 步 骤

① 打开随书附带光盘中的"源文件\素材\第8章\玩转摄影.psd"素材，如图8-39所示。

② 选择工具箱中的🧩（自定形状工具），在工具属性栏中单击"路径"按钮██，并单击"点按可打开'自定形状'拾色器"按钮，弹出"自定形状"面板，选择"网格"选项，如图8-40所示。

❓ 专家指点

矢量蒙版是由钢笔、自定形状等矢量工具创建的蒙版，与图层蒙版非常相似，矢量蒙版也是一种控制图层中图像显示与隐藏的方法，不同的是，矢量蒙版是依靠路径来限制图像的显示与隐藏，因此它创建的都是具有规则边缘的蒙版。

③ 在图像编辑窗口中的合适位置，拖动鼠标指针绘制一个网格路径，如图8-41所示。

④ 执行"图层/矢量蒙版/当前路径"命令，如图8-42所示。

⑤ 执行操作后，"图层"面板中显示创建的矢量蒙版，如图8-43所示。

⑥ 此时，图像编辑窗口的图像显示效果如图8-44所示。

实 例 小 结

本例主要介绍了通过使用🧩（自定形状工具）创建自定义路径，然后通过"当前路径"命令创建矢量蒙版的基本方法。

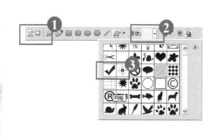

图8-39 素材　　　　　　　图8-40 创建网格边框路径　　　　　图8-41 绘制网格路径

图8-42 执行相应命令　　　　　图8-43 创建矢量蒙版　　　　图8-44 创建矢量蒙版后的效果

Example 实例 77 创建图层蒙版——万花丛中

案例文件	DVD\源文件\素材\第8章\万花丛中.psd
案例效果	DVD\源文件\效果\第8章\万花丛中.psd
视频教程	DVD\视频\第8章\实例77.swf
视频长度	1分钟8秒
制作难度	★★
技术点睛	"添加图层蒙版"按钮 、"画笔工具"
思路分析	本实例介绍了运用"添加图层蒙版"按钮创建图层蒙版，并运用画笔工具进行涂抹的基本操作方法，让读者快速掌握图层蒙版的创建方法与应用技巧

最终效果如下图所示。

操 作 步 骤

① 打开随书附带光盘中的"源文件\素材\第8章\万花丛中.psd"素材，如图8-45所示。

⓶ 展开"图层"面板，选择"图层1"，单击下方的"添加图层蒙版"按钮 ，如图8-46所示。

图8-45 素材

图8-46 单击"添加图层蒙版"按钮

? 专家指点

执行"图层/图层蒙版/显示全部"命令，即可创建一个显示图层内容的白色蒙版；执行"图层/图层蒙版/隐藏全部"命令，即可创建一个隐藏图层内容的黑色蒙版。

⓷ 设置前景色为黑色，选择工具箱中的 ✎（画笔工具），在工具属性栏中设置"画笔"为"柔边圆80像素"，如图8-47所示。

⓸ 拖动鼠标指针，在图像编辑窗口中进行涂抹，效果如图8-48所示。

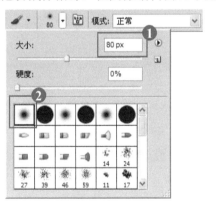

图8-47 设置"画笔"

图8-48 在图像编辑窗口中涂抹

? 专家指点

图层蒙版是使用最为频繁的一类蒙版，绝大多数图像合成作品都需要使用图层蒙版，图层蒙版依靠蒙版中像素的亮度，使图层显示出被屏蔽的效果，亮度越高，屏蔽作用越小，反之，亮度越低，则屏幕效果越明显。

实例小结

本例主要介绍了通过应用"添加图层蒙版"按钮  创建图层蒙版，并结合画笔工具涂抹图像的基本操作方法，以得到需要的图像效果。

第9章 掌握滤镜的应用

本章内容

➤ 镜头校正——扶正建筑　　➤ 杂色滤镜——完美肌肤　　➤ 风格化滤镜——春日气息

➤ 液化滤镜——窈窕美女　　➤ 模糊滤镜——速度时代　　➤ 艺术效果滤镜——畅想大海

➤ 消失点——延伸的路　　　➤ 素描滤镜——山清水秀

➤ 扭曲滤镜——水波荡漾　　➤ 渲染滤镜——粉色玫瑰

滤镜是一种插件模板，能够对图像中的像素进行操作，也可以模拟一些特殊的光照效果或带有装饰性的纹理效果。Photoshop提供了各种各样的滤镜，使用这些滤镜，读者不需要耗费大量的时间和精力就可以快速制作出模糊、素描、马赛克，以及各种扭曲的效果。

Example 实例 78 镜头校正——扶正建筑

案例文件	DVD\源文件\素材\第9章\扶正建筑.jpg
案例效果	DVD\源文件\效果\第9章\扶正建筑.psd
视频教程	DVD\视频\第9章\实例78.swf
视频长度	1分钟5秒
制作难度	★★
技术点睛	"镜头校正"命令、"镜头校正"对话框、"移去扭曲工具"按钮
思路分析	本实例介绍了利用镜头校正功能对图像进行校正的基本操作方法，让读者快速了解并掌握镜头校正的使用方法和技巧

最终效果如右图所示。

操 作 步 骤

01 打开随书附带光盘中的"源文件\素材\第9章\扶正建筑.jpg"素材，如图9-1所示。

02 执行"滤镜/镜头校正"命令，如图9-2所示。

图9-1 素材

图9-2 执行相应命令

? 专家指点

镜头校正在功能上非常强大，内置了大量创建镜头的畸变、色差等参数，用于在校正时选用，对于使用数码单反相机的摄影师而言是非常有用的。

03 弹出"镜头校正"对话框，单击左上角的"移去扭曲工具"按钮，如图9-3所示。

⓸ 在"镜头校正"对话框的缩略图右下角点处,单击鼠标左键向中间拖曳,校正图像,如图9-4所示。

图9-3 单击"移去扭曲工具"按钮

图9-4 "镜头校正"对话框

❓ 专家指点

在"镜头校正"对话框中,各主要选项的含义如下。

➤ "移去扭曲工具"按钮🔲:使用该工具在图像中拖动可以校正图像的凸起或凹陷状态。

➤ "拉直工具"按钮📐:使用该工具在图像中拖动可以校正图像的旋转角度。

➤ "移动网格工具"按钮🖑:使用该工具可以拖动图像编辑区中的网格,使其与图像对齐。

➤ "抓手工具"按钮🖐:使用该工具在图像中拖动可以查看未完全显示出来的图像。

➤ "缩放工具"按钮🔍:使用该工具在图像中单击可以放大图像的显示比例,按住【Alt】键在图像中单击即可缩小图像显示比例。

⓹ 单击"确定"按钮,即可校正扭曲图像,效果如图9-5所示。

⓺ 按【Ctrl+F】组合键,重复镜头校正,效果如图9-6所示。

图9-5 校正扭曲图像

图9-6 重复镜头校正

❓ 专家指点

镜头校正对应的快捷键为Shift+Ctrl+R。

实 例 小 结

本例主要介绍了应用"镜头校正"命令打开"镜头校正"对话框,然后利用"移去扭曲工具"按钮🔲在图像编辑窗口中校正图像的基本操作方法。

Example 实例 79 液化滤镜——窈窕美女

案例文件	DVD\源文件\素材\第9章\窈窕美女.jpg
案例效果	DVD\源文件\效果\第9章\窈窕美女.psd
视频教程	DVD\视频\第9章\实例79.swf
视频长度	1分钟30秒
制作难度	★★
技术点睛	"液化"命令、"向前变形工具"按钮🖐、"褶皱工具"按钮🖐
思路分析	本实例介绍了利用液化功能变形图像和褶皱图像的基本操作方法,让读者快速了解并掌握如何利用液化滤镜修饰图像

最终效果如右图所示。

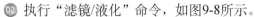

01 打开随书附带光盘中的"源文件\素材\第9章\窈窕美女.jpg"素材，如图9-7所示。

02 执行"滤镜/液化"命令，如图9-8所示。

图9-7 素材

图9-8 执行相应命令

使用"液化"滤镜可以逼真地模拟液体流动的效果。可以非常方便地制作图像变化、湍流、扭曲、褶皱、膨胀和堆成等效果，但是需要注意的是，该命令不能在索引、位图和多通道色彩模式的图像中使用。

03 弹出"液化"对话框，单击左上角的"向前变形工具"按钮 ，如图9-9所示。

04 在"液化"对话框的缩略图人物左侧腰部单击鼠标左键，并向内拖曳，液化图像，如图9-10所示。

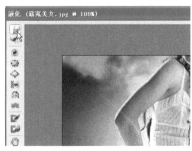

图9-9 单击"向前变形"按钮

图9-10 "液化"对话框

在"液化"对话框中，各主要选项的含义如下。

➤ "向前变形工具"按钮 ：使用该工具在图像上拖动，可以使图像的像素随着涂抹产生变形。

➤ "重建工具"按钮 ：在扭曲预览图像之后，使用此工具可以完全或者部分地恢复更改。

➤ "顺时针旋转扭曲工具"按钮 ：使用该工具可以使图像产生顺时针旋转效果。

➤ "褶皱工具"按钮 ：使用该工具可以使图像向操作中心点收缩，从而产生挤压效果。

➤ "膨胀工具"按钮 ：使用该工具可以使图像背离操作中心点，从而产生膨胀效果。

➤ "左推工具"按钮 ：使用该工具可以移动与描边方向垂直的像素，直接拖动工具，使像素左移；按住【Alt】键拖动此工具，使像素向右移。

➤ "镜像工具"按钮 ：使用该工具可以将像素复制到画笔区域。

➤ "湍流工具"按钮 ：使用该工具可以平滑地拼凑像素，适用于创建火焰、波浪等效果。

➤ "冻结蒙版工具"按钮 ：使用该工具拖动经过的范围进行保护，以免被进一步编辑。

➤ "解冻蒙版工具"按钮 ：使用该工具可以接触被冻结的区域，使其还原为可编辑状态。

05 重复上述操作，在缩略图人物右侧腰部单击鼠标左键，并向内拖曳，变形液化图像，如图9-11所示。

06 在"液化"对话框中，单击左上角的"褶皱工具"按钮 🔲，如图9-12所示。

图9-11 变形液化图像

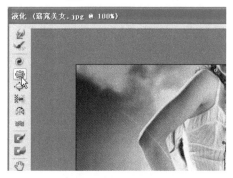

图9-12 单击"褶皱工具"按钮

07 在"液化"对话框的缩略图人物裙摆上，单击鼠标并拖曳，褶皱液化图像，如图9-13所示。

08 单击"确定"按钮，即可完成液化操作，效果如图9-14所示。

图9-13 褶皱液化图像

图9-14 液化后的效果

? 专家指点

液化对应的快捷键为Shift+Ctrl+X。

实 例 小 结

本例主要介绍了应用"液化"命令打开"液化"对话框，然后利用"向前变形工具"按钮 🔲 和"褶皱工具"按钮 🔲 液化图像的基本操作方法。

Example 实例 80 消失点——延伸的路

案例文件	DVD\源文件\素材\第9章\延伸的路.jpg
案例效果	DVD\源文件\效果\第9章\延伸的路.psd
视频教程	DVD\视频\第9章\实例80.swf
视频长度	2分钟25秒
制作难度	★★
技术点睛	"消失点"命令、"创建平面工具" 🔲、"选框工具" 🔲、"变换工具" 🔲、"仿制图章工具" 🔲
思路分析	本实例介绍了利用消失点功能对图像进行修复的基本操作方法，让读者快速了解并掌握消失点滤镜的使用方法和技巧

最终效果如右图所示。

【操】【作】【步】【骤】

01 打开随书附带光盘中的"源文件\素材\第9章\延伸的路.jpg"素材，如图9-15所示。

02 执行"滤镜/消失点"命令，如图9-16所示。

图9-15 素材

图9-16 执行相应命令

03 弹出"消失点"对话框，单击左上角的"创建平面工具"按钮 ，如图9-17所示。

04 在"消失点"对话框的适当位置创建一个透视矩形框，并适当调整透视矩形框，如图9-18所示。

图9-17 单击"创建平面工具"按钮

图9-18 创建透视矩形框

❓ 专家指点

在"消失点"对话框中，各主要选项的含义如下。

➤ "编辑平面工具"按钮 ：使用该工具可以选择和移动透视网格，在工具选项区中选择"显示边缘"选项，会显示出透视网格及选区的边缘，否则将隐藏其边缘。

➤ "创建平面工具"按钮 ：使用该工具可以绘制透视网格来确定图像的透视角度，在工具选项区的"网格大小"文本框中可以设置每个网格的大小。

➤ "选框工具"按钮 ：使用该工具可以在透视网格内绘制选区，以选中要复制的图像，而且所绘制的选区与透视网格的透视角度是相同的。

➤ "图章工具"按钮 ：使用该工具，在按住【Alt】键的同时可以在透视网格内定义一个源图像，然后在需要的地方进行涂抹即可。

➤ "画笔工具"按钮 ：使用该工具可以在透视网格内进行绘图。

05 单击"选框工具"按钮 ，在透视矩形框中双击鼠标左键，按住【Alt】键的同时单击鼠标左键向上拖曳,如图9-19所示。

⑥ 单击"变换工具"按钮 ,调出变换控制框,移动鼠标指针至上方中间的控制柄上,单击鼠标左键向上拖曳,适当调整,如图9-20所示。

图9-19 向上拖曳选框 　　　　　　图9-20 调整选框

? 专家指点

在"消失点"对话框中,其他主要选项的含义如下。

➤ "变换工具"按钮 :由于复制图像时,图像的大小是自动变化的,当对图像大小不满意时,即可使用此工具对图像进行放大或缩小操作。

➤ "吸管工具"按钮 :使用该工具可以在图像中单击,以吸取画笔绘图时所用的颜色。

➤ "测量工具"按钮 :使用该工具可以测量从一点到另一点的距离,以及相对于透视关系来说,当前所测量的直线角度。

⑦ 单击"确定"按钮,即可创建消失点滤镜,如图9-21所示。

⑧ 选择工具箱中的 (仿制图章工具),设置适当的画笔,修复图像,效果如图9-22所示。

图9-21 消失点滤镜 　　　　　　图9-22 修复后的图像

? 专家指点

消失点对应的快捷键为Alt+Ctrl+V。

实 例 小 结

本例主要介绍了应用"消失点"命令打开"消失点"对话框,然后利用"创建平面工具" 、"选框工具" 和"变换工具" 创建消失点滤镜,最后结合 (仿制图章工具)修复图像的基本操作方法。

Example 实例 **81** 扭曲滤镜——水波荡漾

案例文件	DVD\源文件\素材\第9章\水波荡漾.jpg
案例效果	DVD\源文件\效果\第9章\水波荡漾.psd
视频教程	DVD\视频\第9章\实例81.swf
视频长度	1分钟9秒
制作难度	★★
技术点睛	"水波"命令、"旋转扭曲"命令
思路分析	本实例介绍了应用扭曲滤镜扭曲图像的基本操作方法，让读者了解并熟练掌握扭曲滤镜的应用技巧

最终效果如右图所示。

操 作 步 骤

01 打开随书附带光盘中的"源文件\素材\第9章\水波荡漾.jpg"素材，如图9-23所示。

02 执行"滤镜/扭曲/水波"命令，弹出"水波"对话框，设置"数量"为30，"起伏"为10，"样式"为"从中心向外"，如图9-24所示。

图9-23 素材

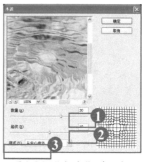

图9-24 "水波"对话框

❓ 专家指点

"水波"滤镜可以对图像进行水波扭曲，其中可以设置的样式包括"围绕中心"、"从中心向外"和"水池波纹"3种。

03 单击"确定"按钮，即可设置水波扭曲，效果如图9-25所示。

04 执行"滤镜/扭曲/旋转扭曲"命令，弹出"旋转扭曲"对话框，设置"角度"为"100度"，如图9-26所示。

图9-25 设置水波扭曲

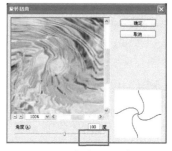

图9-26 "旋转扭曲"对话框

"旋转扭曲"滤镜可以对图像进行旋转扭曲操作，其中设置的"角度"值越大，其旋转扭曲幅度越大，反之，"角度"值越小，其旋转扭曲幅度越小。

⑤ 单击"确定"按钮，即可设置旋转扭曲，效果如图9-27所示。

⑥ 按【Ctrl＋F】组合键，重复执行"旋转扭曲"命令，设置旋转扭曲，效果如图9-28所示。

 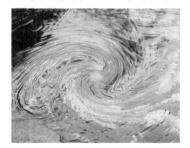

图9-27 设置旋转扭曲　　　　　　　　　　图9-28 旋转扭曲后的效果

扭曲滤镜有多种方式，读者可以根据具体的需要进行相应的选择和设置，其中较常用的包括"水波"、"切变"、"极坐标"和"球面化"等。

实 例 小 结

本例主要介绍了通过"水波"命令和"旋转扭曲"命令，分别在相应的对话框中设置相应参数，创建水波滤镜和旋转扭曲滤镜的基本操作方法，从而得到需要的图像效果。

Example 实例 **82 杂色滤镜——完美肌肤**

案例文件	DVD\源文件\素材\第9章\完美肌肤.jpg
案例效果	DVD\源文件\效果\第9章\完美肌肤.psd
视频教程	DVD\视频\第9章\实例82.swf
视频长度	1分钟18秒
制作难度	★★
技术点睛	"添加杂色"命令、"减少杂色"命令
思路分析	本实例介绍了运用杂色滤镜对人物添加杂色和减少杂色效果的基本操作方法，让读者掌握杂色滤镜的使用方法和技巧

最终效果如右图所示。

操 作 步 骤

① 打开随书附带光盘中的"源文件\素材\第9章\完美肌肤.jpg"素材，如图9-29所示。

② 执行"滤镜/杂色/添加杂色"命令，弹出"添加杂色"对话框，设置"数量"为11%，如图9-30所示。

图9-29 素材　　　　　　　　　　　图9-30 "添加杂色"对话框

? 专家指点

　　"添加杂色"滤镜可以将一定数量的杂点以随机的方式引入到图像中，并可以使混合时产生的色彩有漫散的效果。

　　在"添加杂色"对话框中，各主要选项的含义如下。

> 数量：该值决定图像中所产生杂色的数量。数值越大，所添加的杂色数量越多。

> 分布：该选项区中包括"平均分布"和"高斯分布"两个单选按钮，当选择不同的分布选项时，所添加的杂色的方式将会不同。

> 单色：选中该复选框，添加的色彩将会是单色。

③ 单击"确定"按钮，即可为图像添加杂色效果，如图9-31所示。

④ 执行"滤镜/杂色/减少杂色"命令，弹出"减少杂色"对话框，设置"强度"为8，"保留细节"为0，"减少杂色"为100%，"锐化细节"为40%，如图9-32所示。

图9-31 添加杂色效果　　　　　　　图9-32 "减少杂色"对话框

? 专家指点

　　"减少杂色"滤镜可以对图像中的杂点进行减少处理，以得到较清晰的图像。在"减少杂色"对话框中，设置不同的数值参数，所得到的结果不同。

⑤ 单击"确定"按钮，即可设置减少杂色，效果如图9-33所示。

⑥ 按【Ctrl+F】组合键，重复执行"减少杂色"命令，效果如图9-34所示。

图9-33 设置减少杂色　　　　　　　图9-34 减少杂色后的效果

实例小结

本例主要介绍了通过"添加杂色"命令和"减少杂色"命令，分别在相应的对话框中设置相应
参数，对图像添加杂色和减少杂色的基本操作方法，从而得到需要的图像效果。

Example 实例 83 模糊滤镜——速度时代

案例文件	DVD\源文件\素材\第9章\速度时代.jpg
案例效果	DVD\源文件\效果\第9章\速度时代.psd
视频教程	DVD\视频\第9章\实例83.swf
视频长度	1分钟24秒
制作难度	★★
技术点睛	"魔棒工具"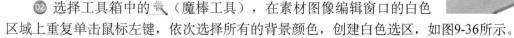、"径向模糊"命令
思路分析	本实例介绍了运用径向模糊滤镜对图像进行模糊处理的基本操作方法，让读者快速掌握模糊滤镜的应用技巧

最终效果如右图所示。

操作步骤

① 打开随书附带光盘中的"源文件\素材\第9章\速度时代.jpg"素
材，如图9-35所示。

② 选择工具箱中的 （魔棒工具），在素材图像编辑窗口的白色
区域上重复单击鼠标左键，依次选择所有的背景颜色，创建白色选区，如图9-36所示。

图9-35 素材

图9-36 创建选区

? 专家指点

应用"模糊"滤镜，可以使图像中清晰或者对比较强烈的区域产生不同的模糊效果。

③ 在白色选区上单击鼠标右键，在弹出的快捷菜单中选择"选择反向"选项，反选选区，如
图9-37所示。

④ 执行"滤镜/模糊/径向模糊"命令，弹出"径向模糊"对话框，设置"数量"为12，在"模糊方
法"选项区中选中"缩放"单选按钮，在"品质"选项区中选中"最好"单选按钮，如图9-38所示。

? 专家指点

"径向模糊"滤镜可以生成旋转或从中心向外辐射的模糊效果。

"径向模糊"对话框中各主要选项的含义如下。

➢ 数量：用来设置模糊的强度，该值越高，模糊效果越强烈。

➢ 模糊方法：选中"旋转"单选按钮，则沿同心圆环线进行模糊；选中"缩放"单选按钮，则沿径向线进行模糊，类似于放大或缩小图像产生的效果。

➢ 品质：用来设置应用模糊效果后图像的显示品质。选中"草图"单选按钮，处理速度最快，但会产生颗粒状效果；选中"好"或"最好"单选按钮都可以产生较为平滑的效果，但除非在较大的图像上，否则看不出这两种品质的区别。

⑤ 单击"确定"按钮，即可设置径向模糊，效果如图9-39所示。

⑥ 按【Ctrl+F】组合键，重复执行"径向模糊"命令，按【Ctrl+D】组合键取消选区，效果如图9-40所示。

图9-37 反选选区　　图9-38 "径向模糊"对话框　　图9-39 设置径向模糊　图9-40 径向模糊后的效果

在图像的处理过程中，常用的模糊滤镜包括"径向模糊"、"特殊模糊"、"高斯模糊"、"动感模糊"和"表面模糊"等。

实 例 小 结

本例主要介绍了通过"径向模糊"命令，在弹出的对话框中设置相应参数，对图像进行径向模糊处理的基本操作方法。

Example 实例 84 素描滤镜——山清水秀

案例文件	DVD\源文件\素材\第9章\山清水秀.jpg
案例效果	DVD\源文件\效果\第9章\山清水秀.psd
视频教程	DVD\视频\第9章\实例84.swf
视频长度	1分钟27秒
制作难度	★★
技术点睛	"水彩画纸"命令、"影印"命令
思路分析	本实例介绍了应用水彩画纸和影印滤镜对图像进行素描滤镜处理的基本操作方法，让读者快速了解并掌握素描滤镜在图像修饰中的方法与运用技巧

最终效果如下页右图所示。

操 作 步 骤

① 打开随书附带光盘中的"源文件\素材\第9章\山清水秀.jpg"素材，如图9-41所示。

② 执行"滤镜/素描/水彩画纸"命令，弹出"水彩画纸"对话框，设置"纤维长度"为10，"亮度"为60，"对比度"为60，如图9-42所示。

图9-41 素材

图9-42 "水彩画纸"对话框

② 专家指点

"水彩画纸"滤镜可以产生溢出混合效果，其中该对话框中各主要选项的含义如下。

➢ 纤维长度：该数值决定图像的扩散程度，数值越大，扩散越大。

➢ 亮度：该数值决定图像的亮度。

➢ 对比度：该数值决定图像的对比效果。

③ 单击"确定"按钮，即可设置水彩画纸效果，效果如图9-43所示。

④ 按【Ctrl+F】组合键，重复执行"水彩画纸"命令，此时，图像编辑窗口显示效果如图9-44所示。

图9-43 设置水彩画纸的效果

图9-44 重复水彩画纸的效果

② 专家指点

"滤镜/素描"子菜单下的命令可以通过为图像添加纹理或使用其他方式重绘图像，最终获得手绘图像的效果，其中素描滤镜组中除了"水彩画纸"滤镜是以图像的色彩为标准外，其他的滤镜都是用黑、白、灰来替换图像中的色彩，从而产生多种绘图效果。

⑤ 设置前景色为浅蓝色（RGB参数值分别为217、238、243），执行"滤镜/素描/影印"命令，弹出"影印"对话框，在其中设置"细节"为18，"暗度"为15，如图9-45所示。

06 单击"确定"按钮，即可为图像添加影印效果，如图9-46所示。

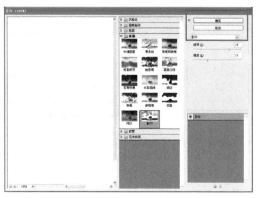

图9-45 "影印"对话框   图9-46 添加影印后的效果

❓ **专家指点**

"影印"对话框中各主要选项的含义如下。

➢ 细节：用来设置图像细节的保留程度。

➢ 暗度：用来设置图像暗部区域的强度。

实 例 小 结

本例主要介绍了通过应用"水彩画纸"命令和"影印"命令，分别在相应的对话框中设置相应参数值，对图像进行素描滤镜处理的基本操作方法，最终得到需要的图像效果。

Example 实例 85 渲染滤镜——粉色玫瑰

案例文件	DVD\源文件\素材\第9章\粉色玫瑰.jpg
案例效果	DVD\源文件\效果\第9章\粉色玫瑰.psd
视频教程	DVD\视频\第9章\实例85.swf
视频长度	1分钟38秒
制作难度	★★
技术点睛	"光照效果"命令、"镜头光晕"命令
思路分析	本实例介绍了应用光照效果和镜光晕滤镜对图像进行渲染滤镜处理的基本操作方法，让读者快速了解并熟练掌握渲染滤镜的使用方法与应用技巧

最终效果如下图所示。

操 作 步 骤

01 打开随书附带光盘中的"源文件\素材\第9章\粉色玫瑰.jpg"素材，如图9-47所示。

02 执行"滤镜/渲染/光照效果"命令，弹出"光照效果"对话框，设置"光照类型"为"全光源"，并在效果预览区域调整光源位置和大小，如图9-48所示。

"光照效果"滤镜是一个设置复杂、功能极强的滤镜，它有17种不同的光照风格、3种光照类型和4种光照属性。该滤镜的主要作用是产生光照效果，通过对光源、光色、聚焦和物体反射特性等属性的设置来实现三维画面的效果，其对话框中主要选项的含义如下。

> 样式：用于设置灯光在图像中的焦点特性。
> 属性：该选项区用于设置灯光属性质，以控制光线照射在物体上的效果，表现物体与反光特性。
> 纹理通道：该选项区用于在图像中加入纹理，使之产生一种浮雕效果。

03 单击"确定"按钮，即可为图像添加光照效果，如图9-49所示。

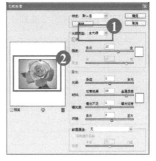

图9-47 素材　　　　　　图9-48 "光照效果"对话框　　　　　图9-49 添加光照效果

04 执行"滤镜/渲染/镜头光晕"命令，弹出"镜头光晕"对话框，设置"亮度"为120，在"镜头类型"选项区中选中"50-300毫米变焦"单选按钮，并在效果预览区域中调整镜头位置，效果如图9-50所示。

在"镜头光晕"对话框中，单击效果预览区域中的任意位置，或者拖曳镜头光晕中心的十字光标，可以指定光晕的中心位置，该对话框中主要选项的含义如下。

> 亮度：用于设置光晕的亮度。
> 镜头类型：该选项区用于设置镜头光晕的类型，不同的镜头类型将产生不同的效果。

05 单击"确定"按钮，即可为图像添加镜头光晕效果，如图9-51所示。
06 按【Ctrl+F】组合键，重复执行"镜头光晕"命令，效果如图9-52所示。

图9-50 "镜头光晕"对话框　　　图9-51 添加镜头光晕效果　　　图9-52 重复添加镜头光晕效果

"渲染"滤镜可以在图像中产生照明效果，常用于创建3D形状、云彩图案和折射图案等，还可以模拟光的效果，同时产生不同的光源效果和夜景效果等。

实 例 小 结

本例主要介绍了应用"光照效果"命令和"镜头光晕"命令，分别在相应的对话框中设置相应参数值，对图像进行渲染滤镜处理的基本操作方法，最终得到需要的图像效果。

Example 实例 86 风格化滤镜——春日气息

案例文件	DVD\源文件\素材\第9章\春日气息.jpg
案例效果	DVD\源文件\效果\第9章\春日气息.psd
视频教程	DVD\视频\第9章\实例86.swf
视频长度	1分钟34秒
制作难度	★★
技术点睛	"扩散"命令、"风"命令、"拼贴"命令
思路分析	本实例介绍了运用扩散、风和拼贴等滤镜对图像进行风格化滤镜处理的基本操作方法，让读者了解并快速掌握风格化滤镜的使用方法和应用技巧

最终效果如右图所示。

操 作 步 骤

① 打开随书附带光盘中的"源文件\素材\第9章\春日气息.jpg"素材，如图9-53所示。

② 执行"滤镜/风格化/扩散"命令，弹出"扩散"对话框，在"模式"选项区中选中"变亮优先"单选按钮，如图9-54所示。

❓ 专家指点

"风格化"滤镜的作用是通过移动选区内图像的像素，提高图像的对比度，从而产生印象派或其他风格作品的效果。

③ 单击"确定"按钮，即可设置扩散效果，如图9-55所示。

图9-53 素材　　　　　　　图9-54 "扩散"对话框　　　　　　图9-55 设置扩散效果

④ 执行"滤镜/风格化/风"命令，弹出"风"对话框，在"方法"选项区中选中"风"单选按钮，在"方向"选项区中选中"从右"单选按钮，如图9-56所示。

❓ 专家指点

"风"对话框中各主要选项的含义如下。

➢ 方法：在该选项区中有"风"、"大风"和"飓风"3种方式，不同的方式所产生的效果不同。

➢ 方向：在该选项区中可以设置风的方向。

⑤ 单击"确定"按钮，即可设置风效果，如图9-57所示。

⑥ 设置前景色为白色，执行"滤镜/风格化/拼贴"命令，弹出"拼贴"对话框，设置"拼贴数"为20，"最大位移"为30，并在"填充空白区域用"选项区中，选中"前景颜色"单选按钮，如图9-58所示。

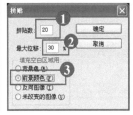

图9-56 "风"对话框　　　　　　图9-57 设置风效果　　　　　　图9-58 "拼贴"对话框

? 专家指点

"拼贴"对话框中各主要选项的含义如下。

➤ 拼贴数：设置图像拼贴的数量。

➤ 最大位移：设置拼贴块的间隙。

⑦ 单击"确定"按钮，即可设置拼贴效果，如图9-59所示。

⑧ 按【Ctrl＋F】组合键，重复执行"拼贴"命令，效果如图9-60所示。

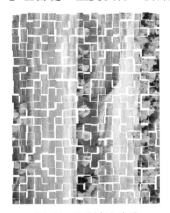

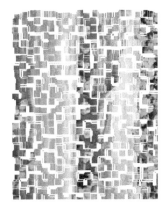

图9-59 设置拼贴效果　　　　　　图9-60 重复拼贴效果

实 例 小 结

本例主要介绍了通过应用"扩散"命令、"风"命令和"拼贴"命令，分别在相应的对话框中设置相应参数值，对图像进行风格化滤镜处理的基本操作方法，以得到需要的图像效果。

Example 实例 87 艺术效果滤镜——畅想大海

案例文件	DVD\源文件\素材\第9章\畅想大海.jpg
案例效果	DVD\源文件\效果\第9章\畅想大海.psd
视频教程	DVD\视频\第9章\实例87.swf
视频长度	1分钟40秒
制作难度	★★
技术点睛	"干画笔"命令、"绘画涂抹"命令、"粗糙蜡笔"命令
思路分析	本实例介绍了运用干画笔、绘画涂抹和粗糙蜡笔等滤镜对图像进行艺术效果滤镜处理的基本操作方法，让读者了解并快速掌握艺术效果滤镜的使用方法与应用技巧

最终效果如右图所示。

操 作 步 骤

01 打开随书附带光盘中的"源文件\素材\第9章\畅想大海.jpg"素材，如图9-61所示。

02 执行"滤镜/艺术效果/干画笔"命令，弹出"干画笔"对话框，设置"画笔大小"为5，"画笔细节"为8，"纹理"为2，如图9-62所示。

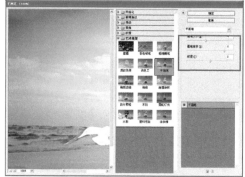

图9-61 素材　　　　　　　　　　图9-62 "干画笔"对话框

? 专家指点

"干画笔"滤镜技术常用于绘制图像的边缘，它是通过将图像的颜色范围减少为常用的颜色区来简化图像的操作。

03 单击"确定"按钮，即可设置干画笔效果，如图9-63所示。

04 执行"滤镜/艺术效果/绘画涂抹"命令，弹出"绘画涂抹"对话框，设置"画笔大小"为7，"锐化程度"为5，如图9-64所示。

? 专家指点

应用"绘画涂抹"滤镜，可以使图像产生涂抹的模糊效果。

05 单击"确定"按钮，即可设置绘画涂抹效果，如图9-65所示。

06 执行"滤镜/艺术效果/粗糙蜡笔"命令，弹出"粗糙蜡笔"对话框，设置"描边长度"为

12, "描边细节"为6, 如图9-66所示。

图9-63 设置"画笔"

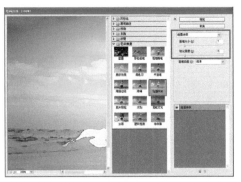

图9-64 "绘画涂抹"对话框

图9-65 设置绘画涂抹

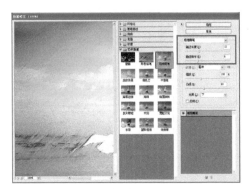

图9-66 "粗糙蜡笔"对话框

? 专家指点

"粗糙蜡笔"滤镜可以在图像上添加预设的或者其他的纹理效果, 使图像看上去就像使用蜡笔在纹理纸或画布上绘制一样。在较浅的两色区域蜡笔效果浓重, 几乎看不到纹理, 而深色区域则显示较清晰的纹理。

⑦ 单击"确定"按钮, 即可设置粗糙蜡笔效果, 如图9-67所示。

⑧ 按【Ctrl+F】组合键, 重复执行"粗糙蜡笔"命令, 效果如图9-68所示。

图9-67 设置粗糙蜡笔效果

图9-68 重复粗糙蜡笔效果

实例小结

本例主要介绍了通过应用"干画笔"命令、"绘画涂抹"命令和"粗糙蜡笔"命令, 分别在相应的对话框中设置相应参数值, 对图像进行艺术效果滤镜处理的基本操作方法, 以得到需要的图像效果。

第10章 掌握3D和动作操作

本章内容

➤ 2D转换为3D——天天向上
➤ 移动、旋转与缩放——小猫模型
➤ 设置材质——小兔模型

➤ 编辑3D贴图——多彩帽子
➤ 录制动作——缤纷夏日
➤ 播放动作——夏日风情

➤ 插入停止操作——遥望远方
➤ 运用动作库1——雨中花
➤ 运用动作库2——创意相框

Photoshop CS5添加了用于创建和编辑3D及基于动画内容的突破性工具，在Photoshop中预设了几类3D模型，读者可以直接创建，也可以从外部导入，还可以将3D图像转为2D图像。此外，在处理图像时，有时需要对许多图像进行相同的效果处理，重复操作会浪费大量时间，为了提高工作效率，读者可以运用Photoshop CS5提供的自动化功能，将编辑图像的许多步骤简化为一个动作。

Example 实例 88 2D转换为3D——天天向上

案例文件	DVD\源文件\素材\第10章\天天向上.jpg
案例效果	DVD\源文件\效果\第10章\天天向上.psd
制作难度	★★
技术点睛	"横排文字工具" **T**、"文本图层"命令、"凸纹"对话框
思路分析	本实例介绍了运用"凸纹"对话框设置相应参数，将2D图像转换为3D图像的基本操作方法，让读者了解并掌握2D转换为3D的操作方法和应用技巧

最终效果如右图所示。

操 作 步 骤

01 打开随书附带光盘中的"源文件\素材\第10章\天天向上"素材，如图10-1所示。

02 选择工具箱中的 **T** (横排文字工具)，在图像编辑窗口中输入相应文字，如图10-2所示。

图10-1 素材

图10-2 输入相应文字

03 单击3D| "凸纹" | "文本图层"命令，弹出信息提示框，单击"是"按钮，弹出"凸纹"对话框，各参数设置如图10-3所示。

04 执行操作后，单击"确定"按钮，文字即可产生立体效果，选取3D对象旋转工具，缩放图像，此时图像编辑窗口中的图像效果如图10-4所示。

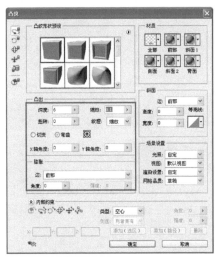

图10-3 "凸纹"对话框   图10-4 图像效果

实 例 小 结

本例主要介绍了应用 T.（横排文字工具）创建文字，然后执行"文本图层"命令，在弹出的"凸纹"对话框中设置各参数值，将2D图像转换为3D图像。

Example 实例 89 移动、旋转与缩放——小猫模型

案例文件	DVD\源文件\素材\第10章\小猫模型.obj
视频教程	DVD\视频\第10章\实例89.swf
技术点睛	3D对象旋转工具 🐾、3D对象滚动工具 ◎、3D对象平移工具 ✛、3D对象滑动工具 ✦、3D对象比例工具 ◈
思路分析	本实例介绍了运用各种3D对象的编辑工具进行移动、旋转与缩放等操作，让读者快速了解并熟练掌握3D工具的使用方法和应用技巧

最终效果如右图所示。

操 作 步 骤

⓪① 打开随书附带光盘中的"源文件\素材\第10章\小猫模型"素材，如图10-5所示。

⓪② 选取工具箱中的3D对象旋转工具 🐾，在图像编辑窗口中单击鼠标左键并上下拖曳，即可使模型围绕x轴旋转，如图10-6所示。

⑬ 选取工具箱中的3D对象滚动工具 ◎ ，在两侧拖曳鼠标即可将模型围绕z轴旋转，如图10-7所示。

⑭ 选取工具箱中的3D对象平移工具 ✛ ，在两侧拖曳鼠标即可将模型沿水平方向移动，如图10-8所示。

图10-5 素材　　　　图10-6 模型围绕x轴旋转　　　图10-7 模型围绕z轴旋转　　图10-8 模型沿水平方向移动

⑮ 选取工具箱中的3D对象滑动工具 ✛ ，在两侧拖曳鼠标即可将模型沿水平方向移动，如图10-9所示。

⑯ 选取工具箱中的3D对象比例工具 ✎ ，上下拖曳鼠标即可放大或缩小模型，效果如图10-10所示。

❓ 专家指点

在激活3D对象的状态下，其工具属性栏中各主要选项含义如下。

➤ "返回到初始对象位置"按钮 ◉ ：对于编辑过的对象，想返回到初始状态，单击此按钮即可。

➤ "位置"：单击下拉按钮可以弹出视图选项，通过选择不同的选项查看效果。

➤ "删除"按钮 ☰ ：删除当前的视图选项，注意系统提供的将不能被删除。

➤ "存储当前视图"按钮 🖫 ：存储当前视图并方便后面使用，此按钮是针对3D相机设置的。

⑰ 单击工具属性栏中的"返回到初始对象位置" ◉ 按钮，即可将视图恢复到文档打开时的状态，如图10-11所示。

⑱ 单击工具属性栏中 位置: 默认视图 ▾ 右侧的下拉按钮，在弹出的下拉列表中选择"左视图"选项，即可精确定义模型位置，效果如图10-12所示。

图10-9 模型沿水平方向滑动　　图10-10 调整模型的大小　　图10-11 恢复图像　　图10-12 左视图显示

❓ 专家指点

在对图形进行编辑操作时，按住【Shift】键的同时拖曳鼠标，即可将旋转、拖曳、滑动或缩放工具限制为沿单一方向运动。

实 例 小 结

本例主要介绍了通过应用3D对象旋转工具 ◉ 、3D对象滚动工具 ◎ 、3D对象平移工具 ✛ 、3D

对象滑动工具 🔧 和3D对象比例工具 🔧 等编辑工具对3D图像进行移动、旋转和缩放等基本操作。

Example 实例 90 设置材质——小兔模型

案例文件	DVD\源文件\素材\第10章\小兔模型.3ds
案例效果	DVD\源文件\效果\第10章\小兔模型.psd
视频教程	DVD\视频\第10章\实例90.swf
技术点睛	"滤镜：材质"按钮 📰、"滤镜：材质"面板
思路分析	本实例介绍了通过"滤镜：材质"面板进行材质设置的基本操作方法，让读者了解并掌握设置材质的方法和技巧

最终效果如右图所示。

操 作 步 骤

01 打开随书附带光盘中的"源文件\素材\第10章\小兔模型"素材，如图10-13所示。

02 单击3D面板中的"滤镜：材质"按钮 📰，展开"滤镜：材质"面板，单击"单击可打开'材质'拾色器"下拉按钮，弹出拾色器下拉列表，如图10-14所示。

03 在"滤镜：材质"面板的下拉菜单中选择"巴沙木"选项，即可为小兔模型添加巴沙木材质，效果如图10-15所示。

04 在"滤镜：材质"面板的下拉菜单中选择"有机物-橘皮"选项，即可为小兔模型添加有机物材质，效果如图10-16所示。

 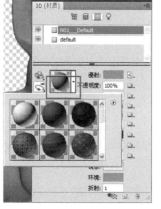  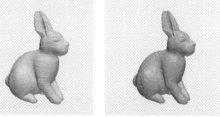

图10-13 素材　　图10-14 "滤镜：材质"面板　图10-15 添加巴沙木材质　图10-16 添加有机物材质

❓ 专家指点

在Photoshop中不能对三维模型进行修改，但是可以对模型进行旋转、缩放、改变光照效果等调整。

实 例 小 结

本例主要介绍了在"滤镜：材质"面板中设置图像材质参数的基本操作。

Example 实例 91 编辑3D贴图——多彩帽子

案例效果	DVD\源文件\效果\第10章\多彩帽子.psd
视频教程	DVD\视频\第10章\实例91.swf
技术点睛	"帽形"命令、"3D{材质}"面板、"载入纹理"选项
思路分析	本实例介绍了运用"3D{材质}"面板对3D图像进行贴图设置的基本操作方法，让读者了解并能快速掌握3D图像的贴图的编辑应用

最终效果如右图所示。

操 作 步 骤

① 单击"文件"|"新建"命令，弹出"新建"对话框，如图10-17所示。

② 单击3D|"从图层新建形状"|"帽形"命令，如图10-18所示。

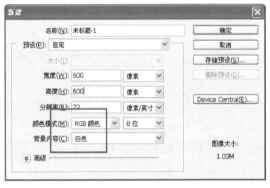

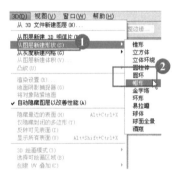

图10-17 "新建"对话框　　　　　　图10-18 单击"帽形"命令

③ 执行操作后，即可新建3D形状，效果如图10-19所示。

④ 在"3D{材质}"面板中选择"帽子材质"选项，如图10-20所示。

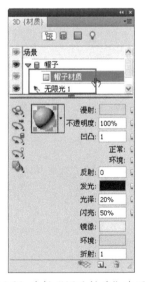

图10-19 新建3D形状　　　　　　图10-20 选择"帽子材质"选项

"3D{材质}"面板中各主要选项的含义如下。

➤ 漫射：用于定义材质的颜色，可以使用实色或任意的2D内容。

➤ 不透明度：用于定义材质的不透明度，数值越大，3D模型的透明度越高。

➤ 凹凸：通过灰度图像在材质表面创建凹凸效果，而并不实际修改网格。

➤ 反射：设置反射率，当两种反射率不同的介质相交时，光线方向发生改变，即产生反射。

➤ 发光：定义不依赖于光照即可显示的颜色，可以创建从内部照亮3D对象的效果。

➤ 光泽：定义来自灯光的光线经表面反射，折回到人眼中的光线数量。

➤ 闪亮：定义"光泽"设置所产生的反射光的三色。

➤ 镜像：在此可以定义镜面属性显示的颜色。

➤ 环境：模拟当前3D模型放在一个有贴图效果的球体内，3D模型的反射区域中能够反映出环境映射贴图的效果。

➤ 折射：设置折射率。

⑤ 单击"编辑漫射纹理"按钮，在弹出的面板菜单中选择"载入纹理"选项，效果如图10-21所示。

⑥ 执行操作后，弹出"打开"对话框，在该对话框中选择需要打开的文件，效果如图10-22所示。

图10-21 选择"载入纹理"选项

图10-22 "打开"对话框

？ 专家指点

如果要为某一个纹理映射新建一个纹理映射贴图，可以单击"编辑漫射纹理"按钮，在弹出的面板菜单中选择"新建纹理"选项，在弹出的对话框中设置相应参数；如果要删除纹理映射贴图文件，可以单击"编辑漫射纹理"按钮，在弹出的面板菜单中选择"移去纹理"选项。

⑦ 执行操作后，即可载入纹理，此时图像编辑窗口中的图像显示效果如图10-23所示。

⑧ 将鼠标指针拖曳至"图层"面板中的12.8.6上，即可显示贴图缩览图，如图10-24所示。

？ 专家指点

Photoshop中的3D模型可以具有一种或多种材质属性，这些材质将控制整个3D模型的外观或局部外观。每一个材质又可以通过设置多种纹理映射属性使该材质的外观发生变化，包括设置该材质的自发光、漫射、光泽度、不透明度、贴图等属性。

⑨ 拖曳鼠标指针至贴图左侧的指示可见性图标上，效果如图10-25所示。

图10-23 载入纹理　　　　图10-24 查看贴图　　图10-25 拖曳鼠标至指示可见性图标上

⑩ 单击鼠标左键，即可隐藏贴图，效果如图10-26所示。

⑪ 再次单击图标，即可显示贴图，此时，图像编辑窗口中的图像显示效果如图10-27所示。

⑫ 设置前景色为白色，按【Alt+Delete】组合键填充贴图，效果如图10-28所示。

图10-26 隐藏贴图　　　　图10-27 显示贴图　　　　图10-28 填充贴图

实 例 小 结

本例主要介绍了通过"帽形"命令创建3D形状，然后通过"3D{材质}"面板设置相应材质，以及应用"载入纹理"选项载入指定的纹理，从而得到所需的图像效果。

Example 实例 92 录制动作——缤纷夏日

案例文件	DVD\源文件\素材\第10章\缤纷夏日.jpg
案例效果	DVD\源文件\效果\第10章\缤纷夏日.psd
视频教程	DVD\视频\第10章\实例92.swf
视频长度	2分钟50秒
制作难度	★★
技术点睛	"创建新动作"按钮 、"图层/图层样式/混合模式"命令、"停止播放/记录"按钮
思路分析	本实例介绍了运用"动作"面板录制动作的基本操作方法，让读者了解并掌握录制动作的方法和应用技巧

最终效果如右图所示。

⓵ 打开随书附带光盘中的"源文件\素材\第10章\缤纷夏日"素材，如图10-29所示。

⓶ 执行"窗口/动作"命令，展开"动作"面板，单击面板底部的"创建新动作"按钮 ，如图10-30所示。

专家指点

"动作"面板下方各个按钮的含义如下。

➤ "停止播放/记录"按钮 ：停止录制动作。

➤ "开始录制"按钮 ：开始录制动作。

➤ "播放选定的动作"按钮 ：应用当前选择的动作。

➤ "创建新组"按钮 ：可以创建一个新动作组。

➤ "创建新动作"按钮 ：可以创建一个新动作。

➤ "删除动作"按钮 ：删除当前选择的动作。

⓷ 此时弹出"新建动作"对话框，设置"名称"为"缤纷夏日"，如图10-31所示。

⓸ 单击"记录"按钮，即可创建动作，如图10-32所示。

图10-29 素材　　图10-30 单击"创建新动作"按钮　　图10-31 "新建动作"对话框　　图10-32 创建动作

专家指点

"新建动作"对话框中各主要选项的含义如下。

➤ 名称：在该文本框中设置新建动作的名称。

➤ 组：在列表框中可以选择一个动作组，使新动作包含在该组中。

➤ 功能键：在列表框中可以选择一个功能键，播放动作时，可以直接按功能键播放该动作。

➤ 颜色：在列表框中可以选择一种颜色，作为在命令按钮显示模式下新动作的颜色。

⓹ 展开"图层"面板，单击面板底部的"创建新图层"按钮 ，新建"图层1"图层，选择工具箱中的 （矩形选框工具），在素材图像左上角处适当位置单击鼠标左键，并拖曳至合适位置，释放鼠标，创建一个矩形选区，如图10-33所示。

⓺ 在创建的选区上单击鼠标右键，从弹出的快捷菜单中选择"选择反向"选项，反选图像，设置前景色为粉色（RGB参数分别为255、217、217），按【Alt+Delete】组合键填充选区，如

图10-34所示。

图10-33 创建选区　　　　　　　　　　　图10-34 填充选区

⑦ 执行"图层/图层样式/混合选项"命令，弹出"图层样式"对话框，选中"投影"复选框，并在"投影"选项区中设置"不透明度"为30%，如图10-35所示。

⑧ 依次选中"斜面和浮雕"、"纹理"复选框，并在"纹理"选项区中设置"图案"为"树叶图案纸（128像素×128像素，RGB模式）"，"缩放"和"深度"均为50%，如图10-36所示。

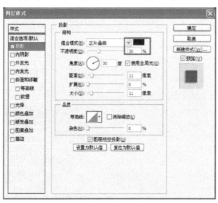 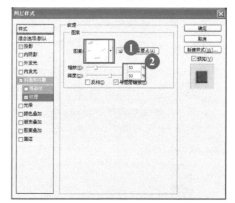

图10-35 "图层样式"对话框1　　　　　　图10-36 "图层样式"对话框2

? 专家指点

在录制状态中应该尽量避免执行无用的操作，例如，在执行某个命令后虽然可以按【Ctrl+Z】组合键撤销此命令，但是在"动作"面板中仍然会记录此命令。

⑨ 单击"确定"按钮，即可将图层样式应用于图像上，按【Ctrl+D】组合键取消选区，效果如图10-37所示。

⑩ 展开"动作"面板，单击面板底部的"停止播放/记录"按钮 ，如图10-38所示，即可完成录制动作。

图10-37 应用图层样式　　　　　　图10-38 单击"停止播放/记录"按钮

实例小结

本例主要介绍了通过"创建新动作"按钮  创建新动作，并结合应用图层样式来修饰图像，最后运用"停止播放/记录"按钮 完成动作的录制。

Example 实例 93 播放动作——夏日风情

案例文件	DVD\源文件\素材\第10章\夏日风情.jpg
案例效果	DVD\源文件\效果\第10章\夏日风情.psd
视频教程	DVD\视频\第10章\实例93.swf
视频长度	52秒
制作难度	★★
技术点睛	"播放选定的动作"按钮 ▶ 、"图层"面板
思路分析	本实例介绍了运用"动作"面板中的"播放选定的动作"按钮 ▶ 来播放动作，让读者了解并掌握播放动作的方法和应用技巧

最终效果如右图所示。

操作步骤

01 打开随书附带光盘中的"源文件\素材\第10章\夏日风情"素材，如图10-39所示。

02 执行"窗口/动作"命令，展开"动作"面板，选择"缤纷夏日"动作选项，单击面部底部的"播放选定的动作"按钮 ▶ ，如图10-40所示。

? 专家指点

"动作"面板在默认状态下只显示"默认动作"组，单击面板右上角的三角形按钮 ，在弹出的面板下拉菜单中选择"载入动作"选项，可以载入Photoshop中预设的或其他录制的动作组。如果要保存动作组，供以后重复使用，可以单击面板右上角的三角形按钮 ，在弹出的面板下拉菜单中选择"存储动作"选项，即可存储动作组。

03 执行操作后，即可将上实例92中创建的动作应用于图像，"图层"面板将显示相应操作，如图10-41所示。

04 此时，图像编辑窗口中的显示效果如图10-42所示。

图10-39 素材　　图10-40 单击"播放选定的　　图10-41 "图层"面板　图10-42 播放动作后的效果
　　　　　　　　　　　动作"按钮

❓ 专家指点

关于播放动作的快捷键的相关知识如下。

➤ 按住【Ctrl】键的同时单击动作的相应名称，可以选择多个不连续的动作。

➤ 按住【Shift】键的同时单击两个不相连的动作，可以选择两个动作之间的全部动作。

实 例 小 结

本例主要介绍了通过"播放选定的动作"按钮 ▶ 播放动作，将创建的指定动作应用于新图像。

Example 实例 94 插入停止操作——遥望远方

案例文件	DVD\源文件\素材\第10章\遥望远方.jpg
案例效果	DVD\源文件\效果\第10章\遥望远方.psd
视频教程	DVD\视频\第10章\实例94.swf
视频长度	1分钟23秒
制作难度	★★
技术点睛	"插入停止"选项、"播放选定的动作"按钮 ▶
思路分析	本实例介绍了运用插入停止操作对指定播放的动作进行停止操作，让读者了解并掌握插入停止操作的方法和应用技巧

最终效果如右图所示。

操 作 步 骤

① 打开随书附带光盘中的"源文件\素材\第10章\遥望远方"素材，如图10-43所示。

② 展开"动作"面板，在"缤纷夏日"动作选项的下拉选区中选择"填充"选项，如图10-44所示。

③ 单击"动作"面板右上角的三角形按钮 ▼☰，在弹出的面板下拉菜单中选择"插入停止"选项，如图10-45所示。

④ 弹出"记录停止"对话框，选中"允许继续"复选框，如图10-46所示。

图10-43 素材　　图10-44 "动作"面板　　图10-45 选择"插入停止"选项　　图10-46 "记录停止"对话框

"记录停止"对话框中各选项的含义如下。

> 信息：在该区域中可以输入文字，当前动作播放至该命令时自动停止，并弹出所输入的文字信息。

> 允许继续：选中该复选框，可以在播放至该命令时，除了弹出对话框外，还允许读者单击"继续"按钮继续应用当前动作，如果没有选中该复选框，在弹出的提示对话框中就只有一个"停止"按钮。

⑤ 单击"确定"按钮，"动作"面板中将出现"停止"选项，如图10-47所示。

⑥ 选择"缤纷夏日"动作选项，单击面板底部的"播放选定的动作"按钮 ▶，当播放到"停止"选项时将自动停止，如图10-48所示。

⑦ 同时弹出"信息"提示框，如图10-49所示，单击"停止"按钮，停止操作。

⑧ 按【Ctrl+D】组合键取消选区，效果如图10-50所示。

图10-47 显示"停止"选项　　图10-48 播放的效果　　图10-49 "信息"提示框　　图10-50 停止操作的效果

由于动作无法记录用户在Photoshop中执行的所有操作（例如绘制类操作就无法记录在动作中），因此如果在录制动作的过程中，某些操作无法被录制，但又必须执行，则可以在录制过程中插入一个停止操作，以提示操作者手动执行这些操作。

实 例 小 结

本例主要介绍了通过应用"插入停止"选项，在需要播放动作的指定位置插入停止的操作。

Example 实例 95 运用动作库1——雨中花

案例文件	DVD\源文件\素材\第10章\雨中花.jpg
案例效果	DVD\源文件\效果\第10章\雨中花.psd
视频教程	DVD\视频\第10章\实例95.swf
视频长度	59秒
制作难度	★★
技术点睛	"图像效果"选项、"细雨"选项、"播放选定的动作"按钮 ▶
思路分析	本实例介绍了运用预设的细雨动作进行快速图像处理的基本操作方法，让读者了解并掌握预设动作库的应用

最终效果如右图所示。

操 作 步 骤

01 打开随书附带光盘中的"源文件\素材\第10章\雨中花"素材，如图10-51所示。

02 展开"动作"面板，单击"动作"面板右上角的三角形按钮 ，在弹出的面板下拉菜单中选择"图像效果"选项，如图10-52所示。

图10-51 素材

图10-52 选择"图像效果"选项

? 专家指点

对于读者而言，可以将常用操作录制成为动作，以便快速应用。

➤ 将图像设为固定的大小，然后保存并关闭文件。

➤ 复制当前操作的图层，执行"高斯模糊"命令，然后将复制得到的图层混合模式设为"柔光"，将不透明度设置为50%。

➤ 先将图像设置为灰度模式，再将其转换为索引模式，最后将其颜色索引设置为"黑体"。

03 即可新增"图像效果"动作组，在其中选择"细雨"选项，单击面板底部的"播放选定的动作"按钮 ，如图10-53所示。

04 执行操作后，即可设置运用细雨动作后的效果，如图10-54所示。

图10-53 单击"播放选定的动作"按钮

图10-54 运用细雨动作后的效果

? 专家指点

Photoshop中提供了若干现有的动作资源，如画框、图像效果、纹理、照片效果等。读者可以根据自身的需要调用动作库中的动作，此外，在互联网上也有大量动作文件可以下载使用，可以大幅度提高工作效率。

本例主要介绍了应用"图像效果"选项中的细雨动作对图像进行快速修饰的基本操作，以得到所需的图像效果。

Example 实例 96 运用动作库2——创意相框

案例文件	DVD\源文件\素材\第10章\创意相框.jpg
案例效果	DVD\源文件\效果\第10章\创意相框.psd
视频教程	DVD\视频\第10章\实例96.swf
视频长度	1分钟
制作难度	★★
技术点睛	"画框"选项、"波形画框"选项、"播放选定的动作"按钮 
思路分析	本实例介绍了运用预设的波形画框动作进行快速图像处理，让读者了解并掌握预设动作库的应用

最终效果如右图所示。

操 作 步 骤

01 打开随书附带光盘中的"源文件\素材\第10章\创意相框"素材，如图10-55所示。

02 展开"动作"面板，单击"动作"面板右上角的三角形按钮 ，在弹出的面板下拉菜单中选择"画框"选项，如图10-56所示。

03 即可新增"画框"动作组，在其中选择"波形画框"选项，单击面板底部的"播放选定的动作"按钮 ，如图10-57所示。

04 执行操作后，即可设置运用波形画框动作后的效果，如图10-58所示。

图10-55 素材　　图10-56 选择"画框"选项　图10-57 单击"播放选定的　图10-58 运用波形画框动
　　　　　　　　　　　　　　　　　　　　动作"按钮　　　　　作后的效果

本例主要介绍了应用"画框"选项中的波形画框动作来快速修饰图像的基本操作，以得到所需的图像效果。

图像处理篇

第11章 文字特效制作

本章内容

➤ 蛇皮字——CSS   ➤ 质感字——琥珀   ➤ 立体字——100%

伴随着科技的发展与进步，文字效果变得越来越多样化、个性化、时尚化，在杂志、图书、动漫、户外广告、平面设计、企业标识、影视传媒等行业的应用中也越来越广泛。本章将通过制作3种不同特色的文字特效，让读者掌握制作文字特效的操作方法与技巧，做到举一反三，制作出更多富有创意性的文字效果。

Example **实例** **97 蛇皮字——CSS**

案例文件	DVD\源文件\素材\第11章\背景1.jpg
案例效果	DVD\源文件\效果\第11章\CSS.psd
视频教程	DVD\视频\第11章\实例97.swf
视频长度	11分钟14秒
制作难度	★★★★
技术点睛	"文字工具"、"纹理"命令、"艺术画笔"命令等
思路分析	本实例通过利用文字工具、各种滤镜和图层样式制作文字效果，让读者掌握制作蛇皮字的操作技巧和方法

最终效果如右图所示。

操 作 步 骤

① 打开随书附带光盘中的"源文件\素材\第11章\背景1.jpg"素材，如图11-1所示。

② 执行"窗口/字符"命令，弹出"字符"面板，设置字体的各个属性，如图11-2所示。

图11-1 背景1素材

图11-2 "字符"面板

③ 选择工具箱中的 **T** （横排文字工具），在图像编辑窗口中单击鼠标左键，输入英文，并适当地调整文字位置，效果如图11-3所示。

04 执行"选择/载入选区"命令，弹出"载入选区"对话框，保持默认设置，如图11-4所示。

图11-3 输入英文　　　　　　　　　图11-4 "载入选区"对话框

05 单击"确定"按钮，将英文载入选区，效果如图11-5所示。

06 新建"图层1"，设置前景色的RGB参数值为244、152、0，并为选区填充前景色，效果如图11-6所示。

图11-5 载入选区　　　　　　　　　图11-6 填充前景色

07 执行"滤镜/纹理/颗粒"命令，弹出"颗粒"对话框，设置"强度"为22，"对比度"为41，"颗粒类型"为"柔和"，如图11-7所示。

08 设置完毕后单击"确定"按钮，即可应用"颗粒"滤镜，效果如图11-8所示。

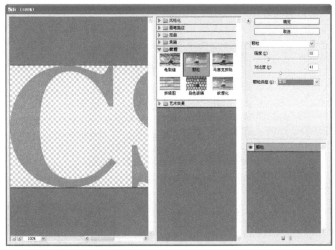

图11-7 "颗粒"对话框　　　　　　　图11-8 应用滤镜

09 执行"滤镜/艺术效果/干画笔"命令，弹出"干画笔"对话框，设置"画笔大小"为2，"画笔细节"为8，"纹理"为3，单击"确定"按钮，应用"干画笔"滤镜，效果如图11-9所示。

10 执行"滤镜/扭曲/波浪"命令，弹出"波浪"对话框，设置各选项参数，如图11-10所示。

11 设置完毕后单击"确定"按钮，即可应用"波浪"滤镜，效果如图11-11所示。

图11-9 应用滤镜

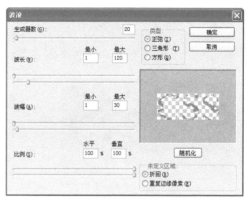

图11-10 "波浪"对话框

⑫ 执行"滤镜/扭曲/波浪"命令，弹出"水彩"对话框，设置各选项参数，如图11-12所示。

图11-11 应用滤镜

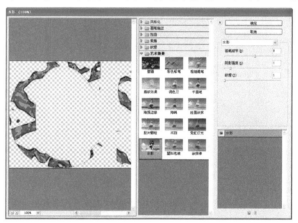

图11-12 "水彩"对话框

⑬ 设置完毕后单击"确定"按钮，即可应用"颗粒"滤镜，效果如图11-13所示。

⑭ 隐藏文字图层，展开"通道"面板，新建Alpha1通道，并填充白色，效果如图11-14所示。

图11-13 应用滤镜

图11-14 填充白色

⑮ 执行"滤镜/模糊/高斯模糊"命令，弹出"模糊"对话框，设置"半径"为12，单击"确定"按钮，应用"高斯模糊"滤镜，效果如图11-15所示。

⑯ 再次执行"滤镜/模糊/高斯模糊"命令3次，依次设置"半径"为10、8和6，制作相应的图像效果，如图11-16所示。

⑰ 按【Ctrl+D】组合键取消选区，执行"滤镜/模糊/高斯模糊"命令，弹出"模糊"对话框，设置"半径"为2，单击"确定"按钮，模糊图像，效果如图11-17所示。

图11-15 应用滤镜

⑱ 执行"滤镜/渲染/光照效果"命令，弹出"光照效果"对话框，设置各参数，如图11-18所示。

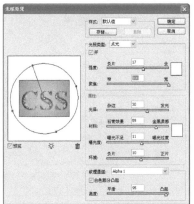

图11-16 图像效果　　　　　图11-17 模糊图像　　　　　图11-18 "光照效果"对话框

⑲ 设置完毕后单击"确定"按钮，应用"光照效果"滤镜，效果如图11-19所示。

⑳ 将"图层1"载入选区，执行"图层/新建调整图层/色相/饱和度"命令，弹出"新建图层"对话框，保持默认设置，如图11-20所示。

㉑ 单击"确定"按钮，弹出"色相/饱和度"调整面板，选中"着色"复选框，设置"色相"为40，"饱和度"为32，"明度"为12，图像效果如图11-21所示。

图11-19 应用滤镜

㉒ 参照步骤20的操作方法，将"图层1"载入选区，新建"色阶1"调整图层，展开调整面板，设置各参数值依次为40、1、89，改变图像效果，如图11-22所示。

图11-20 "新建图层"对话框　　　　图11-21 调整色相/饱和度　　　　图11-22 调整色阶

㉓ 双击"图层1"，弹出"图层样式"对话框，选中"斜面和浮雕"对话框，设置各选项参数，如图11-23所示。

㉔ 选中"描边"复选框，设置"颜色"的RGB参数值为167、135、88，再设置各参数，如图11-24所示。

㉕ 设置完毕后单击"确定"按钮，为图像添加图层样式，效果如图11-25所示。

㉖ 将文字图层载入选区，设置背景色为黑色，新建"图层2"，将其调至"图层1"的下方，再填充颜色，效果如图11-26所示。

㉗ 设置前景色的RGB参数值为288、184、105，执行"滤镜/纹理/染色玻璃"命令，弹出"染色玻璃"对话框，设置"单元格大小"为4，"边框粗细"为2，"光照强度"为1，单击"确定"按钮，应用滤镜，效果如图11-27所示。

㉘ 新建"图层3"，执行"图像/填充"命令，弹出"填充"对话框，设置"使用"为"50%灰色"，"模式"为"正常"，"不透明度"为100，如图11-28所示。

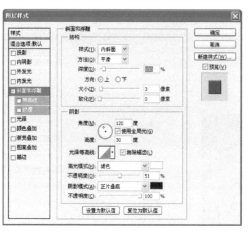

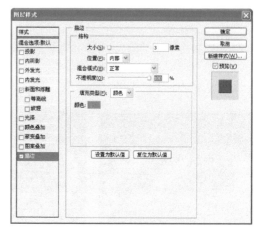

图11-23 选中"斜面和浮雕"复选框　　　　　图11-24 选中"描边"复选框

图11-25 应用图层样式　　　　图11-26 填充颜色　　　　图11-27 应用滤镜

㉙ 设置完毕后，单击"确定"按钮，为选区填充颜色，按【Ctrl+D】组合键取消选区，效果如图11-29所示。

㉚ 双击"图层3"，弹出"图层样式"对话框，选中"斜面和浮雕"复选框，设置各选项参数，如图11-30所示。

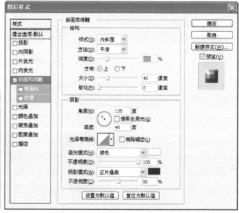

图11-28 "填充"对话框　　　图11-29 填充颜色　　　图11-30 "图层样式"对话框

㉛ 单击"确定"按钮，添加"斜面和浮雕"图层样式，效果如图11-31所示。

㉜ 设置"图层3"的混合模式为"柔和"，改变图像效果，如图11-32所示。

㉝ 双击"图层2"，弹出"图层样式"对话框，选中"投影"复选框，设置各参数，如图11-33所示。

㉞ 单击"确定"按钮，添加投影图层样式，完成该实例的制作，效果如图11-34所示。

图11-31 应用图层样式　　　　　　　　　　　　图11-32 设置混合模式

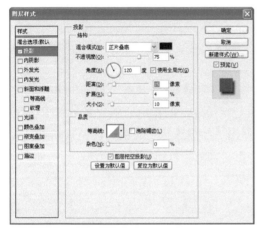

图11-33 "图层样式"对话框　　　　　　　　　　图11-34 添加投影图层样式

实例小结

本例主要介绍了通过横排文字工具、"颗粒"滤镜、"染色玻璃"滤镜、"波浪"滤镜和"斜面和浮雕"图层样式等制作蛇皮字的操作。

Example 实例 98 质感字——琥珀

案例文件	DVD\源文件\素材\第11章\背景2.psd
案例效果	DVD\源文件\效果\第11章\琥珀.psd
视频教程	DVD\视频\第3章\实例98.swf
视频长度	6分钟50秒
制作难度	★★★★
技术点睛	"云彩"命令、"绘画涂抹"命令、"渐变叠加"图层样式等
思路分析	本实例通过利用各种滤镜和图层样式制作文字效果,让读者掌握制作质感字的操作技巧和方法

最终效果如右图所示。

操作步骤

01 打开随书附带光盘中的"源文件\素材\第11章\背景2.psd"素材,如图11-35所示。

02 使用 T (横排文字工具)在图像编辑窗口中输入文字,如图11-36所示。

03 展开"字符"面板，在其中设置"字体"、"字体大小"和"字符间距"，如图11-37所示。

图11-35 背景2素材

图11-36 输入文字

图11-37 "字符"面板

04 设置完毕后，图像编辑窗口中的文字属性随之改变，并适当地调整文字的位置，效果如图11-38所示。

05 按【D】键恢复默认的前景色和背景色，新建"图层1"，执行"滤镜/渲染/云彩"命令，应用云彩滤镜，再按【Ctrl+F】组合键多次，重复执行该命令，制作出云彩效果，如图11-39所示。

06 执行"滤镜/艺术效果/绘画涂抹"命令，弹出"绘画涂抹"对话框，设置"画笔大小"为5，"锐化程度"为17，"画笔类型"为"简单"，单击"确定"按钮应用该滤镜，效果如图11-40所示。

图11-38 改变文字属性

图11-39 云彩效果

图11-40 应用滤镜

07 执行"滤镜/渲染/光照效果"命令，弹出"光照效果"对话框，设置"光照类型"为"全光源"，并适当地调整光照的大小范围，再设置各参数，如图11-41所示。

08 设置完毕后单击"确定"按钮，添加光照效果；按住【Ctrl】键的同时，单击"琥珀"文字图层前的缩览图，调出文字选区，执行"图层/图层蒙版/显示选区"命令，为"图层1"添加蒙版，并显示选区内的图像，效果如图11-42所示。

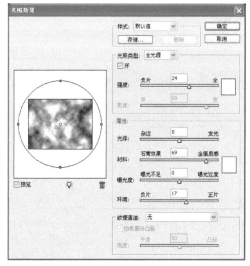
图11-41 "光照效果"对话框

图11-42 显示选区

⑩ 双击"图层1"，弹出"图层样式"对话框，选中"投影"复选框，设置"阴影颜色"的RGB参数值为129、90、22，再依次设置各选项，如图11-43所示。

⑩ 选中"内阴影"复选框，设置"阴影颜色"的RGB参数值为255、186、0，再设置各选项，如图11-44所示。

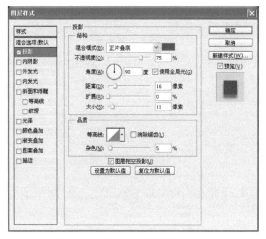

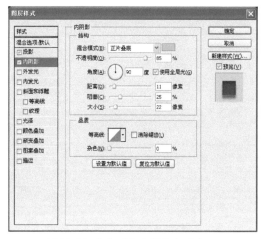

图11-43 选中"投影"复选框　　　　　　图11-44 选中"内阴影"复选框

⑪ 选中"外发光"复选框，设置"发光颜色"的RGB参数值为77、194、255，再设置各选项，如图11-45所示。

⑫ 选中"内发光"复选框，设置"发光颜色"的RGB参数值为154、150、49，再设置各选项，如图11-46所示。

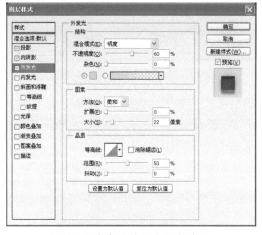

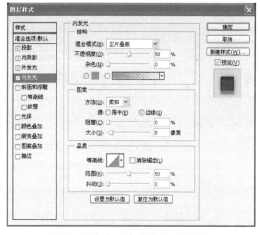

图11-45 选中"外发光"复选框　　　　　　图11-46 选中"内发光"复选框

⑬ 选中"斜面和浮雕"复选框，单击"光泽等高线"左侧的图标，弹出"等高线编辑器"对话框，在"映射"选项区中添加一个节点，并设置"输入"、"输出"分别为75、57，单击"确定"按钮，再设置各选项，如图11-47所示。

⑭ 选中"光泽"复选框，设置"效果颜色"的RGB参数值为255、177、96，再设置各选项，如图11-48所示。

⑮ 选中"颜色叠加"复选框，设置"叠加颜色"的RGB参数值为255、175、4，再设置各选项，如图11-49所示。

⑯ 选中"渐变叠加"复选框，设置"渐变"为黑白渐变色，再设置各选项，如图11-50所示。

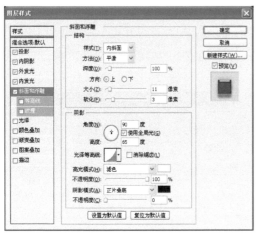

图11-47 选中"斜面和浮雕"复选框

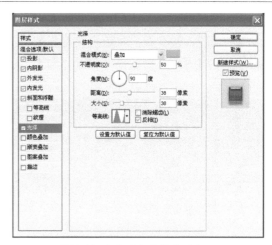

图11-48 选中"光泽"复选框

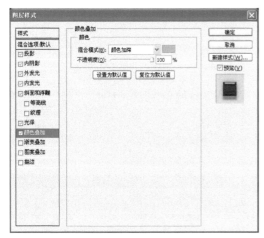

图11-49 选中"颜色叠加"复选框

图11-50 选中"渐变叠加"复选框

⑰ 设置完毕后单击"确定"按钮，添加相应的图层样式，效果如图11-51所示。

⑱ 将"琥珀"文字图层载入选区，新建"色阶1"调整图层，展开调整面板，设置各参数值为0、1、235，提高图像的亮度。本实例制作完毕，效果如图11-52所示。

图11-51 添加图层样式

图11-52 提高图像亮度

实 例 小 结

本例主要介绍了通过应用"云彩"滤镜、"绘画涂抹"滤镜、"光照效果"滤镜和添加图层样式等方法制作质感字的操作。

Example 实例 99 立体字——100%

案例文件	DVD\源文件\素材\第11章\背景3.jpg
案例效果	DVD\源文件\效果\第11章\100%.psd
视频教程	DVD\视频\第3章\实例99.swf
视频长度	7分钟52秒
制作难度	★★
技术点睛	"透视"命令、运用方向键、"加深工具"  等
思路分析	本实例通过变换文字形状，以及填充和修饰等操作制作文字效果，让读者掌握制作立体字的技巧和方法

最终效果如右图所示。

操作步骤

01 新建一个名称为100%，"宽度"为1024像素，"高度"为768，"分辨率"为150像素/英寸，"颜色模式"为RGB，"背景内容"为白色的空白文档。使用 ■（渐变工具）为"背景"图层填充白色、草绿色（RGB参数值为128、193、53）的径向渐变色，如图11-53所示。

02 使用 **T**（横排文字工具）在图像编辑窗口中输入文字，设置"字体"为Pump Demi Bold LET，再适当地调整文字的大小和位置，效果如图11-54所示。

03 执行"图层/栅格化/文字"命令，将文字栅格化，按【Ctrl + T】组合键调出变换控制框，效果如图11-55所示。

04 在控制框内单击鼠标左键，在弹出的快捷菜单中选择"透视"选项，适当地调整图像形状，再按【Enter】键确认变换，效果如图11-56所示。

图11-53 填充径向渐变色

图11-54 输入文字　　　图11-55 调出变换控制框　　　图11-56 变换图像

05 确认100%为当前图层，按住【Ctrl】键的同时，单击图层前的缩览图，将100%图像载入选区，效果如图11-57所示。

06 选取工具箱中的 ▶+（移动工具），按住【Alt】键的同时，按【→】方向键多次，制作出立体效果，如图11-58所示。

07 按【Ctrl+J】组合键，复制选区内的图像，得到"图层1"，且选区自动取消，锁定"图层1"的透明像素，为图像填充RGB参数值为255、58、58的前景色，效果如图11-59所示。

图11-57 载入选区

图11-58 创建立体效果

图11-59 填充前景色

⑧ 确认100%为当前所选图层，并锁定图像的透明像素，再为图像填充RGB参数值为255、13、13的前景色，效果如图11-60所示。

⑨ 选取工具箱中的 ⬚（加深工具），在工具属性栏上设置其"硬度"为0，"范围"为"中间调"，在图像上进行涂抹，并根据需要适当地调整工具的"大小"和"曝光度"，加深图像部分区域的颜色，效果如图11-61所示。

⑩ 双击"图层1"，弹出"图层样式"对话框，选中"内阴影"复选框，设置"阴影颜色"的RGB参数值为130、0、0，再依次设置各选项，如图11-62所示。

图11-60 为图像填充颜色

图11-61 加深图像

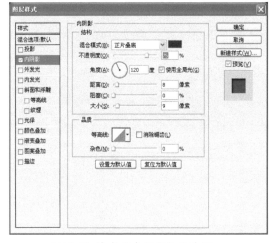

图11-62 选中"内阴影"复选框

⑪ 选中"内发光"复选框，设置"发光颜色"的RGB参数值为255、0、0，再依次设置各选项，如图11-63所示。

⑫ 选中"斜面和浮雕"复选框，取消选中"消除锯齿"复选框，再依次设置各选项，如图11-64所示。

⑬ 选中"渐变叠加"复选框，设置"渐变"为白色和黑色的渐变色，再依次设置各选项，如图11-65所示。

⑭ 设置完毕后单击"确定"按钮，即可为图像添加相应的图层样式，效果如图11-66所示。

⑮ 双击100%图层，弹出"图层样式"对话框，选中"投影"复选框，设置"阴影颜色"为黑色，再依次设置各选项，如图11-67所示。

⑯ 选中"内发光"复选框，设置"发光颜色"的RGB参数值为175、5、5，再依次设置各选项，如图11-68所示。

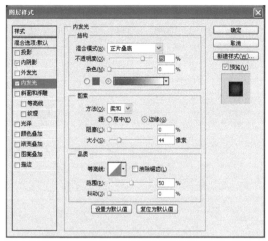

图11-63 选中"内发光"复选框

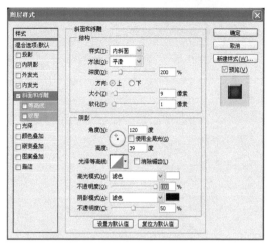

图11-64 选中"斜面和浮雕"复选框

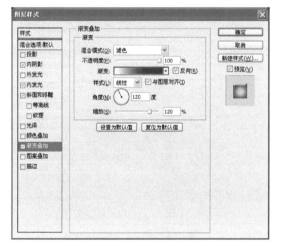

图11-65 选中"渐变叠加"复选框

图11-66 添加图层样式

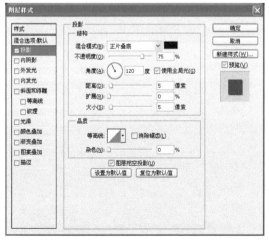

图11-67 选中"投影"复选框

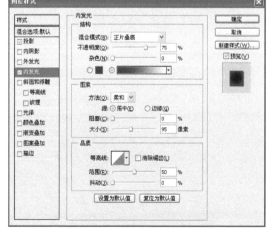

图11-68 选中"内发光"复选框

⑰ 选中"斜面和浮雕"复选框，再选中"等高线"复选框，并设置"等高线"为"环形-双"，再依次设置各选项，如图11-69所示。

⑱ 选中"颜色叠加"复选框，设置"叠加颜色"的RGB参数值为187、0、0，再依次设置各选

项，如图11-70所示。

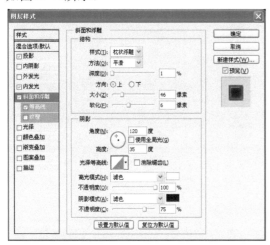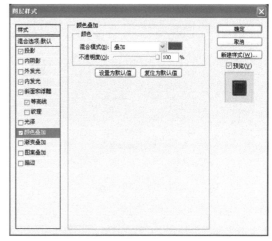

图11-69 选中"斜面和浮雕"复选框　　　　　图11-70 选中"颜色叠加"复选框

⑲ 设置完毕后单击"确定"按钮，即可为图像添加相应的图层样式，效果如图11-71所示。

⑳ 打开随书附带光盘中的"源文件\素材\第11章\背景3.jpg"素材，将其拖曳至100%图像编辑窗口中的合适位置。本实例制作完毕，效果如图11-72所示。

图11-71 添加图层样式　　　　　　　图11-72 背景3素材

实例小结

本例主要介绍了将文字栅格化并对文字进行变形，再通过锁定透明像素填充颜色、利用加深工具修饰图像和添加图层样式等方法制作质感字。

第12章　纹样特效制作

本章内容

➤ 块状纹样——渐影方块　　➤ 条形纹样——富贵花开　　➤ 花纹纹样——花开烂漫

由于各行各业的竞争力愈演愈烈和企业自身的发展需要，围绕着企业和产品的相关设计也逐步成为宣传企业和产品的重要手段。本章将通过制作块状纹样、条形纹样和花纹纹样，让读者了解纹样的特点与制作方法，设计出更多精美的纹样特效。

Example 实例 100　块状纹样——渐影方块

案例效果	DVD\源文件\效果\第12章\渐影方块.psd
视频教程	DVD\视频\第3章\实例100.swf
视频长度	12分钟5秒
制作难度	★★★★
技术点睛	"矩形选框工具" □、"椭圆选框工具" ○、"变换选区"命令等
思路分析	本实例通过利用各种选框工具和变换命令制作方形、圆形图像，让读者掌握制作各种简单平面图像的操作技巧和方法

最终效果如右图所示。

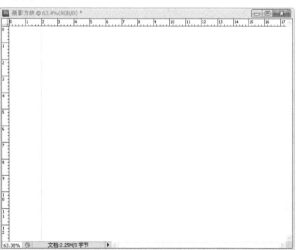

操作步骤

01 执行"文件/新建"命令，弹出"新建"对话框，在其中设置"名称"、"宽度"、"高度"、"分辨率"、"颜色模式"及"背景内容"等参数，如图12-1所示。

02 设置完毕后单击"确定"按钮，新建一个空白文档；按【Ctrl+R】组合键显示标尺，执行"视图/新建参考线"命令，弹出"新建参考线"对话框，选中"垂直"单选按钮，再设置"位置"为2厘米，单击"确定"按钮，即可新建一条指定位置的参考线，效果如图12-2所示。

图12-1　"新建"对话框　　　　　　　　　　　　　图12-2　新建参考线

③ 再次执行"视图/新建参考线"命令，新建多条以2为倍数的垂直参考线，效果如图12-3所示。

④ 参照步骤（2）～（3）的操作方法，再新建多条水平的参考线，效果如图12-4所示。

图12-3 新建垂直参考线　　　　　　　　　　图12-4 新建水平参考线

❓ 专家指点

除了通过命令准确创建参考线外，还可以通过在标尺上单击鼠标左键再向图像编辑窗口中拖曳，至合适位置后释放鼠标，也可创建垂直或水平参考线，所引出的参考线为根据标尺的刻度进行吸附。

⑤ 使用 □（矩形选框工具）在参考线的辅助下绘制一个正方形选区，新建"图层1"图层，并为选区填充RGB参数值为167、227、39的前景色；双击图层，弹出"图层样式"对话框，选中"描边"复选框，设置"位置"为居中，"颜色"为白色，单击"确定"按钮，效果如图12-5所示。

⑥ 在工具属性栏上单击"新选区"按钮 □，将鼠标指针移至选区内时，鼠标指针呈 ⯆ 形状，效果如图12-6所示。

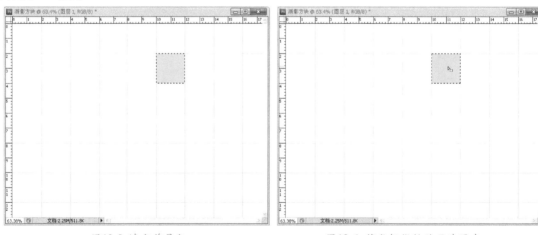

图12-5 填充前景色　　　　　　　　　　图12-6 将鼠标指针移至选区内

❓ 专家指点

若在工具属性栏上单击"添加到选区"按钮 □、"从选区减去"按钮 □、"与选区交叉"按钮 □，鼠标指针将分别呈 ＋、±、＋ₓ 形状，所执行的操作也会不相同。

⑦ 将鼠标指针移至另一个方格上，新建"图层2"图层，使用 ■（渐变工具）为选区填充RGB

参数值分别为125、207、86，169、226、110的双色线性渐变色，效果如图12-7所示，将"图层1"图层上的图层样式复制并粘贴至"图层2"图层上。

⑧ 按【Ctrl+D】组合键取消选区；复制"图层2"图层，得到"图层2 副本"图层，再将图像移至合适位置，效果如图12-8所示。

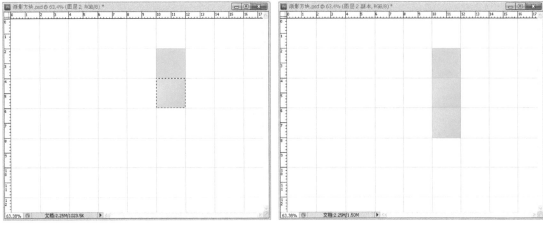

图12-7 填充渐变色　　　　　　　　　　　　　　　　图12-8 复制并移动图像

⑨ 锁定"图层2副本"图层的透明像素，使用 ■（渐变工具）为选区填充RGB参数值分别为204、241、131，131、212、65的双色线性渐变色，效果如图12-9所示。

⑩ 参照步骤（8）～（9）的操作方法，复制并调整图像位置，并为各图像填充不同的颜色或渐变色，效果如图12-10所示。

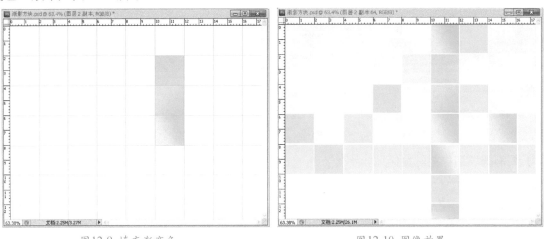

图12-9 填充渐变色　　　　　　　　　　　　　　　　图12-10 图像效果

？ 专家指点

　　选取移动工具 ▶⊕后，将鼠标指针移至所需要复制的图像上，按住【Alt】键的同时单击鼠标左键并拖曳，至合适位置后释放鼠标即可复制该图像。

⑪ 使用 ◯（椭圆选框工具）在图像编辑窗口中创建一个圆形选区，新建"图层3"图层，并填充为白色，效果如图12-11所示。

⑫ 执行"选择/变换选区"命令，调出变换控制框，等比例缩小选区，按【Enter】键确认变换，再按【Delete】键删除选区内的图像，效果如图12-12所示。

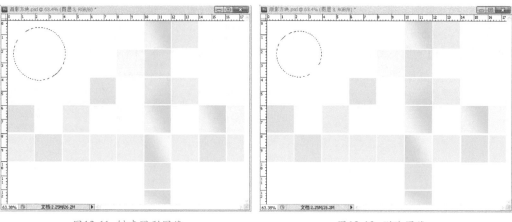

图12-11 创建圆形图像　　　　　　　图12-12 删除图像

⑬ 再次执行"选择/变换选区"命令，调出变换控制框，等比例缩小选区，按【Enter】键确认变换，再将选区填充为白色，效果如图12-13所示。

⑭ 参照步骤12～13的操作方法，制作出相应的圆形图像，再按【Ctrl+D】组合键取消选区，效果如图12-14所示。

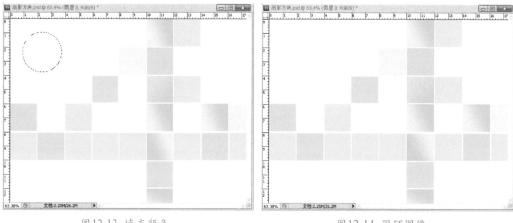

图12-13 填充颜色　　　　　　　　图12-14 圆环图像

⑮ 复制圆环图像并等比例缩小图像，再将图像调整至合适位置，效果如图12-15所示。

⑯ 用与上同样的方法，复制并调整图像大小和位置，并设置该图像的不透明度为60%，效果如图12-16所示。

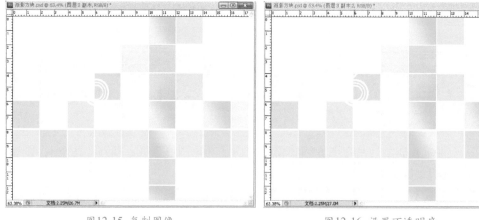

图12-15 复制图像　　　　　　　　图12-16 设置不透明度

⑰ 复制透明圆环多次，并根据需要调整各图像的大小和位置，效果如图12-17所示。

⑱ 复制图像编辑窗口左上角的各图像，并将各图像移至图像右下角的合适位置，效果如图12-18所示。

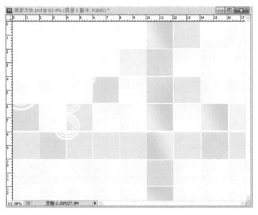

图12-17 复制并调整图像　　　　　　　　　　图12-18 调整图像

⑲ 新建"图层4"图层，使用 ◯（椭圆选框工具）创建一个圆形选区，并填充为白色，再按【Ctrl+D】组合键取消选区，效果如图12-19所示。

⑳ 复制白色圆形图像多次，并根据需要适当地调整各图像的大小和位置，效果如图12-20所示。

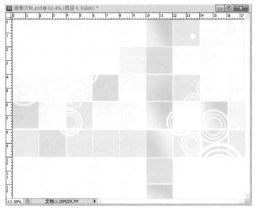

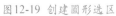

图12-19 创建圆形选区　　　　　　　　　　图12-20 调整圆形的大小和位置

㉑ 新建"图层5"图层，使用 ◯（椭圆选框工具）创建一个圆形选区，并填充为白色，按【Ctrl+D】组合键取消选区，设置图像的"不透明度"为40%；多次复制圆形图像，并对图像的大小和位置进行适当地调整，效果如图12-21所示。

㉒ 新建"图层6"图层，利用 ◯（椭圆选框工具）和"变换选区"命令，制作出圆环图像；复制圆环图像多次，并对图像的大小和位置进行适当地调整，效果如图12-22所示。

图12-21 调整半透明的圆形　　　　　　　　　　图12-22 调整圆环的大小和位置

实 例 小 结

本例主要介绍了利用矩形选框工具、椭圆选框工具、渐变工具和"变换"命令来制作方形和圆形纹样。

Example 实例 101 条形纹样——富贵花开

案例文件	DVD\源文件\素材\第12章\花样1.psd
案例效果	DVD\源文件\效果\第12章\富贵花开.psd
视频教程	DVD\视频\第3章\实例101.swf
视频长度	8分钟40秒
制作难度	★★★★
技术点睛	"渐变工具" ■、应用图层样式、"水平翻转"命令等
思路分析	本实例通过对花纹素材的位置、样式和颜色进行编辑，制作成条形纹样，让读者掌握制作条形纹样的操作技巧和方法

最终效果如右图所示。

操 作 步 骤

① 新建一个名称为"富贵花开"、"宽度"为1024像素、"高度"为768像素、"分辨率"为150像素/英寸、"颜色模式"为RGB、"背景内容"为白色的空白文档；新建"图层1"图层，使用 ■（渐变工具）为"背景"图层填充RGB参数值分别为6、10、14，172、66、130，7、3、6的线性渐变色，如图12-23所示。

② 打开随书附带光盘中的"源文件\素材\第12章\花样1"素材，将其拖曳至"富贵花开"图像编辑窗口中，效果如图12-24所示。

图12-23 填充渐变色

图12-24 拖入"花样1"素材

③ 复制"图层2"图层，按【→】方向键水平移动图像，将其移至合适位置，效果如图12-25所示。

④ 用与上同样的方法，复制花样图像多次，并将各图像移至合适位置，效果如图12-26所示。

在复制并移动图像时，可以按住【Alt+Shift】组合键的同时单击鼠标左键并拖曳，即可复制并以水平、垂直或45°角移动图像。

⑤ 合并花样所属的"图层2"及其所有副本图层，并重命名为"图层2"图层，设置该图层的混合模式为"柔光"，效果如图12-27所示。

⑥ 打开随书附带光盘中的"源文件\素材\第12章\花藤"素材，将其拖曳至"富贵花开"图像编辑窗口中的左上角，锁定"图层3"图层的透明像素，再将图像填充为白色，效果如图12-28所示。

⑦ 双击"图层3"，弹出"图层样式"对话框，选中"投影"复选框，各选项设置如图12-29所示。

图12-25 水平移动图像

图12-26 复制并调整图像

图12-27 设置图层混合模式

图12-28 填充白色

⑧ 选中"渐变叠加"复选框，单击"渐变"左侧的色块，弹出"渐变编辑器"对话框，在渐变条上设置洋红色和白色的双色渐变，并适当地调整两个色标的位置，如图12-30所示。

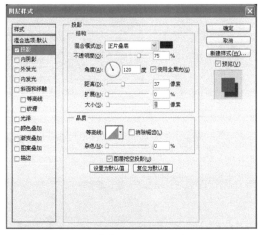

图12-29 选中"投影"复选框

图12-30 "渐变编辑器"对话框

⑨ 单击"确定"按钮，返回"图层样式"对话框，再设置各选项，如图12-31所示。

⑩ 设置完毕后单击"确定"按钮，即可为图像添加"投影"和"渐变叠加"图层样式，效果如图12-32所示。

⑪ 复制"图层3"图层，得到"图层3 副本"图层，执行"编辑/变换/旋转180度"命令，旋转图像，再将图像调整至图像右下角，效果如图12-33所示。

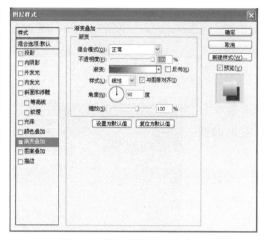

图12-31 设置图层样式参数

图12-32 添加图层样式

⑫ 打开随书附带光盘中的"源文件\素材\第12章\花藤2"素材，将其拖曳至"富贵花开"图像编辑窗口中，执行"编辑/变换/旋转"命令，调出变换控制框，在工具属性栏上设置"角度"为150，按【Enter】键确认旋转并变换图像，效果如图12-34所示。

⑬ 复制"图层4"图层，得到"图层4副本"图层，按【Ctrl+T】组合键，调出变换控制框，将中心控制点的位置调整至控制框正下方控制点上，效果如图12-35所示。

图12-33 复制并调整图像

⑭ 在控制框内单击鼠标左键，从弹出的快捷菜单中选择"垂直翻转"选项，按【Enter】键确认，垂直翻转图像，效果如图12-36所示。

图12-34 旋转并变换图像

图12-35 调整控制点位置

图12-36 垂直翻转图像

⑮ 在"图层"面板中选中"图层4"和"图层4副本"图层，复制两个图层，执行"编辑/自由变换"命令，调出变换控制框，效果如图12-37所示。

⑯ 将控制框的中心控制点水平移动至控制框的右侧，效果如图12-38所示。

⑰ 在控制框内单击鼠标左键，从弹出的快捷菜单中选择"水平翻转"选项，按【Enter】键确认，水平翻转图像，效果如图12-39所示。

⑱ 选取工具箱中的 ▶⊕（移动工具），在"图层"面板中选中"图层4"图层及其所有副本图层，按【Ctrl+G】组合键，将图层进行编组；按住【Ctrl】键的同时选中"背景"图层，再在工具属性栏上单击"水平居中"按钮 ➡ 和"垂直居中"按钮 ▣，使图像与背景对齐，效果如图12-40所示。

图12-37 调出变换控制框

图12-38 调整控制点位置

图12-39 水平翻转图像

图12-40 居中对齐

⑲ 选取 ✿.（自定形状工具），在工具属性栏上单击"形状图层"按钮 □，并设置"形状"为"叶形装饰2"，如图12-41所示。

⑳ 在图像编辑窗口的右上方绘制一个合适大小的叶形形状，并设置"形状1"图层的"不透明度"为75%，效果如图12-42所示。

㉑ 复制"形状1"图层4次，并调整各形状的位置，效果如图12-43所示，将"形状4"及其副本图层进行编组，得到"组2"组。

㉒ 复制"组2"组，得到"组2副本"组，执行"编辑/变换/水平翻转"命令，水平翻转图像，再将图像调整至图像编辑窗口左下角。本实例制作完毕，效果如图12-44所示。

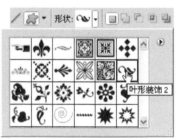
图12-41 选择形状

图12-42 绘制形状

图12-43 复制图像

图12-44 最终图像效果

实例小结

本例主要介绍添加并编辑各种花纹素材颜色、混合模式、图层样式等的方法和技巧。

Example 实例 102 花纹纹样——花开烂漫

案例文件	DVD\源文件\素材\第12章\底纹.psd等
案例效果	DVD\源文件\效果\第12章\花开烂漫.psd
视频教程	DVD\视频\第3章\实例102.swf
视频长度	8分钟3秒
制作难度	★★
技术点睛	"光泽"图层样式、"渐变叠加"图层样式、"水平翻转"命令
思路分析	本实例通过添加花样素材，应用和编辑图层样式等来制作纹样效果，让读者掌握制作花纹纹样的操作技巧和方法

最终效果如右图所示。

操 作 步 骤

01 新建一个名称为"花开烂漫"、"宽度"为1024像素、"高度"为768像素、"分辨率"为150像素/英寸、"颜色模式"为RGB、"背景内容"为白色的空白文档；新建"图层1"图层，使用 ■（渐变工具）为图像填充群青（RGB参数值为0、8、61）、湖蓝（RGB参数值为29、136、193）、群青的三色线性渐变色，如图12-45所示。

02 打开随书附带光盘中的"源文件\素材\第12章\底纹"素材，将其拖曳至"花开烂漫"图像编辑窗口中，效果如图12-46所示。

图12-45 填充线性渐变色

图12-46 底纹素材

03 打开随书附带光盘中的"源文件\素材\第12章\花样2"素材，将其拖曳至"花开烂漫"图像编辑窗口中，效果如图12-47所示。

04 双击"图层1"图层，弹出"图层样式"对话框，选中"光泽"复选框，单击"设置效果颜色"色块，在弹出的"选取光泽颜色"对话框中设置RGB参数值，如图12-48所示。

图12-47 拖入"花样2"素材

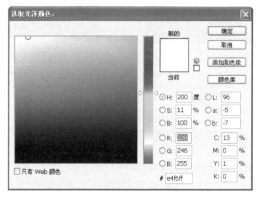

图12-48 "选取光泽颜色"对话框

05 单击"确定"按钮，返回"图层样式"对话框，各参数设置如图12-49所示。

06 选中"渐变叠加"复选框，单击"渐变"右侧的色块，弹出"渐变编辑器"对话框，并设置蓝色（RGB参数值为0、138、210）和白色渐变色，如图12-50所示。

❓ 专家指点

在"渐变编辑器"对话框中自定义渐变色后，单击"新建"按钮，即可将自定义的渐变色保存，这样，可以便于下次更改或使用。

07 单击"确定"按钮，返回"图层样式"对话框，各参数设置如图12-51所示。

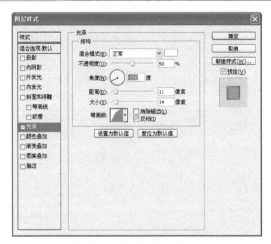

图12-49 设置"光泽"参数

图12-50 "渐变编辑器"对话框

08 设置完毕后单击"确定"按钮，即可为图像添加"光泽"和"渐变叠加"图层样式，效果如图12-52所示。

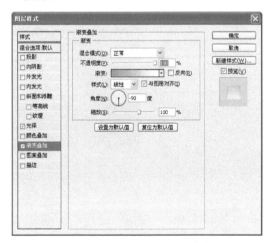

图12-51 设置"渐变叠加"参数

图12-52 添加图层样式后的效果

09 复制花样图像，执行"编辑/变换/水平翻转"命令，水平翻转图像，再将花样图像调整至图像的右上角，效果如图12-53所示。

10 打开随书附带光盘中的"源文件\素材\第12章\花样3"素材，将其拖曳至"花开烂漫"图像编辑窗口的左下角，效果如图12-54所示。

图12-53 复制并翻转图像

图12-54 拖入"花样3"素材

11 选中"图层3"图层，执行"图层/图层样式/拷贝图层样式"命令，选中花样3图像所属的"图层4"图层，再执行"图层/图层样式/粘贴图层样式"命令，为花样3添加图层样式，效果如

图12-55所示。

⑫ 双击"图层4"图层上的"渐变叠加"图层效果名称，弹出"图层样式"对话框，各参数设置如图12-56所示。

图12-55 添加图层样式　　　　　　　　图12-56 改变参数值

⑬ 设置完毕后单击"确定"按钮，图像的图层样式效果随之改变，效果如图12-57所示。

⑭ 复制"图层4"图层，得到"图层4 副本"图层，水平翻转图像并将复制的图像调整至图像编辑窗口的右下角，效果如图12-58所示。

⑮ 双击"图层4"图层上的"渐变叠加"图层效果名称，弹出"图层样式"对话框，设置"角度"为110，单击"确定"按钮，改变图层样式，效果如图12-59所示。

⑯ 打开随书附带光盘中的"源文件\素材\第12章\花样4"素材，将其拖曳至"花开烂漫"图像编辑窗口的左侧，如图12-60所示。

图12-57 改变图层样式后的效果

图12-58 复制并翻转图像　　　　图12-59 改变图层样式　　　　图12-60 拖入"花样4"素材

❓ **专家指点**

改变"渐变叠加"图层样式的角度是为了使两个图像的整体色彩呈现出对称式的效果。

⑰ 复制"图层4"图层的图层样式，并粘贴于"图层5"图层上，双击"图层5"图层上的"渐变叠加"图层效果名称，在弹出的对话框中单击"渐变"左侧的色块，在弹出的"渐变编辑器"对话框中设置蓝色（RGB参数值为105、199、248）、白色渐变色，如图12-61所示。

⑱ 单击"确定"按钮，返回"图层样式"对话框，取消选中"光泽"复选框，再设置"渐变叠加"参数，如图12-62所示。

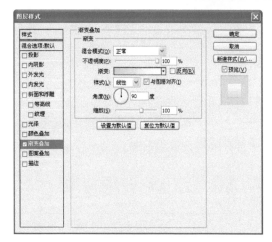

图12-61 设置渐变色　　　　　　　　图12-62 设置"渐变叠加"参数

⑲ 设置完毕后单击"确定"按钮，即可为图像添加相应的图层样式，效果如图12-63所示。

⑳ 复制"图层5"图层，得到"图层5 副本"图层，水平翻转图像并将复制的图像调整至图像编辑窗口的右侧，效果如图12-64所示。

图12-63 添加图层样式　　　　　　　图12-64 复制并调整图像

❓ 专家指点

取消选中"光泽"复选框并不是删除"光泽"图层样式，而是暂时将该图层样式隐藏。

㉑ 打开随书附带光盘中的"源文件\素材\第12章\花样5"素材，将其拖曳至"花开烂漫"图像编辑窗口的正上方，并设置该图像的混合模式为"划分"，效果如图12-65所示。

㉒ 复制花样5图像，将复制的图像进行垂直翻转，再调整至图像编辑窗口的正下方，本实例制作完毕，效果如图12-66所示。

图12-65 设置图层混合模式　　　　　　图12-66 图像最终效果

实 例 小 结

本例主要介绍添加各种花样素材和图层样式的操作方法和技巧。

第13章　图像特效处理

本章内容

➤ 玻璃特效——红色枫叶　　➤ 光晕特效——极光之美　　➤ 星光特效——荷塘月色

　　人们对平面作品的欣赏已经不再局限于简单而清晰的照片，对于图像的特效处理也是视觉欣赏必需的要求之一，在简单的图像上制作炫丽、夺目、个性化的特效，可以让整体的视觉效果更加精美。本章将讲解制作玻璃特效、光晕特效和星光特效的操作方法与技巧。

Example 实例 103　玻璃特效——红色枫叶

案例文件	DVD\源文件\素材\第13章\红色枫叶.jpg
案例效果	DVD\源文件\效果\第13章\红色枫叶.psd
视频教程	DVD\视频\第3章\实例103.swf
视频长度	3分钟10秒
制作难度	★★★★
技术点睛	"纹理化"滤镜、"玻璃"滤镜、图层蒙版
思路分析	本实例通过利用滤镜和图层蒙版制作玻璃效果，让读者掌握制作玻璃特效的操作技巧和方法

最终效果如右图所示。

操 作 步 骤

　　① 打开随书附带光盘中的"源文件\素材\第13章\红色枫叶.jpg"素材，如图13-1所示复制"图层1"，得到"图层1 副本"。

　　② 执行"滤镜/纹理/纹理化"命令，弹出"纹理化"对话框，设置"纹理"为"画布"，再设置其他参数，如图13-2所示。

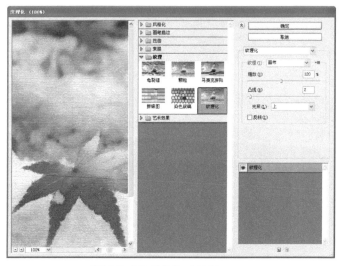

图13-1 红色枫叶素材　　　　　　　　　　图13-2 "纹理化"对话框

　　③ 设置完毕后单击"确定"按钮，即可应用纹理化滤镜，效果如图13-3所示。

　　④ 为"背景 副本"图层上添加图层蒙版，选取画笔工具，利用"不透明度"为50%的黑色画

笔在图像上下区域进行适当涂抹，显示部分图像，效果如图13-4所示。

图13-3 应用滤镜

图13-4 涂抹图像

⑤ 按【Ctrl+Alt+Shift+E】组合键盖印图层，得到"图层1"，如图13-5所示。

⑥ 执行"滤镜/扭曲/玻璃"命令，弹出"玻璃"对话框，设置"纹理"为"磨砂"，再设置其他参数，如图13-6所示。

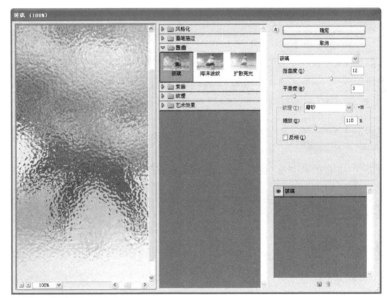

图13-5 盖印图层

图13-6 "玻璃"对话框

⑦ 设置完毕后单击"确定"按钮，应用玻璃滤镜，设置"图层1"的"不透明度"为90%，效果如图13-7所示。

⑧ 为"图层1"添加图层蒙版，选取画笔工具，利用黑色画笔在红色枫叶图像上进行适当涂抹，显示部分图像。本实例制作完毕，效果如图13-8所示。

图13-7 设置不透明度

图13-8 显示部分图像

❓ 专家指点

若直接在应用了图层蒙版的图像上应用滤镜或画笔等功能，被蒙版屏蔽的图像区域将不会显示所应用的滤镜或画笔的效果。

实 例 小 结

本例主要介绍了利用"纹理化"滤镜、"玻璃"滤镜和图层蒙版制作玻璃特效的操作。

Example 实例 104 光晕特效——极光之美

案例文件	DVD\源文件\素材\第13章\舞者.psd
案例效果	DVD\源文件\效果\第13章\极光之美.psd
视频教程	DVD\视频\第3章\实例104.swf
视频长度	2分钟3秒
制作难度	★★
技术点睛	"镜头光晕"滤镜、图层蒙版
思路分析	本实例通过利用不同的镜头类型制作光晕特效，让读者掌握添加光晕特效的操作方法

最终效果如右图所示。

操 作 步 骤

① 打开随书附带光盘中的"源文件\素材\第13章\舞者.psd"素材，如图13-9所示。

② 展开"图层"面板，选中"图层6"，按【Ctrl+Alt+Shift+E】组合键，盖印图层，得到"图层7"，效果如图13-10所示。

③ 执行"滤镜/渲染/镜头光晕"命令，弹出"镜头光晕"对话框，在预览框中调整光晕的位置，再设置各参数，如图13-11所示。

图13-9 舞者素材

图13-10 盖印图层

图13-11 "镜头光晕"对话框

④ 设置完毕后单击"确定"按钮，为图像添加光晕效果，如图13-12所示。

⑤ 复制"图层7"，得到"图层7副本"，执行"滤镜/渲染/镜头光晕"命令，弹出"镜头光晕"对话框，在预览框中调整光晕的位置，再设置各参数，如图13-13所示。

⑥ 设置完毕后，单击"确定"按钮，添加相应的光晕特效，效果如图13-14所示。

图13-12 添加光晕　　　　图13-13 调整光晕位置　　　　图13-14 添加光晕

⑦ 执行"图层/图层蒙版/显示全部"命令，为"图层7副本"添加图层蒙版，如图13-15所示。

⑧ 选取 ✎（画笔工具），在工具属性栏上设置"硬度"为0%，确认前景色为黑色，再在图像上进行适当涂抹，隐藏部分图像。本实例制作完毕，效果如图13-16所示。

图13-15 添加图层蒙版　　　　　图13-16 隐藏部分图像

实例小结

本例主要介绍利用不同的镜头光晕制作光晕特效的操作方法。

Example 实例 105 星光特效——荷塘月色

案例文件	DVD\源文件\素材\第13章\遥望.jpg
案例效果	DVD\源文件\效果\第13章\荷塘月色.psd
视频教程	DVD\视频\第3章\实例105.swf
视频长度	11分钟25秒
制作难度	★★
技术点睛	"光照效果"滤镜、应用调整图层、"画笔工具" ✎
思路分析	本实例通过应用各种调整图层及混合模式调整图像色调，应用画笔工具制作星光效果，让读者掌握调整色调和制作星光特效的操作方法

最终效果如右图所示。

操作步骤

① 打开随书附带光盘中的"源文件\素材\第13章\遥望.jpg"素材，如图13-17所示。复制"背景"图层，得到"背景 副本"图层。

② 执行"图层/新建调整图层/色彩平衡"命令，弹出"新建图

层"命令，保持默认设置，在弹出的"色彩平衡"调整面板中选中"中间调"单选按钮和"保留明度"复选框，再依次设置各参数值为–34、34、–33，如图13-18所示。

图13-17 遥望素材

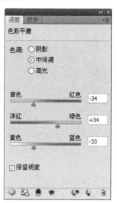

图13-18 "色彩平衡"调整面板

⑬ 设置完毕后图像色彩随之改变，选中调整图层上的图层蒙版缩览图，再利用"不透明度"为20%的黑色画笔对人物图像区域进行适当涂抹，显示部分图像，效果如图13-19所示。

⑭ 合并"背景 副本"图层和"色彩平衡1"调整图层，并重命名"图层1"；执行"滤镜/渲染/光照效果"命令，弹出"光照效果"对话框，在"光照类型"选项区中单击颜色色块，在弹出的"选取光照颜色"对话框中设置RGB参数值为162、209、126，如图13-20所示。

图13-19 显示部分图像

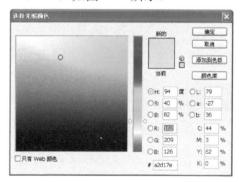

图13-20 "选取光照颜色"对话框

⑮ 单击"确定"按钮，返回"光照效果"对话框，再设置各参数，如图13-21所示。

⑯ 设置完毕后单击"确定"按钮，即可应用"光照效果"滤镜，效果如图13-22所示。

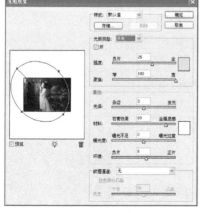

图13-21 "光照效果"对话框

图13-22 应用光照效果

专家指点

在“光照效果”对话框中，改变光照颜色可以使光照根据设置的颜色照射出不同的颜色，打造出不同的环境氛围。

⑦ 选中“图层1”，单击“图层”面板底部的“添加矢量蒙版”按钮，为“图层1”添加图层蒙版，再使用“硬度”为0%，“不透明度”为20%的黑色画笔工具在人物图像进行适当涂抹，显示部分图像区域，效果如图13-23所示。

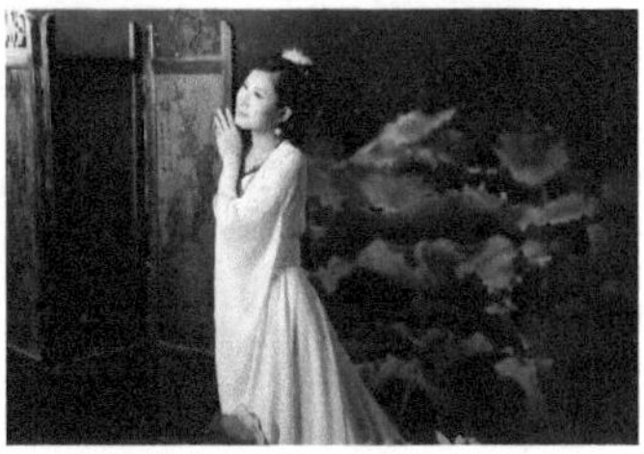

图13-23 涂抹图像

⑧ 执行“图层/新建调整图层/色彩平衡”命令，弹出对话框，保持默认设置，单击“确定”按钮，弹出“色彩平衡”调整面板，各选项设置如图13-24所示。

⑨ 选中“阴影”单选按钮，选中“保留明度”复选框，再依次设置各参数值为–37、0、0，如图13-25所示。

⑩ 选中“高光”单选按钮，选中“保留明度”复选框，再依次设置各参数值为–87、15、66，如图13-26所示。

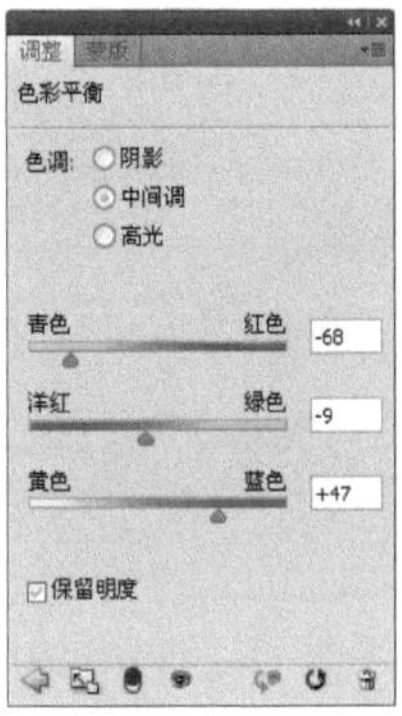

图13-24 “色彩平衡”调整面板

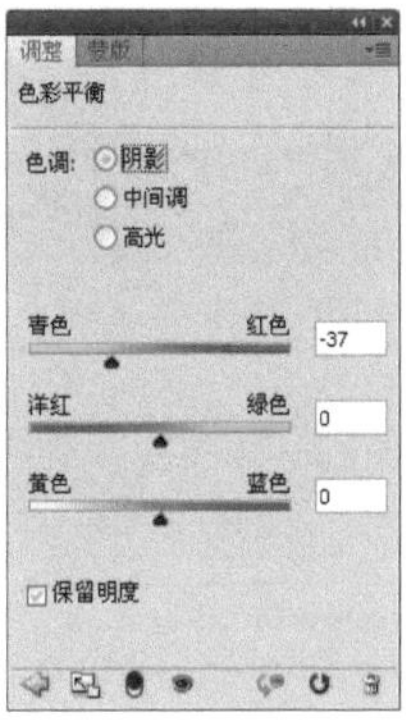

图13-25 选中“阴影”单选按钮

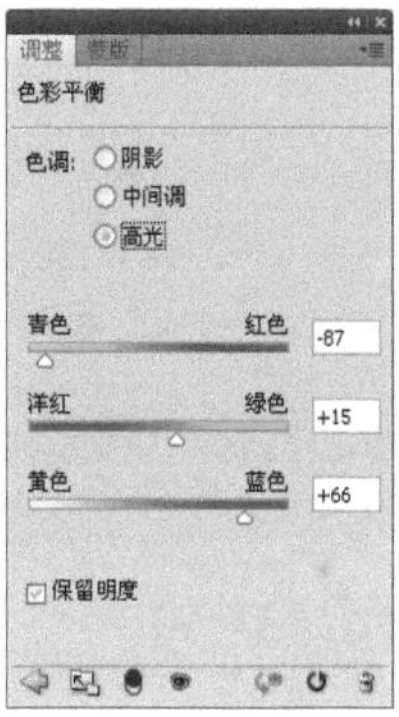

图13-26 选中“高光”单选按钮

专家指点

单击“图层”面板底部的“创建新的填充和调整图层”按钮，在弹出的列表框中选择相应的填充选项或调整图层选项，即可创建相应的图层。

⑪ 设置完毕后图像的整体色彩随之改变，效果如图13-27所示。

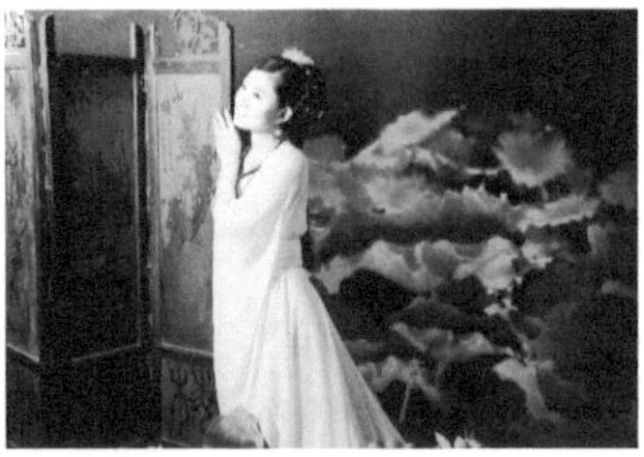

图13-27 添加图层样式

⑫ 选中“色彩平衡1”调整图层上的图层蒙版缩览图，再利用“不透明度”为20%的黑色画笔对人物图像区域进行适当涂抹，显示部分图像，如图13-28所示。

⑬ 选中“图层1”，设置混合模式为“正片叠底”，“不透明度”为50%，效果如图13-29所示。

⑭ 单击“创建新的填充和调整图层”按钮，在弹出的列表框中选择“渐变”选项，弹出“渐变填充”对话框，设置“渐变”为白色和黑色的双色渐变，再设置各选项，如图13-30所示。

⑮ 设置完毕后单击"确定"按钮，即可新建"渐变填充1"调整图层，图像编辑窗口也被填充相应的渐变色，效果如图13-31所示。

图13-28 改变图像　　　　　　　　图13-29 改变图层样式　　　　　　图13-30 "渐变填充"对话框

⑯ 设置"渐变填充1"调整图层的"混合模式"为"正片叠底"，"不透明度"为90%，效果如图13-32所示。

⑰ 选中"渐变填充1"调整图层上的图层蒙版缩览图，再利用"不透明度"为30%的黑色画笔对人物图像区域进行适当涂抹，显示部分图像，效果如图13-33所示。

图13-31 填充渐变色　　　　　　　图13-32 设置混合模式　　　　　　　图13-33 显示部分图像

⑱ 选取工具箱中的 ◢（画笔工具），执行"窗口/画笔"命令，弹出"画笔"面板，在预选框中选中"柔角30像素"画笔，再设置各参数，如图13-34所示。

⑲ 选中"形状动态"复选框，设置"大小抖动"为100%，如图13-35所示。

⑳ 选中"散布"复选框，设置"散布"为1000%，如图13-36所示。

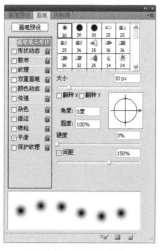

图13-34 设置各参数　　　　　　　图13-35 选中"形状动态"复选框　　图13-36 选中"散布"复选框

㉑ 新建"图层2"，设置前景色为白色，运用画笔工具在图像编辑窗口中进行涂抹，即可绘制出星点图像，效果如图13-37所示。

㉒ 用与上面同样的方法，在图像编辑窗口中绘制更多的星点图像，再设置"图层2"的"不透

明度"为80%，效果如图13-38所示。

图13-37 绘制星点图像

图13-38 设置不透明度

㉓ 单击"创建新的填充和调整图层"按钮 ，在弹出的列表框中选择"亮度/对比度"选项，新建"亮度/对比度1"调整图层，展开调整面板，取消选中"使用旧版"复选框，设置"亮度"为27，"对比度"为11，提高图像亮度，效果如图13-39所示。

㉔ 选中"亮度/对比度1"调整图层上的图层蒙版缩览图，再利用"不透明度"为30%的黑色画笔对人物图像区域进行适当涂抹，显示部分图像，如图13-40所示。

图13-39 提高图像亮度

图13-40 显示部分图像

㉕ 新建"自然饱和度1"调整图层，展开调整面板，设置"自然饱和度"为100，"对比度"为0，提高图像饱和度，效果如图13-41所示。

㉖ 新建"色相/饱和度1"调整图层，展开调整面板，设置"色相"为–10，"饱和度"为10，"明度"为0，调整图像色相，效果如图13-42所示。

图13-41 提高饱和度

图13-42 调整图像色相

㉗ 利用"不透明度"为30%的黑色画笔对人物头像区域进行适当涂抹，使图像颜色趋于自然，效果如图13-43所示。

㉘ 新建"色阶1"调整图层，展开调整面板，依次设置各参数为0、1.2、255，提高图像整体亮度；选中调整图层上的图层蒙版，利用"不透明度"为30%的黑色画笔对人物图像区域进行适当涂抹，适当地降低亮度，效果如图13-44所示。

㉙ 使用 （竖排文字工具）在图像编辑窗口中输入文字，在"字符"面板中，设置"字体"为"迷你简黄草"，"字体大小"为30点，"字符间距"为75，并单击"仿粗体"按钮 T，改变字体属性，效果如图13-45所示。

图13-43 涂抹图像

图13-44 提高亮度

⑩ 双击文字图层，弹出"图层样式"对话框，选中"投影"复选框，设置"阴影颜色"的RGB参数值为57、170、153，再设置各参数值，如图13-46所示。

图13-45 输入文字

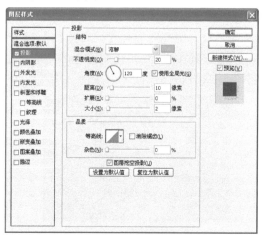

图13-46 选中"投影"复选框

③① 选中"描边"复选框，设置"描边颜色"的RGB参数值为14、153、89，再设置各参数值，如图13-47所示。

③② 设置完毕后单击"确定"按钮，为文字添加"投影"和"描边"图层样式。本实例制作完毕，效果如图13-48所示。

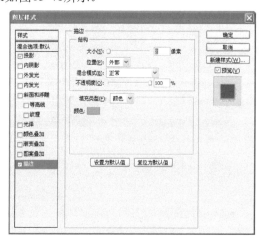

图13-47 选中"描边"复选框

图13-48 应用图层样式

实 例 小 结

本例主要介绍调整图像整体色调、添加星光特效，制作浪漫、唯美的荷塘月色的图像效果。

第14章 照片处理特效

本章内容

➢ 打造唇彩——唇唇欲动　　➢ 人物化妆——完美妆容　　➢ 色彩处理——幸福新娘

在生活和工作中越来越多的人玩自拍，但平淡的照片效果总会少了一些亮点和活力，而且较难产生吸引力。本章将通过运用各种修饰工具来为单调的照片进行特殊处理，制作出引人注目的照片特效。

Example 实例 106 打造唇彩——唇唇欲动

案例文件	DVD\源文件\素材\第14章\忧伤.jpg
案例效果	DVD\源文件\效果\第14章\唇唇欲动.psd
视频教程	DVD\视频\第3章\实例106.swf
视频长度	3分钟29秒
制作难度	★★★★
技术点睛	"钢笔工具"、"羽化选区"命令、"画笔工具"
思路分析	本实例通过利用钢笔工具、填充功能、羽化功能等技巧制作出红色唇彩效果，让读者掌握制作唇彩效果的操作技巧和方法

最终效果如右图所示。

操 作 步 骤

① 打开随书附带光盘中的"源文件\素材\第14章\忧伤"素材，如图 14-1 所示。复制"背景"图层，得到"背景 副本"图层。

② 选取工具箱中的 ✐（钢笔工具），沿着人物的嘴唇轮廓创建一个闭合路径，效果如图14-2 所示。

> **? 专家指点**
>
> 钢笔工具主要用于绘制闭合路径或开放路径，闭合路径可以转换为选区，而开放路径则不能。

③ 将钢笔工具移至闭合路径内，单击鼠标左键，在弹出的快捷菜单中选择"建立选区"选项，即可将路径转换为选区，效果如图14-3所示。

④ 执行"选择/修改/羽化"命令，弹出"羽化选区"对话框，设置"羽化半径"为8，单击"确定"按钮，即可羽化选区，效果如图14-4所示。

图14-1 拖入"忧伤"素材　　图14-2 绘制闭合路径　　图14-3 将路径转换为选区　　图14-4 羽化选区

> **? 专家指点**
>
> 绘制闭合路径后，按【Ctrl+Enter】组合键或在"路径"面板下方单击"将路径作为选区载入"按钮 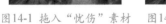，均可将路径转换为选区。

⑤ 设置前景色的RGB参数值为229、26、50，新建"图层1"图层，按【Alt+Delete】组合键，为选区填充前景色，效果如图14-5所示。

⑥ 按【Ctrl+D】组合键取消选区，设置"图层1"图层的混合模式为"柔光"，效果如图14-6所示。

? 专家指点

羽化选区主要用于柔化选区边缘，使填充的颜色与背景的过渡更柔和，羽化半径越大，则边缘越柔和。

⑦ 为"图层1"图层添加图层蒙版，选取画笔工具，利用"不透明度"为100%的黑色画笔在人物嘴唇边缘进行适当涂抹，效果如图14-7所示。

⑧ 按住【Ctrl】键的同时，单击"图层1"图层上的缩览图，调出嘴唇的选区；新建"自然饱和度1"调整图层，展开调整面板，设置"自然饱和度"为100、"饱和度"为0，提高嘴唇的饱和度。本实例制作完毕，效果如图14-8所示。

图14-5 填充前景色　　图14-6 设置图层混合模式　　图14-7 涂抹嘴唇边缘　　图14-8 图像最终效果

实 例 小 结

本例主要介绍利用钢笔工具绘制路径、羽化选区、填充颜色等方法和技巧制作出性感红唇。

Example 实例 107 人物化妆——完美妆容

案例文件	DVD\源文件\素材\第14章\微笑.jpg
案例效果	DVD\源文件\效果\第14章\完美妆容.psd
视频教程	DVD\视频\第3章\实例107.swf
视频长度	14分钟37秒
制作难度	★★★★
技术点睛	"蒙尘与划痕"滤镜、图层蒙版、羽化命令等
思路分析	本实例主要是对人物的肌肤进行修饰，以及为面部上妆，让读者掌握修复肌肤和打造妆容的操作方法

最终效果如右图所示。

操 作 步 骤

① 打开随书附带光盘中的"源文件\素材\第14章\微笑"素材，如图14-9所示。复制"背景"图层，得到"背景 副本"图层。

② 执行"滤镜/杂色/蒙尘与划痕"命令，弹出"蒙尘与划痕"对话框，设置"半径"为5、"阈值"为0，单击"确定"按钮，即可应用"蒙尘与划痕"滤镜，效果如图14-10所示。

? 专家指点

修饰照片时，首先一定不要直接在原图像（即"背景"图层）上进行处理，一旦出现错误，或操作步骤过多时，将无法恢复至原图像。

⑬ 为"背景 副本"图层添加图层蒙版，使用不同透明程度的黑色画笔工具在图像上进行适当涂抹，使图像部分区域显示清晰，效果如图14-11所示。

⑭ 新建"自然饱和度1"调整图层，展开调整面板，设置"自然饱和度"为100、"饱和度"为 10，调整图像饱和度，效果如图14-12所示。

图14-9 拖入"微笑"素材　　图14-10 应用滤镜　　图14-11 涂抹图像　　图14-12 调整图像饱和度

> **? 专家指点**
>
> 运用画笔工具修饰图像时，应当根据需要对画笔的大小、硬度、不透明度等属性进行相应的调整，这样才会让修饰效果更加自然。

⑮ 新建"色阶1"调整图层，展开调整面板，依次设置各参数值分别为14、1.35、227，提高图像整体亮度，效果如图14-13所示。

⑯ 选中"色阶1"调整图层上的图层蒙版缩览图，运用黑色画笔工具在人物的头发区域进行涂抹，效果如图14-14所示。

⑰ 新建"曲线1"调整图层，展开调整面板，在调节线上添加两个节点，分别设置"输出"、"输入"为81、63和189、191，提高图像的整体亮度，效果如图14-15所示。

⑱ 选中"曲线1"调整图层上的图层蒙版缩览图，运用黑色画笔工具在人物的头发区域进行涂抹，效果如图14-16所示。

图14-13 提高图像亮度　　图14-14 涂抹头发区域　　图14-15 提高图像亮度　　图14-16 涂抹图像

⑲ 使用 ✐ （钢笔工具）沿着人物右眼创建闭合路径，效果如图14-17所示。

⑳ 按【Ctrl+Enter】组合键将路径转换为选区，执行"选择/修改/羽化"命令，弹出对话框，设置"羽化半径"为15，单击"确定"按钮，羽化选区，如图14-18所示。

㉑ 新建"图层1"图层，使用 ▬ （渐变工具）为选区填充RGB参数值为183、32、99，255、29、154，255、252、253的线性渐变色，效果如图14-19所示。

㉒ 按【Ctrl+D】组合键取消选区，设置"图层1"图层的混合模式为"柔光"，效果如图14-20所示。

图14-17 绘制闭合路径　　图14-18 羽化选区　　图14-19 填充渐变色　　图14-20 设置图层混合模式

⑬ 复制"图层1"图层，得到"图层1副本"图层，将图像的位置适当地向上调整，再设置其"不透明度"为52%，效果如图14-21所示。

⑭ 选中"图层1"图层并为其添加图层蒙版，再利用黑色画笔工具对图像进行适当地涂抹，将图像修饰得更加自然，效果如图14-22所示。

⑮ 使用 ✎（钢笔工具）沿着人物左眼创建闭合路径，按【Ctrl+Enter】组合键，将路径转换为选区，执行"选择/修改/羽化"命令，弹出对话框，设置"羽化半径"为18，单击"确定"按钮，羽化选区，效果如图14-23所示。

⑯ 新建"图层2"图层，使用 ▣（渐变工具）为选区填充与右眼相同的线性渐变色，按【Ctrl+D】组合键取消选区，并设置"图层2"图层的混合模式为"柔光"，效果如图14-24所示。

图14-21 设置不透明度　　图14-22 涂抹图像　　图14-23 羽化选区　　图14-24 设置图层混合模式

⑰ 复制"图层2"图层，得到"图层5副本"图层，对图像的大小和位置进行适当地调整，再设置其"不透明度"为15%，效果如图14-25所示。

⑱ 选中"图层2"图层并为其添加图层蒙版，再利用黑色画笔工具对图像进行适当地涂抹，使眼影效果更加自然，效果如图14-26所示。

⑲ 使用 ✎（钢笔工具）沿着人物上嘴唇创建一个闭合路径，效果如图14-27所示。

⑳ 执行"选择/修改/羽化"命令，弹出"羽化选区"对话框，设置"羽化半径"为6，单击"确定"按钮，羽化选区，效果如图14-28所示。

图14-25 设置不透明度　　图14-26 涂抹图像　　图14-27 创建闭合路径　　图14-28 羽化选区

❓ 专家指点

羽化选区时，按【Shift+F6】组合键，可以快速弹出"羽化选区"对话框。

㉑ 新建"图层3"图层，为选区填充RGB参数值为255、27、113的前景色，再按【Ctrl+D】组合键，取消选区，效果如图14-29所示。

㉒ 设置"图层2"图层的混合模式为"颜色"、"不透明度"为60%，效果如图14-30所示。

㉓ 使用 ✎（钢笔工具）沿着人物下嘴唇创建一个闭合路径，按【Shift+F6】组合键，弹出"羽化选区"对话框，设置"羽化半径"为6，单击"确定"按钮，羽化选区，效果如图14-31所示。

㉔ 新建"图层4"图层，为选区填充RGB参数值为255、27、113的前景色，再按【Ctrl+D】组合键，取消选区，设置图层的混合模式为"叠加"、"不透明度"为50%，效果如图14-32所示。

㉕ 新建"图层5"图层，设置前景色的RGB参数值为255、110、140，选取 ✎（画笔工具），在工具属性栏上设置画笔的"大小"为80px、"硬度"为0%、"不透明度"为100%，再在人物的颧骨上进行涂抹，绘制图像，效果如图14-33所示。

㉖ 设置"图层5"图层混合模式为"柔光"、"不透明度"为80%，制作出腮红效果，如图14-34所示。

图14-29 填充前景色

图14-30 设置不透明度

图14-31 羽化选区

图14-32 填充前景色

图14-33 绘制图像

图14-34 设置混合模式

> **? 专家指点**
>
> 在羽化选区时，按【Shift+F6】组合键，可以快速弹出"羽化选区"对话框。

㉗ 使用 ✐（钢笔工具）沿着人物右眉毛创建一个闭合路径，按【Shift+F6】组合键，弹出"羽化选区"对话框，设置"羽化半径"为5，单击"确定"按钮，羽化选区，效果如图14-35所示。

㉘ 新建"图层6"图层，按【D】键恢复系统默认设置，按【Alt+Delete】组合键，为选区填充黑色前景色，按【Ctrl+D】组合键取消选区，设置该图层的混合模式为"柔光"、"不透明度"为55%，改变图像效果，如图14-36所示。

㉙ 使用 ✐（钢笔工具）沿着人物左眉毛创建一个闭合路径，按【Shift+F6】组合键，弹出"羽化选区"对话框，设置"羽化半径"为5，单击"确定"按钮，羽化选区，效果如图14-37所示。

㉚ 新建"图层7"图层，按【Alt+Delete】组合键，为选区填充黑色前景色，按【Ctrl+D】组合键取消选区，设置该图层的混合模式为"柔光"、"不透明度"为60%，改变图像效果，如图11-38所示。

图14-35 羽化选区

图14-36 改变图像效果

图14-37 羽化选区

图14-38 填充颜色

㉛ 按【Alt+Ctrl+Shift+E】组合键，盖印图层，新建"色阶2"调整图层，展开调整面板，依次设置各参数值为18、1.1、255，调整图像色调，效果如图14-39所示。

㉜ 新建"自然饱和度2"调整图层，展开调整面板，设置"自然饱和度"为71、"饱和度"为0，提高图像饱和度，效果如图14-40所示。

㉝ 选中"自然饱和度2"调整图层上的图层蒙版缩览图，利用黑色画笔工具在人物嘴唇上进行涂抹，修饰图像，效果如图14-41所示。

㉞ 新建"色彩平衡1"调整图层，展开调整面板，依次设置各参数值为6、13、22，调整图像颜色，效果如图14-42所示。

实 例 小 结

本例主要介绍利用滤镜和蒙版等功能修饰人物皮肤，再通过绘制路径、填充颜色对人物进行上妆的操作。

图14-39 调整图像色调　　图14-40 提高自然饱和度　　图14-41 修改图　　图14-42 调整图像颜色

Example 实例 108 色彩处理——幸福新娘

案例文件	DVD\源文件\素材\第14章\婚纱.jpg
案例效果	DVD\源文件\效果\第14章\幸福新娘.psd
视频教程	DVD\视频\第3章\实例108.swf
视频长度	6分钟9秒
制作难度	★★
技术点睛	"色彩平衡"调整图层、"照片滤镜"调整图层、应用图层蒙版等
思路分析	本实例通过调整图像色彩平衡、照片滤镜、可选颜色等来制作幸福新娘的图片，让读者掌握调整不同图像色彩的操作技巧和方法

最终效果如右图所示。

操 作 步 骤

01 打开随书附带光盘中的"源文件\素材\第14章\婚纱"素材，如图14-43所示。复制"背景"图层，得到"背景副本"图层。

02 新建"色彩平衡1"调整图层，展开调整面板，选中"中间调"单选按钮和"保留明度"复选框，再依次设置各参数值为31、-37、57，效果如图14-44所示。

03 设置完毕后，图像的整体色彩效果随之改变，效果如图14-45所示。

04 选中"色彩平衡1"调整图层上的图层蒙版缩览图，利用黑色画笔工具在人物头发、肌肤和花束上进行适当涂抹，将人物图像区域修饰得更自然，效果如图14-46所示。

图14-43 婚纱素材　　图14-44 调整面板　　图14-45 改变图像色彩　　图14-46 修饰图像

05 新建"可选颜色1"调整图层，展开调整面板，设置"颜色"为"红色"，选中"相对"单选按钮，再依次设置各参数值为 78、33、14、 57，如图14-47所示。

06 设置"颜色"为"绿色"，选中"相对"单选按钮，再依次设置各参数值为 29、100、

100、100，如图14-48所示。

利用"可选颜色"调整图层，可以根据设置的颜色对图像中的相应颜色进行调整，而未设置的其他颜色将不会有较明显的变化。

07 设置"颜色"为"青色"，选中"相对"单选按钮，再依次设置各参数值为0、100、100、100，如图14-49所示。

08 设置完毕后，图像的部分色彩效果随之改变，效果如图14-50所示。

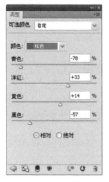   

图14-47 设置"红色"　图14-48 设置"绿色"　图14-49 设置"青色"　图14-50 改变图像色彩

09 选中"可选颜色1"调整图层上的图层蒙版缩览图，利用黑色画笔工具在花束等图像区域上进行适当涂抹，还原其调整色彩前的颜色，效果如图14-51所示。

10 新建"色彩平衡2"调整图层，展开调整面板，选中"中间调"单选按钮和"保留明度"复选框，再依次设置各参数值为61、86、　24，如图14-52所示。

"色彩平衡"的作用是对图像的颜色进行互补，通过添加或减少对应的互补色，达到图像的色彩平衡，如增加红色而降低青色，使图像偏向于暖色，增加绿色降低洋红，使图像偏向于冷色。

11 设置完毕后，图像整体色彩随之改变，效果如图14-53所示。

12 选中"色彩平衡2"调整图层上的图层蒙版缩览图，利用黑色画笔工具在人物头发、皮肤和花束图像区域上进行适当涂抹，还原其调整色彩前的颜色，效果如图14-54所示。

 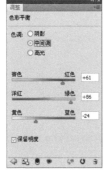 

图14-51 涂抹图像　　图14-52 调整面板　　图14-53 调整图像色彩　　图14-54 涂抹图像

13 新建"照片滤镜1"调整图层，展开调整面板，选中"滤镜"单选按钮，取消选中"保留明度"复选框，再设置"滤镜"为"黄"、"浓度"为25，如图14-55所示。

⑭ 设置完毕后，即可应用照片滤镜，图像整体色感偏黄，效果如图14-56所示。

❓ 专家指点

"照片滤镜"的作用相当于传统摄影中的滤光镜，从而使图像具有暖色调或冷色调的效果。"照片滤镜"调整面板中各主要选项的定义如下。

滤镜：在该选项的下拉列表中有20种预设选项，可以对图像的色调进行调节。

颜色：单击该色块，弹出"选择滤镜颜色"对话框，用户可以自定义图像的色调。

浓度：通过输入数值或调整滑块来调整应用于图像的颜色数量。

保留亮度：选中该复选框，可以在调整颜色的同时保持原图像的亮度。

⑮ 选中"照片滤镜1"调整图层上的图层蒙版缩览图，利用黑色画笔工具在整体人物图像区域上进行适当涂抹，隐藏黄色调，显示白色，效果如图14-57所示。

⑯ 新建"可选颜色2"调整图层，展开调整面板，设置"颜色"为"黄色"，再依次设置各参数值为0、100、 10、64，如图14-58所示。

图14-55 调整面板

图14-56 图像色感偏黄

图14-57 隐藏图像

⑰ 设置"颜色"为"中性色"，再依次设置各参数值为 17、 6、 15、18，如图14-59所示。

⑱ 设置完毕后，调整图像色彩，选中"可选颜色2"调整图层上的图层蒙版缩览图，利用黑色画笔工具在整体皮肤和花束图像区域上进行适当涂抹，显示调整颜色之前的色彩，效果如图14-60所示。

图14-58 调整面板

图14-59 设置"中性色"

图14-60 涂抹图像

实 例 小 结

本例主要通过运用不同的调整图层来改变图像色彩，制作出不同特色的照片效果。

第15章　创意合成特效

本章内容

➤ 趣味创意——好学的猫　　➤ 夸张创意——蛋中惊奇　　➤ 景象创意——海底行驶

在生活、工作、科研和平面设计等领域创意都占据着非常重要的地位。从网络上我们可以看到种类繁多、精美绝伦、奇思妙想的平面创意特效，这些大部分都是通过强大的Photoshop来实现的。

Example 实例 109 趣味创意——好学的猫

案例文件	DVD\源文件\素材\第15章\小孩.jpg、猫咪.jpg
案例效果	DVD\源文件\效果\第15章\好学的猫.psd
视频教程	DVD\视频\第3章\实例109.swf
视频长度	12分钟51秒
制作难度	★★★★
技术点睛	椭圆选框工具、磁性套索工具、"变形"命令
思路分析	本实例通过利用椭圆选框工具、磁性套索工具等来制作趣味特效，让读者掌握制作趣味型创意的操作技巧和方法

最终效果如右图所示。

操 作 步 骤

01 执行"文件/打开"命令或按【Ctrl+O】组合键，打开随书附带光盘中的"源文件\素材\第15章\小孩、猫咪"素材，如图15-1所示。

02 确认猫咪素材图像为当前图像，选取 ◯（椭圆选框工具），在图像编辑窗口中单击鼠标左键并拖曳，创建一个椭圆选区，效果如图15-2所示。

03 选取 ▶+（移动工具），将鼠标指针移至图像编辑窗口中的选区内，单击鼠标左键并拖曳，将猫的头像移至人物图像中，效果如图15-3所示，此时，"图层"面板中将自动生成"图层1"图层。

图15-1 小孩和猫咪素材　　　　图15-2 创建椭圆选区　图15-3 移动素材至图像中

04 在"图层"面板中设置"图层1"图层的"不透明度"为50%，以便调整图像，按住【Ctrl】键的同时，移动人物图像至合适位置，效果如图15-4所示。

05 按【Ctrl+T】组合键，调出变换控制框，将鼠标指针移至控制变换框外侧，当鼠标指针呈双向弯曲箭头↗时，单击鼠标左键并拖曳，对猫的头像进行旋转，将鼠标指针移至变换控制框四周的控制点上，缩放猫的头像至合适大小，并移动至人物图像的合适位置，效果如图15-5所示。

06 按【Enter】键确认变换操作，按【D】键，恢复系统默认的前景色和背景色，单击"图层"面板底部的"添加图层蒙版"按钮 ◻，为"图层1"添加蒙版。选取 ✎（画笔工具），在工具属性栏中设置"大小"为80像素、"硬度"为30%，再在图像编辑窗口中的蓝色区域上进行涂抹，效果如图15-6所示。

⑦ 用与上同样的方法，使用 ✎（画笔工具）在图像编辑窗口中的其他位置进行涂抹，直到满意为止，效果如图15-7所示。

　　图15-4 设置图像的不透明度　　　图15-5 变换图像　　　图15-6 用画笔涂抹图像　　　图15-7 图像效果

> ❓ **专家指点**
>
> 　　用户运用画笔工具在图层蒙版中进行涂抹时，应注意前景色的设置，若设置为黑色时，则将图像隐藏；若设置为白色时，则相反；若不满意之前所涂抹的效果，可将前景色设置为白色，然后在图像中进行涂抹，可将图像还原。

⑧ 在"图层"面板中恢复"图层1"图层的"不透明度"为100%，效果如图15-8所示。

⑨ 复制"背景"图层，得到"背景 副本"图层，再隐藏"背景"图层。确认"背景 副本"图层为当前图层，选取 🖿（仿制图章工具），在工具属性栏中设置"不透明度"为100%、"大小"为50像素，在图像编辑窗口中按住【Alt】键的同时，在图像区域中单击鼠标左键进行取样，效果如图15-9所示。

⑩ 释放【Alt】键，在需要修复的图像区域上单击鼠标左键或拖曳鼠标，该图像区域将被修复，效果如图15-10所示。

⑪ 用上述同样的方法，对其余图像区域进行修复，效果如图15-11所示。

　　图15-8 设置不透明度　　　图15-9 取样图像　　　图15-10 修复图像1　　　图15-11 修复图像2

> ❓ **专家指点**
>
> 　　在仿制图章工具的工具属性栏中选中"对齐的"复选框，则进行规则复制，即定义要复制的图像后，几次拖曳鼠标，得到的是一个完整的原图图像；取消选中"对齐的"复选框，则进行不规则复制，即多次拖曳鼠标，每次从鼠标指针落点处开始复制定义的图像，拖曳鼠标复制与之对应位置的图像，最后得到的是多个原图像。

⑫ 切换至猫咪素材图像，选取 🖘（磁性套索工具），在图像编辑窗口中的合适位置单击鼠标左键确认起始点，效果如图15-12所示。

⑬ 沿着猫爪子边缘移动，鼠标指针将自动沿着边缘吸附于爪子上，当鼠标指针下方呈小圆圈显示时，单击鼠标左键，即可完成选区的创建，效果如图15-13所示。

? 专家指点

在利用磁性套索工具创建选区时，若工具属性栏上的"频率"数值越大，则吸附的锚点就越多，创建的选区也就越精确。

⑭ 执行"选择/修改/平滑"命令，弹出"平滑选区"对话框，设置"取样半径"为20，单击"确定"按钮，平滑选区；执行"选择/修改/羽化"命令，弹出"羽化选区"对话框，设置"羽化半径"为1，单击"确定"按钮，羽化选区，效果如图15-14所示。

⑮ 选取 ▶⁴ （移动工具），将鼠标指针移至图像编辑窗口中的选区内，单击鼠标左键并拖曳，将猫爪图像移至人物图像中，效果如图15-3所示，此时，"图层"面板中将自动生成"图层2"图层。

图15-12 创建起始点　　　图15-13 创建选区　　　图15-14 羽化选区　　　图15-15 移动图像

⑯ 选取 ✎ （橡皮擦工具），在工具属性栏中设置"大小"为25像素、"硬度"为30%，将鼠标指针移至猫爪图像附近，轻轻擦除图像，效果如图15-16所示。

⑰ 按【Ctrl+T】组合键，调出变换控制框，调整图像的大小、位置和角度，效果如图15-17所示。

⑱ 在变换控制框内单击鼠标右键，从弹出的快捷菜单中选择"变形"选项，调出网格变换控制框，效果如图15-18所示。

⑲ 将鼠标指针移至网格变换控制框内，单击鼠标左键并拖曳，即可对图像进行变形操作，效果如图15-19所示。

图15-16 擦除图像　　　图15-17 变换图像　　　图15-18 调出网格变换控制框　　　图15-19 变形图像

⑳ 用上述同样的方法，适当地调整各个网格点及控制柄，将猫爪图像调至满意的效果，如图15-20所示。

㉑ 按【Enter】键，即可确认变换操作，效果如图15-21所示。

㉒ 复制"图层2"图层，得到"图层2 副本"图像，按【Ctrl+T】组合键，调出变换控制框，单击鼠标右键，从弹出的快捷菜单中选择"水平翻转"命令，水平翻转图像，再调整图像的位置，效果如图15-22所示。

㉓ 参照步骤（18）～（21）的操作方法，对图像进行变换操作，将图像调至满意效果后，按【Enter】键确认，效果如图15-23所示。

图15-20 调整各网格点　　　　图15-21 变换图像　　　　图15-22 水平翻转图像

㉔ 确认"背景 副本"图层为当前图层，选取 ▲（仿制图章工具），在工具属性栏中设置"不透明度"为100%、"大小"为50像素、"硬度"为10%，在图像编辑窗口的衣服图像上按住【Alt】键的同时，单击鼠标左键进行图像取样，再对猫右爪上方的手部图像进行修复，效果如图15-24所示。

㉕ 按住【Ctrl】键的同时，单击"图层2副本"图层前的缩览图，调出猫咪右爪图像的选区，新建"亮度/对比度"调整图层，展开调整面板，设置"亮度"为–23、"对比度"为5，降低图像亮度，本实例制作完毕，效果如图15-25所示。

图15-23 变换图像　　　　图15-24 修复图像　　　　图15-25 图像最终效果

实 例 小 结

本例主要利用椭圆选框工具、仿制图章工具、磁性套索工具和"变形"命令来制作趣味十足的创意特效。

Example 实例 110 夸张创意——蛋中惊奇

案例文件	DVD\源文件\素材\第15章\鸡蛋壳.jpg、大头人.jpg
案例效果	DVD\源文件\效果\第15章\蛋中惊奇.psd
视频教程	DVD\视频\第3章\实例110.swf
视频长度	3分钟45秒
制作难度	★★★★
技术点睛	"魔棒工具" 、"磁性套索工具" 、"缩放"命令等
思路分析	本实例主要是将一张有特色的人物图像与真实的东西相结合，制作出夸张的创意特效，让读者掌握制作夸张式创意特效的操作方法

最终效果如右图所示。

操 作 步 骤

① 执行"文件/新建"命令，弹出"新建"对话框，设置"名称"、"宽度"、"高度"、"分辨率"、"颜色模式"和"背景内容"，如图15-26所示。

② 打开随书附带光盘中的"源文件\素材\第15章\鸡蛋壳"素材，按【Ctrl+A】组合键全选图像，按【Ctrl+C】组合键，复制选区内的图像，效果如

图15-27所示。

图15-26 "新建"对话框　　　　　　　　　　图15-27 全选图像

　　03 切换至"蛋中惊奇"图像，按【Ctrl+V】组合键，粘贴选区内的鸡蛋图像，效果如图15-28所示。

　　04 执行"编辑/变换/缩放"命令，调出变换控制框，将鼠标指针移至变换控制框的右上角，按住【Shift+Alt】组合键的同时，单击鼠标左键并拖曳，等比例放大鸡蛋壳图像，并移至图像的合适位置，按【Enter】键确认变换操作，效果如图15-29所示。

　　05 打开随书附带光盘中的"源文件\素材\第15章\大头人"素材，如图15-30所示。

　　06 选取 ✎（魔棒工具），在工具属性栏中设置"容差"为10，在图像编辑窗口中的白色区域单击鼠标左键，选中白色区域，效果如图15-31所示。

图15-28 粘贴图像　　图15-29 放大图像　　图15-30 大头人素材　　图15-31 选择白色区域

　　07 执行"选择/反向"命令，对选区进行反向，效果如图15-32所示。

　　08 选取 ⊹（移动工具），将图像拖曳至"蛋中惊奇"图像编辑窗口中，"图层"面板中将自动生成"图层2"图层，效果如图15-33所示。

　　09 按【Ctrl+T】组合键，调出变换控制框，将鼠标指针移至变换控制框的右上角，单击鼠标左键并拖曳，缩小图像，并将其移至图像的合适位置，按【Enter】键，确认变换操作，效果如图15-34所示。

⑩ 为"图层2"图层添加图层蒙版，单击"图层2"图层前的"指示图层可见性"图标，隐藏"图层2"图层；选取 （磁性套索工具），在鸡蛋图像上创建合适的选区，效果如图15-35所示。

图15-32 反选选区　　　　　　图15-33 移动图像　　　　　　图15-34 缩小图像

⑪ 再次单击"图层2"图层前的"指示图层可见性"图标，显示"图层2"图层，即可显示大头人图像，效果如图15-36所示。

⑫ 选中"图层2"图层上的图层蒙版缩览图，设置前景色为黑色，按【Alt+Delete】组合键，填充前景色，即可将选区内的图像屏蔽，按【Ctrl+D】组合键取消选区，本实例制作完毕，效果如图15-37所示。

图15-35 创建选区　　　　　　图15-36 显示图像　　　　　　图15-37 图像最终效果

实 例 小 结

本例主要介绍利用各种快捷键与命令制作出独具特色的夸张式创意特效的操作。

Example 实例 111 景象创意——海底行驶

案例文件	DVD\源文件\素材\第15章\海底.jpg等
案例效果	DVD\源文件\效果\第15章\海底行驶.psd
视频教程	DVD\视频\第3章\实例111.swf
视频长度	8分钟47秒
制作难度	★★
技术点睛	图层蒙版、"水平翻转图像"命令等
思路分析	本实例通过调整图像色彩、大小、位置和应用图层蒙版等操作来制作景象创意，让读者掌握制作景象合成的操作方法和技巧

最终效果如下图所示。

操 作 步 骤

01 打开随书附带光盘中的"源文件\素材\第15章\海底"素材，如图15-38所示。

02 打开随书附带光盘中的"源文件\素材\第15章\深海"素材，如图15-39所示。

03 确认"深海"为当前图像编辑窗口，选取 ▶₊（移动工具），在图像编辑窗口中单击鼠标左键并拖曳，将深海图像移至"海底"图像编辑窗口中，此时，"图层"面板中将自动生成"图层1"图层，效果如图15-40所示。

图15-38 海底素材　　　　　　　图15-39 深海素材　　　　　　　图15-40 移动图像

04 按【Ctrl+T】组合键，调出变换控制框，将鼠标指针移至变换控制框的左上角，按住【Shift+Alt】组合键的同时，单击鼠标左键并拖曳，等比例缩小深海图像，并移至图像的合适位置，效果如图15-41所示。

05 为"图层1"图层添加图层蒙版，按【D】键恢复系统默认色，选取 ✐（画笔工具），在工具属性栏上设置"大小"为100像素、"硬度"为50%、"不透明度"为100%，再在图像编辑窗口中的深海位置单击鼠标左键并拖曳，涂抹图像，效果如图15-42所示。

06 用上述同样的方法，使用画笔工具在图像编辑窗口中的其他深海位置处单击鼠标左键并拖曳，涂抹图像，效果如图15-43所示。

图15-41 缩小图像　　　　　　　图15-42 涂抹图像1　　　　　　　图15-43 涂抹图像2

07 设置前景色为白色，在工具属性栏上设置"不透明度"为20%，使用 ✐（画笔工具）在水草上进行涂沫，显示部分图像，使图像过渡更加自然些，效果如图15-44所示。

08 执行"文件/打开"命令，打开随书附带光盘中的"源文件\素材\第15章\老火车"素材，效果如图15-45所示。

⑨ 执行"图像/图像旋转/水平翻转画布"命令，水平翻转图像，效果如图15-46所示。

图15-44 涂抹图像3　　　　　　图15-45 老火车素材　　　　　　图15-46 水平翻转图像

⑩ 新建"亮度/对比度1"调整图层，展开调整面板，设置"亮度"为20、"对比度"为0，提高图像亮度，效果如图15-47所示。

⑪ 新建"色彩平衡1"调整图层，展开调整面板，选中"中间调"单选按钮和"保留明度"复选框，设置各参数值分别为34、54、-17，改变图像颜色，效果如图15-48所示。

⑫ 按【Ctrl++Shift+Alt+T】组合键，盖印图层，得到"图层1"图层，使用 ▸ᐩ（移动工具），将图像移至"海底"图像编辑窗口中，此时，"图层"面板中将自动生成"图层2"图层，对图像的位置和大小进行适当地调整，效果如图15-49所示。

图15-47 提高亮度　　　　　　图15-48 调整图像色彩　　　　　　图15-49 移动图像

⑬ 执行"图层/排列/后移一层"命令，将该图层调至"背景"图层的上方，效果如图15-50所示。

⑭ 设置"图层2"图层的混合模式为"强光"、"不透明度"为90%，效果如图15-51所示。

⑮ 为"图层2"图层添加蒙版，按【D】键恢复系统默认色。选取 ✐（画笔工具），在工具属性栏上设置"大小"为100像素、"硬度"为30%、"不透明度"为100%，再在图像编辑窗口中的合适位置单击鼠标左键并拖曳，涂抹图像，效果如图15-52所示。

图15-50 调整图层　　　　　　图15-51 设置图层混合模式　　　　　　图15-52 涂抹图像

⑯ 在工具属性栏上设置"不透明度"为30%，再在图像编辑窗口中的合适位置涂抹图像，将整个图像与背景修饰得更加融合，效果如图15-53所示。

❓ 专家指点

使用画笔工具与图层蒙版修饰图像时，主要是通过黑、白、灰来控制图像的显示程度，因此，在实际操作时，应当适当地根据需要切换前景色和背景色，并利用"不透明度"调整画笔应用。

⑰ 在"图层"面板底部单击"创建新的填充或调整图层"按钮 ◙，从弹出的快捷菜单中选择"亮度/对比度"选项，弹出"亮度/对比度"调整面板，在其中设置"亮度"为8，"对比度"为20，提高图像的亮度/对比度，效果如图15-54所示。

⑱ 选择 ✐（画笔工具），在"图层1"图层和"图层2"图层的图层蒙版中，对火车冒出的烟雾等区域进行适当地修饰，本实例制作完毕，效果如图15-55所示。

图15-53 修饰图像　　　　　图15-54 提高图像的亮度/对比度　　　　　图15-55 图像最终效果

实 例 小 结

本例主要运用图层蒙版的屏蔽功能将3幅素材图像有机地融合在一起，制作出海底行驶的创意特效。

平面设计篇

第16章 企业标识设计

本章内容

➤ 文化类标识——绿色视觉 ➤ 科技类标识——百通科技 ➤ 地产类标识——星尚地产

每一个企业都有属于自己独一无二的标志，那就是企业标识。企业标识是一种特殊的语言，是一种人类社会活动中不可缺少的符号，它具有特殊的传播功能。本章将主要介绍通过运用各种工具来制作独特的企业标识。

Example 实例 112 文化类标识——绿色视觉

案例效果	DVD\源文件\效果\第16章\绿色视觉.psd
视频教程	DVD\视频\第16章\实例112.swf
视频长度	11分钟49秒
制作难度	★★★★
技术点睛	"椭圆工具" 、"转换点工具" 、"钢笔工具" 等
思路分析	本实例通过利用椭圆工具、渐变工具、钢笔工具等常用工具来制作企业标识

最终效果如右图所示。

操 作 步 骤

① 执行"文件/新建"命令，弹出"新建"对话框，在其中设置"名称"、"宽度"、"高度"、"分辨率"、"颜色模式"、"背景内容"等参数，如图16-1所示。

② 选取 （椭圆工具），在工具属性栏上单击"路径"按钮 ，再在图像编辑窗口的正上方绘制一个合适大小的椭圆形路径，效果如图16-2所示。

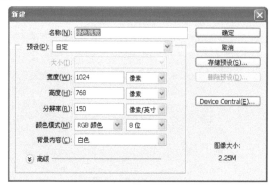

图16-1 "新建"对话框

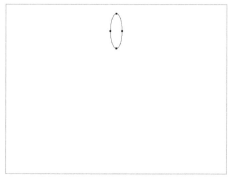

图16-2 绘制椭圆路径

③ 选取 （转换点工具），将鼠标指针移至椭圆路径的上方锚点，此时鼠标指针呈 形状，效果如图16-3所示。

④ 单击鼠标左键，即可将平滑锚点转换为尖突锚点，效果如图16-4所示。

❓ 专家指点

　　"转换点工具"主要用于转换路径锚点的属性。若锚点为尖突锚点，运用转换点工具在锚点上单击鼠标左键并拖曳，即可将该锚点转换为平滑锚点；若锚点为平滑锚点，在该锚点上单击鼠标左键，即可将平滑锚点转换为尖突锚点。

⑤ 参数步骤（3）～（4）的操作方法，将椭圆路径正下方的平滑锚点转换为尖突锚点，效果如图 16-5 所示。

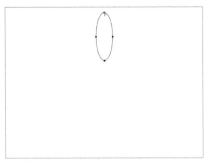

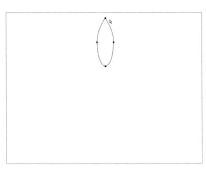

图16-3 鼠标指针的形状　　　　　　　　　　图16-4 转换锚点1

⑥ 按【Ctrl+Enter】组合键，将路径转换为选区，新建"图层1"图层，使用 ▣（渐变工具）为选区填充RGB参数值分别为245、255、199，209、242、27，0、145、28的三色线性渐变，再按【Ctrl+D】组合键，取消选区，效果如图16-6所示。

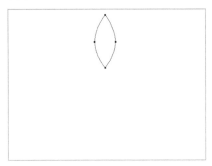

图16-5 转换锚点2　　　　　　　　　　　　图16-6 填充渐变色

⑦ 复制"图层1"图层，得到"图层1 副本"图层，选取 ◔（加深工具），在工具属性栏上设置"硬度"为0%、"范围"为"中间调"、"曝光度"为50%，再在图像上部分边缘进行涂抹，加深图像颜色，效果如图16-7所示。

⑧ 选取 ◔（减淡工具），在工具属性栏上设置"大小"为20%、"硬度"为0%、"范围"为"中间调"、"曝光度"为50%，再在图像右下角进行涂抹，提高图像亮度，效果如图16-8所示。

⑨ 参照步骤（7）～（8）的操作方法，使用 ◔（加深工具）和 ◔（减淡工具）对图像进行适当地修饰，效果如图16-9所示。

⑩ 双击"图层1 副本"图层，弹出"图层样式"对话框，各选项参数设置如图16-10所示。

⑪ 选中"外发光"复选框，设置"发光颜色"的RGB参数值为255、255、190，各选项设置如图16-11所示。

⑫ 选中"光泽"复选框，设置"效果颜色"的RGB参数值为253、255、239，各选项参数设置如图16-12所示。

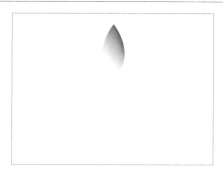

图16-7 加深图像颜色　　　　　　　　　　图16-8 提高图像亮度

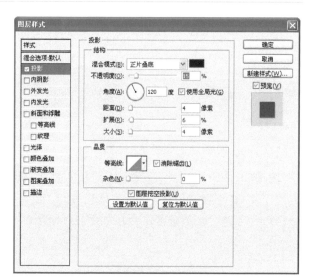

图16-9 修饰图像　　　　　　　　　　图16-10 "图层样式"对话框

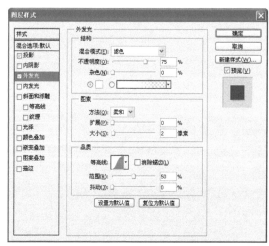

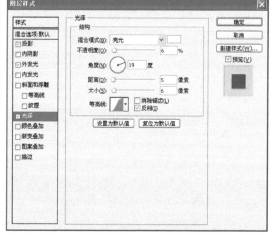

图16-11 设置"外发光"参数　　　　　　图16-12 设置"光泽"参数

⑬ 设置完毕后单击"确定"按钮，即可为图像添加相应的图层样式，效果如图16-13所示。

⑭ 使用 ▨（钢笔工具）在图像上的合适位置绘制一个闭合路径，效果如图16-14所示。

⑮ 按【Ctrl+Enter】组合键，将路径转换为选区，按【Shift+F6】组合键，弹出"羽化选区"对话框，设置"羽化半径"为5，单击"确定"按钮，羽化选区，效果如图16-15所示。

⑯ 新建"图层2"图层，为选区填充白色前景色，再按【Ctrl+D】组合键，取消选区，效果如图16-16所示。

图16-13 添加图层样式

图16-14 绘制路径

图16-15 羽化选区

图16-16 填充白色

❓ **专家指点**

使用钢笔工具绘制完路径后，若对图像的形状不太满意，可以使用 ↖ （直接选择工具）对路径进行细微地调整。

⑰ 设置"图层2"图层的混合模式为"叠加"、"不透明度"为100%，改变图像效果，如图16-17所示。

⑱ 复制"图层1副本"和"图层2"图层，将复制的图层进行合并，重命名为"花瓣1"，效果如图16-18所示。

图16-17 设置图层混合模式

图16-18 合并图层

⑲ 复制"花瓣1"图层，得到"花瓣1 副本"图层，按【Ctrl+T】组合键，调出变换控制框，并调整中心控制点的位置，效果如图16-19所示。

⑳ 在工具属性栏上设置"旋转"为45，此时，图像随之进行相应角度的旋转，效果如图16-20所示。

㉑ 按【Enter】键，即可确认图像的旋转，效果如图16-21所示。

㉒ 按【Ctrl+Shift+Alt+T】组合键6次，即可复制并旋转图像6次，制作出花瓣图像，效果如图16-22所示。

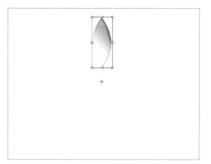

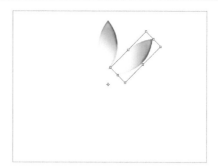

图16-19 调整中心控制点　　　　　　　　图16-20 旋转图像1

图16-21 旋转图像2　　　　　　　　图16-22 复制并旋转图像

㉓ 使用 **T** （文字工具）在图像编辑窗口中输入符号，设置"字体"为"方正粗活意简体"，并调至合适大小，再在"字符"面板中单击"仿斜体"按钮 **T** ，使字符倾斜，效果如图16-23所示。

㉔ 执行"图层/栅格化/文字"命令，将文字栅格化，使用 （钢笔工具）在字符的合适位置绘制闭合路径，效果如图16-24所示。

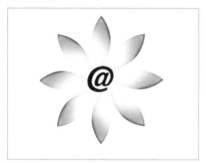

图16-23 输入字符　　　　　　　　图16-24 绘制路径

专家指点

输入@字符主要有两种方法，一种是按【Shift+2】组合键，另一种是通过软键盘的"特殊符号"选项插入该字符。

㉕ 按【Ctrl+Enter】组合键，将路径转换为选区，为选区填充黑色，再按【Ctrl+D】组合键，取消选区，效果如图16-25所示。

㉖ 锁定@图层的透明像素，使用 （渐变工具）为图像填充RGB参数值分别为245、255、199，209、242、27，136、201、0的径向渐变色，效果如图16-26所示。

㉗ 双击@图层，弹出"图层样式"对话框，选中"投影"复选框，各选项设置如图16-27所示。

㉘ 选中"外发光"复选框，设置发光颜色的RGB参数值为171、255、73，各参数设置如图16-28所示。

图16-25 填充黑色   图16-26 填充渐变色

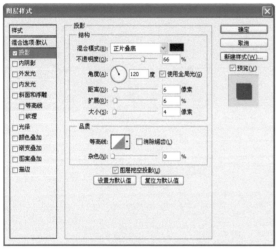

图16-27 设置"投影"参数   图16-28 设置"外发光"参数

㉙ 选中"光泽"复选框，设置效果颜色的RGB参数值为255、232、232，各参数设置如图16-29所示。

㉚ 选中"颜色叠加"复选框，设置叠加颜色的RGB参数值为30、22、22，各参数设置如图16-30所示。

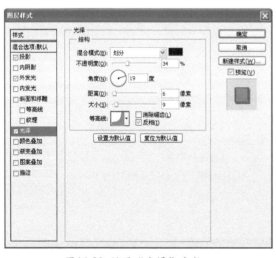

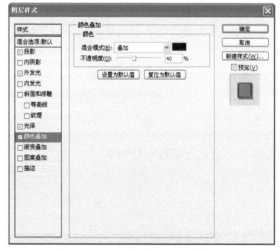

图16-29 设置"光泽"参数   图16-30 设置"颜色叠加"参数

㉛ 设置完毕后单击"确定"按钮，即可为字符添加图层样式，效果如图16-31所示。

㉜ 选取 T（横排文字工具），在图像编辑窗口的下方单击鼠标左键并拖曳，即可显示一个虚线框，效果如图16-32所示。

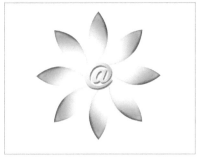

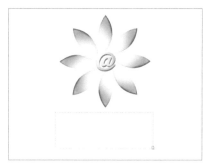

图16-31 应用图层样式   图16-32 出现虚线框

㉝ 至合适位置后释放鼠标左键，即可得到一个文本框，且有一个闪烁的光标，效果如图16-33所示。

㉞ 选择一种输入法，输入文字，效果如图16-34所示。

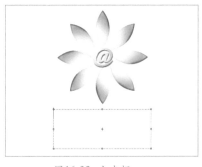

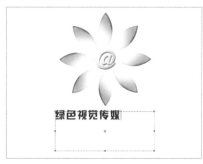

图16-33 文本框   图16-34 输入文字

? 专家指点

    文本框通常应用于输入文字较多的情况下，当一行中所输入的文字超过文本框的宽度时，将自动转换至下一行。

㉟ 按【Enter】键，文字光标切换至另一行，效果如图16-35所示。

㊱ 根据需要输入中文字的字母拼写，效果如图16-36所示。

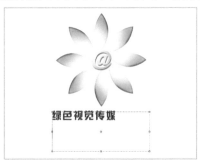

图16-35 换行   图16-36 输入字母

? 专家指点

    在文本框中输入文字后，可以根据需要对文本框的高度或宽度进行调整，以显示未显示的文字。

㊲ 使用 T.（横排文字工具）选择文本框中的字母拼写，效果如图16-37所示。

㊳ 展开"字符"面板，设置"字体"、"字体大小"、"字符间距"、"颜色"等参数，如

图16-38所示。

图16-37 选中文字　　　　　图16-38 "字符"面板

专家指点

"行间距"用于调节两行或多行之间的行或段落间距，而"字符间距"用于调整每个文字之间或当前所选择文字之间的字间距。

㊴ 设置完毕后，按【Ctrl+Enter】组合键确认，效果如图16-39所示。

㊵ 在"字符"面板中设置"行间距"为36点；展开"段落"面板，单击"居中对齐文本"按钮，再适当地调整文字的位置，本实例制作完毕，效果如图16-40所示。

图16-39 确认文字　　　　　图16-40 最终效果

专家指点

使用文字工具输入完文字后，单击工具属性栏上的"提交当前所有编辑"按钮，或按【Ctrl+Enter】组合键，或选择其他工具，即可确认文字的输入，若按【Esc】键则可以取消文字输入的操作。

实例小结

本例主要介绍了利用椭圆工具、渐变工具和"变换"命令等来制作文化类企业标识。

Example 实例 113 科技类标识——百通科技

案例效果	DVD\源文件\效果\第16章\百通网络.psd
视频教程	DVD\视频\第16章\实例113.swf
视频长度	13分钟
制作难度	★★★★
技术点睛	"添加杂色"滤镜、"渐变工具"、"文字工具"、"球面化"滤镜等
思路分析	本实例通过利用常用的椭圆选框工具、渐变工具、画笔工具等来制作科技类标识

最终效果如右图所示。

操 作 步 骤

01 新建一个名为"百通网络"、"宽度"为1000像素、"高度"为748像素、"分辨率"为150像素/英寸、"颜色模式"为RGB、"背景内容"为白色的空白文档；新建"图层1"图层，使用 ▣ （渐变工具）为图层填充白色、普蓝（RGB参数值为18、52、123）的径向渐变色，效果如图16-41所示。

02 执行"滤镜/杂色/添加杂色"命令，设置"数量"为12，选中"平均分布"单选按钮和"单色"复选框，单击"确定"按钮，为图像添加杂色，效果如图16-42所示。

图16-41 填充渐变色

图16-42 添加杂色

图16-43 创建圆形选区

03 选取 ○ （椭圆选框工具），按住【Shift+Alt】组合键的同时，在图像编辑窗口中创建一个圆形选区，效果如图16-43所示。

04 新建"图层2"图层，使用 ▣ （渐变工具）为图层填充RGB参数值分别为255、255、255，165、226、255，28、141、255；1、29、118的径向渐变色，再按【Ctrl+D】组合键取消选区，效果如图16-44所示。

? 专家指点

除了使用椭圆选框工具直接创建选区外，用户也可以配合快捷键来创建选区。
按住【Alt】键的同时单击鼠标左键并拖曳，即可创建一个以鼠标单击点为中心的椭圆选区。
若先单击鼠标左键，再按住【Ctrl】键的同时单击鼠标左键并拖曳，即可创建一个以鼠标单击点为起点的椭圆选区。

05 复制"图层2"图层，得到"图层2 副本"图层，按【Ctrl+T】组合键，调出变换控制框，按住【Shift+Alt】组合键的同时，等比例从中心点缩小图像，效果如图16-45所示。

06 调整好图像后按【Enter】键确定，再设置"图层2 副本"图层的混合模式为"滤色"、"不透明度"为45%，效果如图16-46所示。

图16-44 填充渐变色

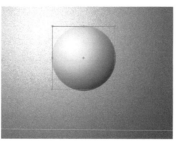
图16-45 缩小图像

图16-46 设置图层混合模式

第16章 企业标识设计

07 选择 ✐（画笔工具），展开"画笔"面板，选择"画笔笔尖形状"选项，各选项设置如图16-47所示。

08 选中"形状动态"复选框，设置"大小抖动"为75%，而其他参数均设置为0%，此时，面板下方的预览框中即可显示调整后的画笔状态，效果如图16-48所示。

09 选中"散布"复选框，设置"散布"为1 000%、"数量"为1、"数量抖动"为0%，此时，在面板下方的预览框中可观察调整后的画笔状态，效果如图16-49所示。

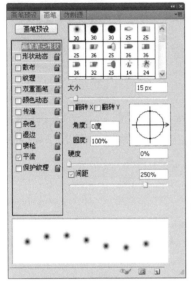

图16-47 "画笔"面板

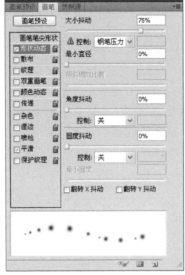

图16-48 设置"形状动态"参数

图16-49 设置"散布"参数

10 新建"图层3"图层，设置前景色为白色，在蓝色球体上绘制散布的星点，效果如图16-50所示。

11 设置"图层3"图层的混合模式为"正片叠底"、"不透明度"为80%，效果如图16-51所示。

12 使用 T（横排文字工具）在图像编辑窗口中输入英文字母，并对文字属性进行适当地调整，效果如图16-52所示。

图16-50 绘制星点

图16-51 设置图层混合模式

图16-52 输入字母

13 按【Ctrl+T】组合键，调出变换控制框，在工具属性栏上设置"旋转"为35，按【Enter】键两次，确认旋转，效果如图16-53所示。

14 将文字图层栅格化，执行"滤镜/扭曲/球面化"命令，弹出"球面化"对话框，设置"数量"为100、"模式"为"正常"，单击"确定"按钮，将图像球面化，效果如图16-54所示。

> ❓ 专家指点
>
> "球面化"滤镜是对当前所选图像进行球面化的处理，使其呈现出球体状态。

⑮ 设置e图层的混合模式为"柔光"、"不透明度"为80%，效果如图16-55所示。

⑯ 使用 ○（椭圆选框工具）在图像编辑窗口中绘制一个椭圆选区，新建"图层4"图层，为选区填充白色，效果如图16-56所示。

图16-53 旋转图像　　　　　　图16-54 图像的球面化效果　　　　　　图16-55 设置图层混合模式

⑰ 将鼠标指针移至选区内，当鼠标指标呈 形状时，调整选区的位置；执行"选择/变换选区"命令，调出变换控制框，根据需要对选区的高度和宽度进行适当地调整，再按【Enter】键确认，效果如图16-57所示。

⑱ 按【Delete】键删除图像，再按【Ctrl+D】组合键取消选区，效果如图16-58所示。

图16-56 填充白色　　　　　　图16-57 调整选区　　　　　　图16-58 删除图像

⑲ 按【Ctrl+T】组合键，调出变换控制框，根据需要对图像的大小、位置、角度进行适当地调整，再按【Enter】键确认，效果如图16-59所示。

⑳ 复制"图层4"图层，得到"图层4 副本"图层，根据需要适当地调整图像，效果如图16-60所示。

㉑ 用与上同样的方法，复制"图层4"图层，得到"图层4副本2"图层，并根据需要适当地调整图像，效果如图16-61所示。

图16-59 调整图像1　　　　　　图16-60 调整图像2　　　　　　图16-61 复制并调整图像

㉒ 双击"图层4"图层，弹出"图层样式"对话框，选中"斜面和浮雕"复选框，设置高亮颜色的RGB参数值为161、227、255，设置阴影颜色的RGB参数值为21、42、135，其他参数设置如图16-62所示。

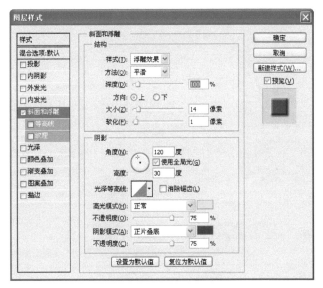

图16-62 "图层样式"对话框

在这个环节中绘制白色图像时，也可以直接运用钢笔工具制作图像，但绘制路径时一定要注意路径的流畅性。

㉓ 设置完毕后单击"确定"按钮，即可为图像添加"斜面和浮雕"图层样式，效果如图16-63所示。

㉔ 执行"图层/图层样式/拷贝图层样式"命令，选中"图层4 副本"图层，再执行"图层/图层样式/粘贴图层样式"命令，即可为另一个图像应用与"图层4"图层相同的图层样式，效果如图16-64所示。

㉕ 用与上同样的方法，为"图层4 副本2"图层应用相同的图层样式，效果如图16-65所示。

图16-63 应用图层样式

图16-64 复制并粘贴图层样式

图16-65 应用图层样式

㉖ 使用 T (横排文字工具) 在图像编辑窗口中输入文字，再按【Ctrl+Enter】组合键确认，效果如图16-66所示。

㉗ 展开"字符"面板，设置文字的"字体"、"字体大小"、"字符间距"，如图16-67所示。

㉘ 设置完毕后文字的属性随之改变，效果如图16-68所示。

㉙ 双击文字图层，弹出"图层样式"对话框，选中"投影"复选框，设置阴影颜色的RGB参数值为0、43、108，其他参数设置如图16-69所示。

㉚ 单击"确定"按钮，即可为文字添加投影图层样式，效果如图16-70所示。

㉛ 使用 T (横排文字工具) 在图像编辑窗口中输入英文字母，按【Ctrl+Enter】组合键确认，

效果如图16-71所示。

图16-66 输入文字

图16-67 "字符"面板

图16-68 改变文字属性

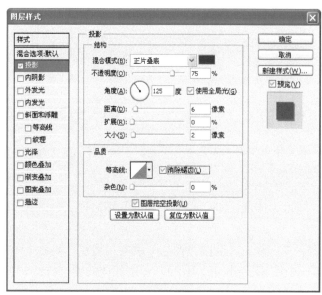

图16-69 "图层样式"对话框

图16-70 添加投影图层样式

③2 展开"字符"面板，设置文字的"字体"、"字体大小"、"字符间距"，单击"仿粗体"按钮 **T**，如图16-72所示。

图16-71 输入文字

图16-72 "字符"面板

图16-73 改变文字属性

③3 设置完文字属性后的效果如图16-73所示。

③4 将"百通网络"文字图层上的图层样式复制并粘贴于字母文字图层上，效果如图16-74所示。

专家指点

将鼠标指针移至添加了图层样式的"指示图层效果"图标 *fx* 上，按住【Alt】键的同时，单击鼠标并拖曳至另一个图层上，释放鼠标即可复制并粘贴该图层样式。

㉟ 双击文字图层上的"投影"图层样式名称，弹出"图层样式"对话框，参照图16-75所示改变"投影"图层样式的部分参数。

㊱ 单击"确定"按钮，改变投影图层样式效果；选中两个文字图层，执行"图层/对齐/水平居中"命令，使两组文字水平居中，效果如图16-76所示。

图16-74 应用图层样式

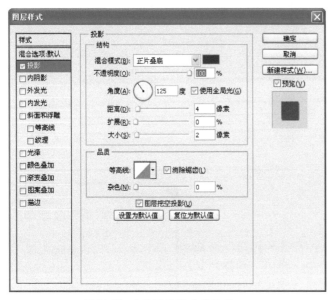

图16-75 改变图层样式的设置

图16-76 最终效果

实例小结

本例主要介绍利用填充功能、渐变工具、"添加杂色"滤镜制作背景，利用椭圆选框工具、文字工具、画笔工具等来制作标识主体。

第17章 宣传卡片设计

本章内容

➤ 名片——绿色视觉　　　➤ 贵宾卡——花季时代　　　➤ 贺岁卡——美典通信

由于商业宣传等需要，各类卡片广泛应用于商务活动中，在推销各类产品的同时还有展示企业文化、宣传企业信息的作用。本章主要介绍运用Photoshop中的各种常用工具和功能命令制作不同类型的宣传卡片。

Example 实例 114 名片——绿色视觉

案例文件	DVD\源文件\素材\第17章\花藤.psd等
案例效果	DVD\源文件\效果\第17章\绿色视觉.psd
视频教程	DVD\视频\第17章\实例115.swf
视频长度	8分钟14秒
制作难度	★★★★
技术点睛	"圆角矩形工具" ▣、"转换点工具" ⊾、"文字工具" T 等
思路分析	本实例通过圆角矩形工具、转换点工具、"置入"命令等制作名片效果，让读者掌握制作名片的操作技巧和方法

最终效果如右图所示。

操 作 步 骤

⓵ 按【D】键，恢复系统默认色，按【X】键，交换前景色和背景色，按【Ctrl + O】组合键，弹出"新建"对话框，在其中设置"名称"、"宽度"、"高度"、"分辨率"、"颜色模式"、"背景内容"等参数，如图17-1所示。

⓶ 选取 ▣（圆角矩形工具），在工具属性栏上单击"形状图层"按钮 ▢，单击"几何选项"按钮，在弹出的"圆角矩形选项"面板中选中"固定大小"单选按钮，再设置W为9厘米，H为5.5厘米，设置"半径"为80px，如图17-2所示。

图17-1 "新建"对话框　　　　　图17-2 "圆角矩形选项"面板

⓷ 将鼠标指针移至图像编辑窗口中的合适位置，单击鼠标左键，即可绘制一个圆角矩形形状，效果如图17-3所示。

⓸ 选取 ⊾（转换点工具），将鼠标指针移至圆角矩形右上角的锚点上，如图17-4所示。

⑤ 单击鼠标左键，即可将平滑锚点转换为尖突锚点，效果如图17-5所示。

⑥ 参照步骤（4）～（5）的操作方法，将圆角矩形右上角的另一个平滑锚点转换为尖突锚点，效果如图17-6所示。

  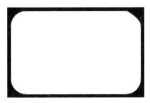

图17-3 绘制圆角矩形　　　　　图17-4 鼠标指针　　　　　图17-5 转换锚点

⑦ 按住【Ctrl】键的同时，鼠标指针呈 ▹ 形状，单击右上角的一个锚点并调整其位置，使白色图像的右上角呈一个直角形状，效果如图17-7所示。

⑧ 参数步骤4～7的操作方法，将圆角矩形左下角的平滑锚点转换为尖突锚点，并调整为直角形状，效果如图17-8所示。

  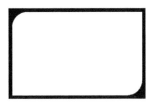

图17-6 转换为尖突锚点　　　　　图17-7 呈直角形状　　　　　图17-8 调整直角形状

⑨ 执行"文件/置入"命令，弹出"置入"对话框，选择需要置入的文件，如图17-9所示。

⑩ 单击"置入"按钮，即可将所选择的文件置于"绿色视觉"图像编辑窗口中，效果如图17-10所示。

图17-9 "置入"对话框　　　　　　　　　　图17-10 置入图像

? 专家指点

　　"置入"命令主要用于将矢量图像文件转换为位图图像文件，但运用该命令也可以置入EPS、AI、PDP和PDF等格式的图像文件。在Photoshop CS5中置入一个图像文件后，系统将自动创建一个新的图层，且为智能对象。

---

⑪ 将鼠标指针移至图像编辑窗口中，单击鼠标右键，在弹出的快捷菜单中选择"垂直翻转"命令，如图17-11所示。

⑫ 再根据需要对图像的角度、大小和位置进行适当的调整，效果如图17-12所示。

⑬ 单击鼠标右键，在弹出的快捷菜单中选择"置入"命令，即可置入并确认该图像的变换，效果如图17-13所示。

⑭ 展开"图层"面板，选中"花藤"图层，单击鼠标右键，在弹出的快捷菜单中选择"栅格化图层"选项，即可将矢量图层转换为普通图层，再锁定该图层的透明像素，如图17-14所示。

图17-11 垂直翻转图像　　　　图17-12 调整图像　　　　图17-13 置入图像

⑮ 使用 （渐变工具）为图像填充RGB参数值分别为266、240、23，245、255、198，221、249、60，121、172、0的线性渐变色，效果如图17-15所示。

⑯ 执行"图层/创建剪贴蒙版"命令，为图像创建剪贴蒙版，效果如图17-16所示。

图17-14 栅格化图层　　　　图17-15 羽化选区　　　　图17-16 填充白色

? 专家指点

　　创建剪贴蒙版还有以下3种方法：一是单击"图层"|"创建剪贴蒙版"命令；二是按【Ctrl＋Alt＋G】组合键；三是按住【Alt】键的同时，将鼠标指针移至两个图层之间，当鼠标指针呈两个交叉圆圈图标 时，单击鼠标左键即可。

⑰ 按【Ctrl＋Shift＋Alt＋O】组合键，弹出"打开为"对话框，选择需要打开的文件，如图17-17所示。

⑱ 单击"打开"按钮，打开图像文件，将标识拖曳至"绿色视觉"图像编辑窗口中，并适当地调整图像的大小和位置，效果如图17-18所示。

图17-17 "打开为"对话框　　　　图17-18 调整图像大小

　　⑲ 选取 T（横排文字工具），展开"字符"面板，在其中设置各文字属性，如图17-19所示。

　　⑳ 在图像编辑窗口中的合适位置单击鼠标左键确认输入点，输入文字，再按【Ctrl + Enter】组合键确认输入，效果如图17-20所示。

　　㉑ 选取 T（横排文字工具），展开"字符"面板，在其中设置各文字属性，效果如图17-21所示。

　　㉒ 在图像编辑窗口中输入文字，按【Ctrl + Enter】组合键确认输入，效果如图17-22所示。

图17-19 "字符"面板　　图17-20 输入文字　　图17-21 "字符"面板　　图17-22 输入文字

　　㉓ 参照之前的操作方法，使用 T（横排文字工具）在图像编辑窗口中输入其他文字，并适当地调整文字的"字体"、"字体大小"等属性，效果如图17-23所示。

　　㉔ 使用 T（横排文字工具）在图像编辑窗口中选中一行文字，效果如图17-24所示。

图17-23 输入文字　　　　　　　　图17-24 选择文字

　　㉕ 展开"字符"面板，对文字的"字体"、"字体大小"、"行间距"等属性进行设置，效果如图17-25所示。

　　㉖ 设置完毕后，按【Ctrl + Enter】组合键确认，文字效果改变，如图17-26所示。

图17-25 "字符"面板　　　　　　　图17-26 改变文字属性

㉗ 使用 T（横排文字工具）在图像编辑窗口中选中多行文字，如图17-27所示。

㉘ 展开"字符"面板，设置"行间距"为12点，按【Ctrl + Enter】组合键确认，再对各文字的位置进行适当的调整，本实例制作完毕，效果如图17-28所示。

图17-27 选中多行文字　　　　　　　　　　　图17-28 最终效果

实例小结

本例主要介绍了通过利用圆角矩形工具、转换点工具、文字工具和"置入"命令制作宣传名片的操作。

Example 实例 115 贵宾卡——花季时代

案例文件	DVD\源文件\素材\第17章\少女.psd、纹理.psd等
案例效果	DVD\源文件\效果\第17章\花季时代.psd
视频教程	DVD\视频\第17章\实例116.swf
视频长度	13分钟48秒
制作难度	★★★★
技术点睛	"圆角矩形工具" 、"渐变工具" 、"文字工具" T 等
思路分析	本实例通过利用圆角矩形工具、渐变工具、文字工具和图层样式等来制作贵宾卡，让读者掌握制作贵宾卡效果的操作技巧和方法

最终效果如右图所示。

操作步骤

① 按【Ctrl + O】组合键，弹出"新建"对话框，设置"名称"、"宽度"、"高度"、"分辨率"、"颜色模式"、"背景内容"等参数，如图17-29所示，单击"确定"按钮，新建文档。

② 选取 （圆角矩形工具），在工具属性栏上单击"路径"按钮 ，单击"几何选项"按钮，在弹出的"圆角矩形选项"面板中选中"固定大小"单选按钮，再设置W为9厘米，H为6厘米，再设置"半径"为30px，效果如图17-30所示。

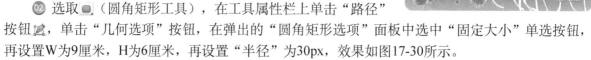

？ 专家指点

　　运用圆角矩形工具绘制圆角矩形路径时，若选中的是"不受约束"单选按钮，可以结合以下几种技巧：按住【Shift】键可以直接绘制出正方形；按住【Alt】键可实现从中心开始向四周扩展绘图的效果；按住【Alt + Shift】组合键可实现从中心绘制出正方形的效果。

③ 将鼠标指针移至图像编辑窗口中的合适位置，单击鼠标左键，即可绘制一个指定大小的圆

角矩形形状，效果如图17-31所示。

图17-29 "新建"对话框　　图17-30 "圆角矩形选项"面板　图17-31 绘制圆角路径路径

④ 展开"路径"面板，选中"工作路径"路径，单击面板底部的"将路径作为选区载入"按钮 ，将路径转换为选区，效果如图17-32所示。

? 专家指点

"路径"面板底部共有6个按钮，分别是"用前景色填充路径"按钮、"用画笔描边路径"按钮、"将路径作为选区载入"按钮、"从选区生成工作路径"按钮、"创建新路径"按钮和"删除当前路径"按钮。

⑤ 新建"图层1"，使用 （渐变工具）为图层填充RGB参数值分别为119、13、150，241、185、247的线性渐变色，再按【Ctrl + D】组合键取消选区，效果如图17-33所示。

⑥ 新建"自然饱和度1"调整图层，展开调整面板，设置"自然饱和度"为70，"饱和度"为0，提高图像饱和度，效果如图17-34所示。

图17-32 将路径转换为选区　　　图17-33 填充渐变色　　　　图17-34 提高图像饱和度

? 专家指点

运用渐变工具可以填充5种类型的渐变色，分别是线性渐变、径向渐变、角度渐变、对称渐变和菱形渐变，可以根据自身的喜好和设计进行不同类型的渐变填充。

⑦ 打开随书附带光盘中的"源文件\素材\第17章\纹理.psd"素材，将图像拖曳至"花季时代"图像编辑窗口中，适当地调整纹理图像的大小、角度和位置，效果如图17-35所示。

⑧ 设置该图像的混合模式为"颜色加深"，"不透明度"为45%，改变图像效果，如图17-36所示。

⑨ 打开随书附带光盘中的"源文件\素材\第17章\少女.psd"素材，将图像拖曳至"花季时代"图像编辑窗口，并调整纹理图像的大小和位置，效果如图17-37所示。

⑩ 打开随书附带光盘中的"源文件\素材\第17章\花朵.psd"素材，将各图像分别拖曳至"花季时代"图像编辑窗口中，并对各图像的位置进行适当的调整，效果如图17-38所示。

⑪ 设置3个花朵图像的"不透明度"均为60%，效果如图17-39所示。

⑫ 复制其中的一个花朵，并调整其角度、位置和大小，效果如图17-40所示。

图17-35 纹理图像

图17-36 设置混合模式

图17-37 少女素材

图17-38 花朵素材

图17-39 设置不透明度

图17-40 复制并调整图像1

⑬ 用与上面同样的方法，复制花朵图像，并调整图像的角度、大小和位置，再设置该花朵图像的"不透明度"为18%，效果如图17-41所示。

⑭ 复制最大的一个花朵图像，设置"不透明度"为100%，将其调整至少女头部，适当地调整其角度和大小，效果如图17-42所示。

⑮ 打开随书附带光盘中的"源文件\素材\第17章\彩条.psd"素材，将图像拖曳至"花季时代"图像编辑窗口，并调整各图像的大小和位置，效果如图17-43所示。

图17-41 复制并调整图像2

图17-42 设置不透明度

图17-43 彩条素材

⑯ 双击彩条所属的"图层6"，弹出"图层样式"对话框，选中"颜色叠加"复选框，设置"叠加颜色"为白色，再设置各参数，如图17-44所示。

⑰ 设置完毕后单击"确定"按钮，为彩条添加"颜色叠加"图层样式，效果如图17-45所示。

⑱ 将"图层6"上的图层样式复制粘贴至另一条彩条所属的"图层7"上，为其添加图层样式，效果如图17-46所示。

图17-44 填充白色

图17-45 调整选区

图17-46 删除图像

⑲ 打开随书附带光盘中的"源文件\素材\第17章\散点.psd"素材，将图像拖曳至"花季时代"图像编辑窗口，并调整各图像的大小和位置，效果如图17-47所示。

⑳ 选取 T (横排文字工具)，展开"字符"面板，在其中设置文字属性，如图17-48所示。

② 专家指点

在"字符"面板中设置"垂直缩放"或"水平缩放"选项，主要是对文字高度和宽度的调整。它与运用"缩放"命令调整文字高度和宽度是不同的，当运用"缩放"命令调整文字高度和宽度后，"字符"面板中的"垂直缩放"和"水平缩放"选项将不会做任何改变。

㉑ 选取 T (横排文字工具)，在图像编辑窗口中的合适位置输入VIP，效果如图17-49所示。

图17-47 调整图像　　　　图17-48 "字符"面板　　　　图17-49 输入文字

㉒ 双击文字图层，弹出"图层样式"对话框，选中"投影"复选框，设置"阴影颜色"的RGB参数值为73、1、98，再设置各参数，如图17-50所示。

㉓ 选中"外发光"复选框，设置"发光颜色"为白色，再设置各参数，如图17-51所示。

㉔ 选中"斜面和浮雕"复选框，设置"高亮颜色"为白色，设置"阴影颜色"的RGB参数值为110、0、72，再设置各参数，如图17-52所示。

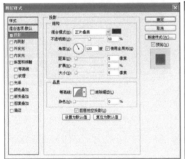

图17-50 "图层样式"对话框　　图17-51 选中"外发光"复选框　图17-52 选中"斜面和浮雕"复选框

㉕ 选中"光泽"复选框，设置"效果颜色"为白色，再设置各参数，如图17-53所示。

㉖ 选中"渐变叠加"复选框，设置颜色为深灰色（RGB参数值均为109）、白色、灰色（RGB参数值均为146）的渐变，再设置各参数，如图17-54所示。

㉗ 设置完毕后单击"确定"按钮，VIP文字应用图层样式，效果如图17-55所示。

㉘ 使用 T (横排文字工具)在图像编辑窗口中输入文字，并利用"字符"面板调整文字属性，效果如图17-56所示。

㉙ 双击文字图层，弹出"图层样式"对话框，选中"外发光"复选框，设置"发光颜色"为白色，再设置各参数，如图17-57所示。

㉚ 选中"斜面和浮雕"复选框，设置"高亮颜色"为白色，设置"阴影颜色"的RGB参数值为110、0、72，再设置各参数，如图17-58所示。

㉛ 设置完毕后单击"确定"按钮，为文字添加图层样式，效果如图17-59所示。

㉜ 使用 T (横排文字工具)在图像编辑窗口输入字母拼写，并利用"字符"面板调整文字属性，再按【Ctrl + Enter】组合键确认输入，效果如图17-60所示。

㉝ 将中文文字上的图层样式复制粘贴于字母拼写的文字图层上，效果如图17-61所示。

图17-53 选中"光泽"复选框

图17-54 选中"渐变叠加"复选框

图17-55 应用图层样式

图17-56 输入文字

图17-57 选中"外发光"复选框

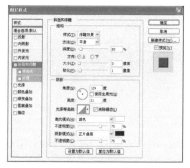

图17-58 选中"斜面和浮雕"复选框

图17-59 添加图层样式

图17-60 输入文字

图17-61 粘贴图层样式

㉞ 使用 **T** （横排文字工具）在图像编辑窗口的右下角输入文字，并利用"字符"面板调整文字属性，再按【Ctrl＋Enter】组合键确认输入，效果如图17-62所示。

㉟ 将字母拼写图层上的图层样式复制并粘贴于未添加图层样式的文字图层上，效果如图17-63所示。

㊱ 将"时尚少女卡"文字图层和NO：00008文字图层上"外发光"图层样式效果隐藏，取消"外发光"图层样式的应用，本实例制作完毕，效果如图17-64所示。

图17-62 输入文字

图17-63 添加图层样式

图17-64 最终效果

实例小结

本例主要介绍利用圆角矩形工具、渐变工具制作背景，再运用文字工具和各种图层样式制作文字效果，呈现出少女风格的贵宾卡设计。

第18章　卡通漫画插画设计

本章内容

➢ 给力QQ表情——火冒三丈　　➢ 可爱卡通少女——绿色天使　　➢ 时尚插画人物——时尚女郎

随着信息时代的高速发展，卡通漫画也进入了电脑创作时期，而卡漫设计在商业广告中的应用也是越来越广泛，因此，卡漫插画已经形成了一个新兴产业。本章主要介绍运用Photoshop中的各种常用工具和功能命令制作不同类型的卡漫人物。

Example 实例 116 给力QQ表情——火冒三丈

案例文件	DVD\源文件\素材\第18章\军刀.psd
案例效果	DVD\源文件\效果\第18章\火冒三丈.psd
视频教程	DVD\视频\第3章\实例118.swf
视频长度	13分钟22秒
制作难度	★★★★
技术点睛	"渐变工具" 🔲、"钢笔工具" 🖊、"自定形状工具" 🧩
思路分析	本实例利用椭圆选框工具、渐变工具、钢笔工具等来制作QQ表情效果，让读者掌握制作QQ表情的操作技巧和方法

最终效果如右图所示。

操 作 步 骤

01　新建一幅名为"QQ表情"的RGB模式图像，设置"宽度"和"高度"分别为12厘米和10厘米、"分辨率"为150像素/英寸、"背景内容"为"白色"，选取 ◯（椭圆选框工具），在图像编辑窗口中创建一个圆形选区，效果如图18-1所示。

02　新建"图层1"图层，使用 🔲（渐变工具）从上至下为选区填充RGB参数值分别为212、175、23，242、216、40，221、213、57的线性渐变色，效果如图18-2所示。

03　执行"编辑/描边"命令，在弹出的"描边"对话框中选中"内部"单选按钮，设置"宽度"值为4像素、"颜色"为"深黄色"（RGB的参数值为175、147、28），单击"确定"按钮，为图像描边，按【Ctrl＋D】组合键，取消选区，效果如图18-3所示。

图18-1 创建圆形选区

图18-2 填充渐变色

图18-3 描边图像

04　使用 ◯（椭圆选框工具）在图像编辑窗口中的合适位置创建一个圆形选区，效果如图18-4所示。

⑤ 新建"图层2"图层，设置前景色和背景色均为白色，再使用 ■ （渐变工具）从上至下为选区填充前景色到透明的线性渐变色，按【Ctrl + D】组合键，取消选区，效果如图18-5所示。

⑥ 使用 ✏ （钢笔工具）在图像编辑窗口中绘制一条合适的闭合路径，效果如图18-6所示。

图18-4　创建圆形选区　　　　　　图18-5　填充渐变色　　　　　　图18-6　绘制闭合路径

⑦ 按【Ctrl + Enter】组合键，将路径转换为选区，新建"图层3"图层，再使用 ■ （渐变工具）为选区填充白色、灰色（RGB参数值均为183）的线性渐变色，按【Ctrl + D】组合键，取消选区，效果如图18-7所示。

⑧ 执行"编辑/描边"命令，在弹出的"描边"对话框中选中"居中"单选按钮，设置"宽度"值为2像素、"颜色"为"深黄色"（RGB的参数值分别为175、147、28），单击"确定"按钮，为图像添加描边，效果如图18-8所示。

⑨ 双击"图层3"图层，在弹出的快捷菜单中选择"投影"复选框，设置阴影颜色的RGB参数值为179、145、61，其他参数设置如图18-9所示。

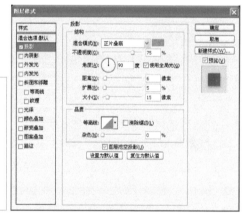

图18-7　填充渐变色　　　　　　图18-8　描边图像　　　　　　图18-9　"图层样式"对话框

⑩ 设置完毕后单击"确定"按钮后，为图像添加投影图层样式，效果如图18-10所示。

⑪ 使用 ○ （椭圆选框工具）在图像编辑窗口中的合适位置创建一个圆形选区，新建"图层4"图层，为选区填充黑色，按【Ctrl + D】组合键，取消选区，效果如图18-11所示。

⑫ 双击"图层4"图层，在弹出的快捷菜单中选择"斜面和浮雕"复选框，单击"复位为默认值"按钮，设置"大小"为16，其他参数保持不变，单击"确定"按钮，为图像添加斜面和浮雕图层样式，效果如图18-12所示。

⑬ 选中"图层3"和"图层4"图层，按【Ctrl + G】组合键，将图层编组，得到"组1"组，复制该组，将复制图像进行水平翻转并调整其位置，效果如图18-13所示。

⑭ 使用 ○ （椭圆选框工具）创建一个椭圆形选区，新建"图层5"图层，为选区填充黑色，按【Ctrl + D】组合键，取消选区，如图18-14所示。

图18-10 添加图层样式　　　　　　图18-11 填充黑色　　　　　　图18-12 添加图层样式

⑮ 打开随书附带光盘中的"源文件\素材\第18章\军刀"素材，将图像拖曳至"火冒三丈"图像编辑窗口中的合适位置，效果如图18-15所示。

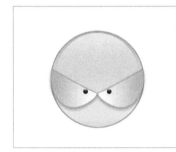  

图18-13 复制并调整图像　　　　　图18-14 绘制图像　　　　　　图18-15 拖入军刀素材

⑯ 设置前景色为红色（RGB参数值为217、0、19），新建"图层7"图层，使用"大小"为1px的 ✐（铅笔工具）在QQ表情眼睛处绘制图像，效果如图18-17所示。

⑰ 用与上同样的操作方法，在图像编辑窗口中绘制其他的图像，效果如图18-17所示。

⑱ 使用 ✐（钢笔工具）在图像编辑窗口中绘制一条合适的闭合路径，效果如图18-18所示。

图18-16 绘制图像　　　　　　　图18-17 图像效果　　　　　　图18-18 绘制路径

⑲ 按【Ctrl + Enter】组合键，将路径转换为选区，新建"图层8"图层，使用 ▦（渐变工具）为选区填充RGB参数值分别为239、212、47，232、67、18的线性渐变色，按【Ctrl + D】组合键，取消选区，效果如图18-19所示。

⑳ 执行"编辑/描边"命令，在弹出的"描边"对话框中选中"居中"单选按钮，设置"宽度"值为2像素、"颜色"为"深黄色"（RGB的参数值分别为175、147、28），单击"确定"按钮，为图像添加描边，效果如图18-20所示。

㉑ 复制"图层8"图层，得到"图层8副本"图层，将图像进行水平翻转，并调整图像的大小和位置，再将"图层8副本"图层调至"图层1"图层的下方，效果如图18-21所示。

㉒ 使用 ✐（钢笔工具）在图像编辑窗口中绘制一条合适的闭合路径，效果如图18-22所示。

图18-19 填充渐变色

图18-20 描边图像

图18-21 复制并调整图像

㉓ 按【Ctrl + Enter】组合键，将路径转换为选区，新建"图层9"图层，使用 ■（渐变工具）为选区填充RGB参数值分别为233、108、69，223、223、223，203、204、204的线性渐变色，按【Ctrl + D】组合键，取消选区，效果如图18-23所示。

㉔ 参照步骤（20）的操作方法，为图像添加相同的描边效果，如图18-24所示。

图18-22 绘制路径

图18-23 填充渐变色

图18-24 添加描边

㉕ 选取 ▲（自定形状工具），在工具属性栏上单击"填充像素"按钮 □，单击"形状"右侧的下拉按钮，在弹出的拾色器中选择图18-25所示的形状样式。

㉖ 设置前景色为红色（RGB参数值为202、0、0），新建"图层10"图层，再在图像窗口中绘制水滴形状，效果如图18-26所示。

㉗ 选取 ▲（减淡工具），在工具属性栏上设置"大小"为15px、"硬度"为0、"范围"为"中间调"、"曝光度"为50%，取消选中"保护色调"复选框，再在水滴图像上进行涂抹，减淡图像色彩，效果如图18-27所示。

图18-25 选择形状样式

图18-26 绘制形状

㉘ 复制"图层1"图层，将复制的图像等比例缩小，并调整图像的位置，本实例制作完毕，效果如图18-28所示。

实 例 小 结

本例主要介绍了通过利用椭圆选框工具、渐变工具、钢笔工具和添加图层样式等方法和技巧来制作QQ表情。

图18-27 减淡图像　　　　　　　图18-28 图像最终效果

Example 实例 117　可爱卡通少女——绿色天使

案例文件	DVD\源文件\素材\第18章\绿荫.jpg
案例效果	DVD\源文件\效果\第18章\绿色天使.psd
视频教程	DVD\视频\第3章\实例119.swf
视频长度	7分钟57秒
制作难度	★★★★
技术点睛	"钢笔工具" ✐ 、"加深工具" ◔ 、"文字工具" T 等
思路分析	本实例通过利用钢笔工具、画笔工具、"描边"命令等来制作可爱卡通少女,让读者掌握制作卡通少女的操作方法和技巧

最终效果如右图所示。

操作步骤

01 新建一幅名为"绿色天使"的RGB模式图像,设置"宽度"和"高度"分别为870像素和593像素、"分辨率"为150像素/英寸、"背景内容"为"白色",使用 ✐ (钢笔工具)在图像编辑窗口中绘制一条合适的闭合路径,效果如图18-29所示。

02 按【Ctrl + Enter】组合键,将路径转换为选区,新建图层并重命名为"脸部",为选区填充RGB参数值为255、229、203的前景色,效果如图18-30所示。

图18-29 绘制闭合路径　　　　　　　图18-30 填充颜色

03 执行"编辑/描边"命令,在弹出的"描边"对话框中,选中"内部"单选按钮,设置"宽度"值为6像素、"颜色"为黑色,单击"确定"按钮,为图像添加描边,按【Ctrl + D】组合键,取消选区，效果如图18-31所示。

④ 使用 ✐ （钢笔工具）在脸部图像上的合适位置绘制一条合适的闭合路径，效果如图18-32所示。

图18-31 描边图像　　　　　　　　　　　　图18-32 绘制闭合路径

⑤ 按【Ctrl + Enter】组合键，将路径转换为选区，新建图层并重命名为"眼睛"，为选区填充黑色，再按【Ctrl + D】组合键，取消选区，效果如图18-33所示。

⑥ 使用 ⭕ （椭圆选框工具）在眼睛处绘制一个椭圆形选区，设置前景色为白色，按【Alt + Delete】组合键，为选区填充白色，再按【Ctrl + D】组合键，取消选区，效果如图18-34所示。

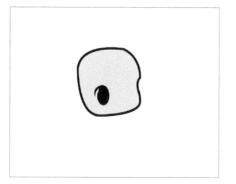
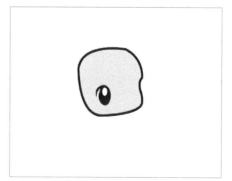

图18-33 填充颜色　　　　　　　　　　　　图18-34 填充前景色

⑦ 复制眼睛图像，并对复制所得图像的位置进行适当地调整，效果如图18-35所示。

⑧ 使用 ✐ （钢笔工具）绘制一条开放的曲线路径，效果如图18-36所示。

图18-35 复制并调整图像　　　　　　　　　图18-36 绘制曲线路径

⑨ 新建图层，设置前景色为黑色，选取 ✐ （画笔工具），在工具属性栏上设置"大小"为4px、"硬度"为100%，描边路径，在"路径"面板的灰色区域单击鼠标左键，隐藏路径，效果如

图18-37所示。

⑩ 参照步骤（1）～（9）的操作方法，绘制出少女的头发、耳朵、身体等图像，效果如图18-38所示。

图18-37 描边路径　　　　　　　　　　　　　图18-38 图像效果

⑪ 选取 （加深工具），在工具属性栏上设置"大小"为30px、"硬度"为0%、"范围"为"中间调"、"曝光度"为50%，选中"保护色调"复选框，选中"图层1"图层，在人物脸部进行涂抹，加深图像颜色，效果如图18-39所示。

⑫ 用与上同样的方法，使用 （加深工具）对人物脸部、耳朵、身体和脚等图像进行加深处理（操作过程中可以按键盘上的【［】键和【］】键，调整画笔的大小），效果如图18-40所示。

图18-39 加深图像　　　　　　　　　　　　　图18-40 图像效果

⑬ 选取 （自定形状工具），在工具属性栏上单击"填充像素"按钮 ，单击"形状"右侧的下拉按钮，在弹出的拾色器中选择图18-41所示的形状样式。

⑭ 新建图层并重命名为"装饰"，设置前景色的RGB参数值为227、0、123，将鼠标指针移至白色背心上，单击鼠标左键并拖曳，绘制模糊点1形状，效果如图18-42所示。

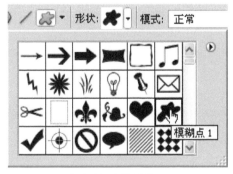

图18-41 选择形状　　　　　　　　　　　　　图18-42 绘制图像

⑮ 打开随书附带光盘中的"源文件\素材\第18章\绿荫"素材，将图像拖曳至"绿色天使"图像

编辑窗口中的合适位置，执行"图层/排列/置为底层"命令，将该图像调至最底层，效果如图18-43所示。

⑯ 将组成人物图像的所有图层进行编组，再使用 ▶️ （移动工具）对图像的位置进行适当地调整，效果如图18-44所示。

图18-43 拖入绿荫素材　　　　　　　　　图18-44 移动图像

⑰ 使用 T （横排文字工具）输入文字，并调整好各文字的属性，效果如图18-45所示。

⑱ 选择绿荫图像，新建"自然饱和度1"调整图层，展开调整面板，设置"自然饱和度"为77、"饱和度"为6，提高图像的饱和度，本实例制作完毕，效果如图18-46所示。

图18-45 输入文字　　　　　　　　　图18-46 图像最终效果

实 例 小 结

本例主要介绍利用钢笔工具、"描边"命令、画笔工具等制作少女图像，再利用加深工具和自定形状工具来修饰图像。

第19章　报纸杂志设计

本章内容

➢ 数码报纸广告——康尼数码　　　　➢ 化妆品杂志广告——欧斯莱

➢ 房产报纸广告——阳光·西苑

　　报纸广告属于平面广告范畴，因其实效性强、易于携带、阅读方便、应用面广泛等优势，成为广告宣传的重要媒介。在设计报纸杂志广告时，应体现通俗化、大众化的原则。本章通过3个实例来讲解海报招贴的制作技巧和设计方法。

Example 实例 118 数码报纸广告——康尼数码

案例文件	DVD\源文件\素材\第19章\相机1.psd、相机2.psd、风华隽永.psd等
案例效果	DVD\源文件\效果\第19章\康尼数码.psd
视频教程	视频\第19章\实例121.swf
视频长度	8分钟27秒
制作难度	★★★★
技术点睛	"亮度/对比度"调整图层、变换操作、应用图层样式等
思路分析	本实例通过添加产品素材，变换图像、添加文字和应用图层样式等技巧制作康尼数码效果，让读者掌握制作数码报纸广告的方法和技巧

最终效果如下图所示。

操 作 步 骤

① 打开随书附带光盘中的"源文件\素材\第19章\背景.psd"素材，效果如图19-1所示。

② 新建"亮度/对比度1"调整图层，展开调整面板，取消选中"使用旧版"复选框，设置"亮度"为42，"对比度"为0，提高图像亮度/对比度，效果如图19-2所示。

图19-1 背景素材　　　　　　　　　　图19-2 提高图像亮度

③ 打开随书附带光盘中的"源文件\素材\第19章\相机1.psd"素材，使用 ▶ （移动工具）将各素

材图像拖曳至"康尼数码"图像编辑窗口中的合适位置，效果如图19-3所示。此时，"图层"面板中将自动生成"图层1"。

04 复制"图层1"，得到"图层1副本"，按【Ctrl＋T】组合键，调出变换控制框，单击鼠标右键，在弹出的快捷菜单中选择"垂直翻转"选项，垂直翻转图像，按【Enter】键确认，效果如图19-4所示。

图19-3 相机素材

图19-4 复制并翻转图像

05 使用 ▢（矩形选框工具）在复制的相机图像上创建一个大小合适的矩形选区，效果如图19-5所示。

06 按【Ctrl＋T】组合键，调出变换控制框，单击鼠标右键，在弹出的快捷菜单中选择"斜切"选项，将鼠标指针移至控制框的正左侧，单击鼠标左键并向上拖曳，倾斜图像，效果如图19-6所示。

图19-5 设置混合模式

图19-6 倾斜图像

? 专家指点

执行"编辑/自由变换"命令时：

➢ 按住【Ctrl】键并拖动某一控制点，可以进行自由变形调整。

➢ 按住【Alt】键并拖动某一控制点，可以进行对称变形调整。

➢ 按住【Shift】键并拖动某一控制点，可以进行等比例缩放。

➢ 按【Ctrl＋Shift＋T】组合键，可再次执行上次的变换。

➢ 按【Alt＋Shift】组合键，将以控制框的中心点为中心进行等比例缩放。

➢ 按【Ctrl＋Alt＋T】组合键，先复制原图层（在当前的选区），再在复制的图层上进行变换操作。

➢ 按【Ctrl＋Shift＋Alt＋T】组合键，复制原图像后再执行变换操作。

07 将鼠标指针移至控制框内，单击鼠标左键并拖曳，将选区内的图像移至合适位置，效果如图19-7所示。

⑧ 调整好图像的倾斜度和位置后，按【Enter】键确认，即可在选区内变换图像，按【Ctrl＋D】组合键取消选区，效果如图19-8所示。

图19-7 移动图像　　　　　　　　　　　图19-8 变换图像

⑨ 参照步骤（6）～（8）的操作方法，运用 □（矩形选框工具）创建矩形选区，再对运用"斜切"命令，对相机的另一侧图像进行倾斜操作，将图像调整至合适位置后，按【Enter】键确认，效果如图19-9所示。

⑩ 单击"图层"面板底部的"添加图层蒙版"按钮 ，为"图层1副本"添加蒙版；选取 （渐变工具），为图像填充黑白色渐变色，制作出倒影效果，如图19-10所示。

图19-9 圆环图像　　　　　　　　　　　图19-10 设置不透明度

⑪ 打开随书附带光盘中的"源文件\素材\第19章\相机2.psd"素材，使用 （移动工具）将各素材图像拖曳至"康尼数码"图像编辑窗口中的合适位置，效果如图19-11所示。此时，"图层"面板中将自动生成"图层2"。

⑫ 复制"图层2"，得到"图层2副本"，按【Ctrl＋T】组合键，调出变换控制框，单击鼠标右键，在弹出的快捷菜单中选择"垂直翻转"选项，垂直翻转图像，将鼠标指针移至控制框内，单击鼠标左键向下拖曳，将图像移至合适位置，效果如图19-12所示。

图19-11 相机2素材　　　　　　　　　　图19-12 垂直翻转图像

⑬ 在控制框内单击鼠标右键，在弹出的快捷菜单中选择"斜切"选项，根据需要适当地倾斜

图像，按【Enter】键确认，如图19-13所示。

⑭ 参照步骤（10）的操作方法，制作相机的倒影效果，如图19-14所示。

图19-13 倾斜图像　　　　　　　　　　　图19-14 制作倒影效果

⑮ 打开随书附带光盘中的"源文件\素材\第19章\风华隽永.psd"素材，将各素材图像分别拖曳至"康尼数码"图像编辑窗口中的合适位置，效果如图19-15所示。

⑯ 选取 T（横排文字工具），在图像编辑窗口中确认输入点，在工具属性栏设置"字体"为"方正粗黑繁体"，"字号"为27点，再输入文字Konni，按【Ctrl＋Enter】组合键确认，效果如图19-16所示。

图19-15 各素材图像　　　　　　　　　　图19-16 输入文字

⑰ 使用 T（横排文字工具）选中文字，展开"字符"面板，各选项设置如图19-17所示。

⑱ 设置完毕后按【Ctrl＋Enter】组合键确认，改变文字属性，效果如图19-18所示。

图19-17 "字符"面板　　　　　　　　　　图19-18 改变文字属性

⑲ 双击文字图层，在弹出的对话框中选择"描边"复选框，设置"大小"为1，"颜色"为白色，其他参数保持不变，单击"确定"按钮，应用图层样式，效果如图19-19所示。

⑳ 使用 T（横排文字工具）在图像编辑窗口中输入需要的文字，并调整好文字的属性和位置，效果如图19-20所示。

㉑ 复制Konni文字图层上的图层样式，将其分别粘贴于其他文字图层上，使各文字应用图层样式，效果如图19-21所示。

㉒ 参照步骤（16）～（21）的操作方法，使用 T（横排文字工具）输入文字，并添加相应的图层样式效果，本实例制作完毕，效果如图19-22所示。

图19-19 应用图层样式　　　　　　　　图19-20 输入文字

图19-21 应用图层样式　　　　　　　　图19-22 输入文字

实 例 小 结

本例主要介绍添加相机素材图像，并对素材进行变换操作的方法，再通过文字工具制作文字效果，完成康尼数码报纸广告的制作。

Example 实例 119 房产报纸广告——阳光·西苑

案例文件	DVD\源文件\素材\第19章\绿洲.jpg、规划图.psd、花纹.psd
案例效果	DVD\源文件\效果\第19章\阳光·西苑.psd
视频教程	DVD\视频\第19章\实例122.swf
视频长度	8分钟55秒
制作难度	★★★★
技术点睛	"矩形选框工具" ⬚、图层样式、"文字工具" T等
思路分析	本实例通过添加各种与房产相关的素材，再利用图层样式等技巧，制作房产报纸广告，让读者掌握制作房产报纸广告的方法和技巧

最终效果如下图所示。

操 作 步 骤

⓪1 新建一幅名为"阳光•西苑"的RGB模式图像，设置"宽度"和"高度"分别为800像素和670像素，"分辨率"为150像素/英寸，"背景内容"为"白色"的空白文档。设置前景色为深红色（RGB参考值分别为95、39、39），按【Alt＋Delete】组合键，为"背景"图层填充前景色，效果如图19-23所示。

⓪2 选取 ▣（矩形选框工具），移动鼠标指针至图像编辑窗口，在图像编辑窗口左上角位置处，单击鼠标左键向右下角拖曳，创建矩形选区，效果如图19-24所示。

图19-23 填充前景色　　　　　　　　图19-24 创建矩形选区

⓪3 新建"图层1"，设置前景色为黄色（RGB参考值分别为244、216、115），执行"编辑/填充"命令，弹出"填充"对话框，保持默认设置，单击"确定"按钮，填充前景色，按【Ctrl＋D】组合键取消选区，效果如图19-25所示。

⓪4 执行"图层/图层样式/外发光"命令，弹出的"图层样式"对话框，各选项设置如图19-26所示。

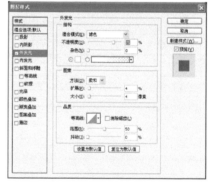

图19-25 填充颜色　　　　　　　　图19-26 "图层样式"对话框

⓪5 设置完毕后单击"确定"按钮，即可为图像添加外发光图层样式，效果如图19-27所示。

⓪6 参照步骤（2）～（5）的操作方法，新建"图层2"，绘制另一个黄色矩形图像，并添加外发光图层样式，效果如图19-28所示。

⓪7 打开随书附带光盘中的"源文件\素材\第19章\花纹.psd"素材，使用 ▶ （移动工具）将素材图像拖曳至"阳光•西苑"图像编辑窗口中的合适位置，效果如图19-29所示。此时，"图层"面板中将自动生成"图层3"。

⓪8 在"图层"面板中单击"设置图层的混合模式"选项右侧的下拉按钮，在弹出的下拉列表中选择"颜色减淡"选项，更改"图层3"的混合模式，花纹图像效果随之改变，如图19-30所示。

⓪9 打开随书附带光盘中的"源文件\素材\第19章\绿洲.jpg"素材，使用 ▶ （移动工具）将素材图像拖曳至"阳光•西苑"图像编辑窗口中的合适位置，效果如图19-31所示。此时，"图层"面板中将自动生成"图层4"。

图19-27 添加图层样式　　　　　　　图19-28 矩形图像

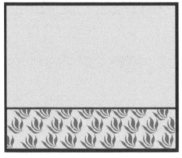

图19-29 花纹素材　　　　　　　图19-30 设置混合模式

⑩ 按住【Ctrl】键的同时，单击"图层1"前的缩览图，调出大矩形图像的选区，单击"图层"面板底部的"添加矢量蒙版"按钮，为"图层4"添加图层蒙版，选区外的图像即可被屏蔽，效果如图19-32所示。

图19-31 绿洲素材　　　　　　　图19-32 屏蔽图像

? 专家指点

　　对图像的大小进行缩放时，可以在工具属性栏上通过调整 "设置水平缩放"和"设置垂直缩放"的百分比来准确缩放图像的大小。

⑪ 按【Ctrl＋T】组合键调出变换控制框，在控制框内单击鼠标右键，在弹出的快捷菜单中选择"缩放"选项，按住【Alt＋Shift】组合键的同时，等比例缩小图像，调整好图像大小后，按【Enter】键确认变换，效果如图19-33所示。

⑫ 打开随书附带光盘中的"源文件\素材\第19章\规划图.psd"素材，使用 ▶ （移动工具）将素材图像拖曳至"阳光•西苑"图像编辑窗口中的合适位置，如图19-34所示。此时，"图层"面板中将自动生成"图层5"。

⑬ 双击"图层5"，弹出"图层样式"对话框，选中"投影"复选框，各选项设置如图19-35所示。

⑭ 选中"描边"复选框，设置"颜色"为红色（RGB参数值为255、0、0），再设置各选项，如图19-36所示。

图19-33 缩小图像　　　　　　　　图19-34 规划图

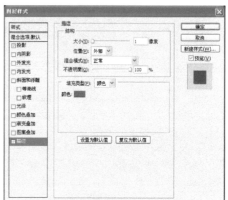

图19-35 选中"投影"复选框　　　　图19-36 选中"描边"复选框

⑮ 设置完毕后单击"确定"按钮，即可为图像添加图层样式，效果如图19-37所示。

⑯ 选取 ，在工具属性栏上单击"填充像素"按钮 □，再单击"形状"右侧的下拉按钮，在弹出的拾色器中选择需要的形状样式，如图19-38所示。

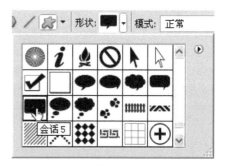

图19-37 添加图层样式　　　　　　图19-38 选择形状样式

? 专家指点

如果读者自己有形状库并想利用形状库的形状时，选取自定形状工具后，在工具属性栏上单击"形状"右侧的下拉按钮，在弹出的"自定形状"拾色器右上角单击小三角按钮，在弹出的列表框中选择"载入形状"选项，将弹出"载入"对话框，选中需要载入的形状文件，单击"载入"按钮，即可将其载入至拾色器中，并利用这些形状样式。

⑰ 新建"图层6"，设置前景色为朱红色（RGB参考值分别为255、81、81），在图像编辑窗口中的合适位置单击鼠标左键并拖曳，绘制一个大小合适的会话框形状，效果如图19-39所示。

⑱ 选取 ▣（矩形工具），保持工具属性栏上的各属性和前景色不变，再在图像编辑窗口中的合适位置绘制一个矩形，效果如图19-40所示。

图19-39 绘制形状　　　　　　　　　　图19-40 绘制矩形

⑲ 新建"图层7"，设置前景色为咖啡色（RGB参数值为87、32、32），使用 ▣（矩形工具）在规划图左侧绘制一个矩形图像，效果如图19-41所示。

⑳ 选取 T（横排文字工具），将鼠标指针移至图像编辑窗口的左下方，单击鼠标左键并向右下方拖曳，即可显示一个虚线框，效果如图19-42所示。

图19-41 绘制矩形　　　　　　　　　　图19-42 显示虚线框

㉑ 至合适位置后释放鼠标，即可绘制出一个文本框，效果如图19-43所示。

㉒ 在工具属性栏上设置"字体"为黑体，"字体大小"为6.4点，选择一种输入法，在文本框中输入需要的段落文本，再按【Ctrl＋Enter】组合键确认输入，效果如图19-44所示。

㉓ 选取 T（横排文字工具），在图像编辑窗口中的合适位置确认输入点，在工具属性栏上设置"字体"为"黑体"，"字体大小"为16点的"文本颜色"为咖啡色（RGB参数值为87、32、32），选择一种输入法，输入文字，再按【Ctrl＋Enter】组合键确认输入，效果如图19-45所示。

图19-43 绘制文本框　　　　　　　　　图19-44 输入文字

㉔ 用与上面同样的方法，使用 T（横排文字工具）在图像编辑窗口中的合适位置输入需要的文本，并对各文字的属性和位置进行适当的调整，本实例制作完毕，效果如图19-46所示。

图19-45 输入文字1

图19-46 输入文字2

? 专家指点

在输入部分文字的同时，会有一些特殊的符号，此时，可以利用软键盘来输入这些特殊字符。

实 例 小 结

本例主要介绍通过添加主体、多个说明和装饰图像，并利用各种混合模式和图层样式进行修饰，再运用文字工具添加一些说明文字，制作了阳光·西苑的房产报纸广告。

第20章　户外宣传设计

本章内容

➤ 路杆广告——思慕西餐厅　　➤ 路牌广告——星城·世家

➤ 站牌广告——点亮光明

户外宣传设计是平面设计中不可或缺的一个重要部分，它是根据产品的内容进行广告宣传的总体设计工作，是一项极具有艺术性和商业性的设计。本章通过路杆广告、站牌广告和路牌广告来讲解户外广告宣传设计的操作方法和技巧。

Example 实例 120 路杆广告——思慕西餐厅

案例文件	DVD\源文件\素材\第20章\面包.jpg、蛋糕.jpg
案例效果	DVD\源文件\效果\第20章\思慕西餐厅.psd、思慕西餐厅2.psd
视频教程	DVD\视频\第20章\实例124.swf
视频长度	15分钟2秒
制作难度	★★★★
技术点睛	"直线工具" ╱、"渐变工具" ■、"文字工具" T 等
思路分析	本实例通过常用的渐变工具和文字工具等制作路杆广告效果，让读者掌握制作路杆广告的整个流程与操作技巧

最终效果如下图所示。

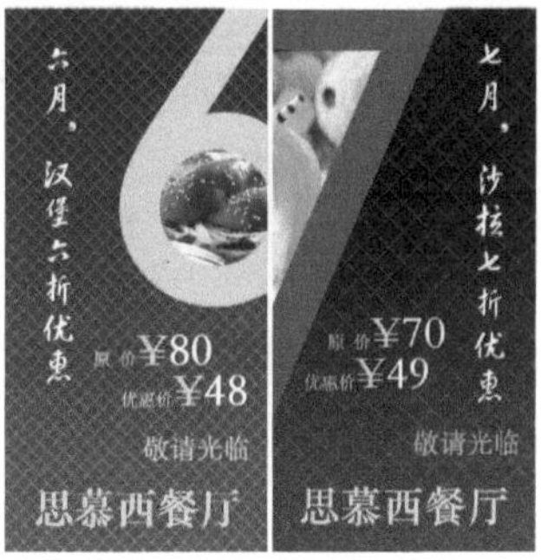

操作步骤

01 按【Ctrl＋N】组合键，弹出"新建"对话框，设置"名称"为"思慕西餐厅"、"宽度"为5厘米、"高度"为10厘米、"分辨率"为150像素/英寸、"背景内容"为"白色"、颜色模式为RGB，如图20-1所示。

02 单击"确定"按钮，新建空白文件，设置前景色为"深红色"（RGB参考值分别为175、0、25），按【Alt＋Delete】组合键，填充前景色，如图20-2所示。

03 设置前景色为"粉红色"（RGB参考值分别为255、145、161），按【Ctrl＋Shift＋N】组合键，新建"图层1"图层。选择工具箱中的 ╱（直线工具），在工具属性栏中单击"填充像素"按钮 □，设置"粗细"值为2像素，移动鼠标指针至图像编辑窗口，按住【Shift】键的同时，在图像编辑窗口的右上角按住鼠标左键并向左侧中间位置处拖曳，绘制一条斜线段，如图20-3所示。

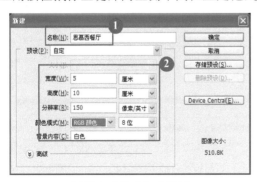

图20-1 "新建"对话框

图20-2 填充前景色

04 按【Ctrl+J】组合键，拷贝“图层1”图层，此时将自动生成一个“图层1副本”图层，如图20-4所示。

05 按【Ctrl+T】组合键，调出自由变换控制框，多次按键盘上的【↓】方向键，向下移动斜线到合适位置，效果如图20-5所示。

06 按【Enter】键，确认变换，并按【Ctrl+Shift+Alt+T】组合键，再次变换并复制斜线图像，效果如图20-6所示。

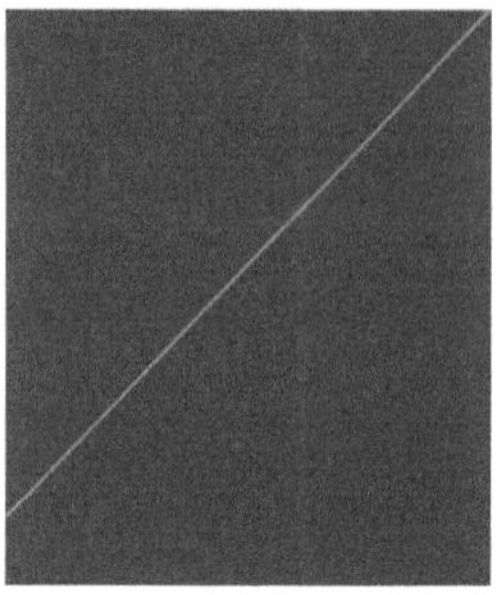

图20-3 绘制斜线段

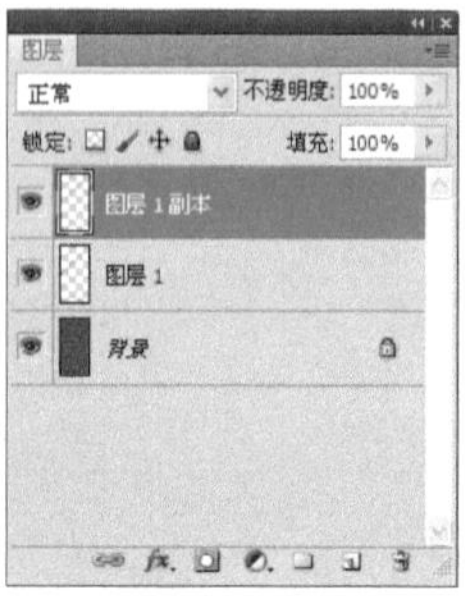

图20-4 拷贝图层

图20-5 移动斜线

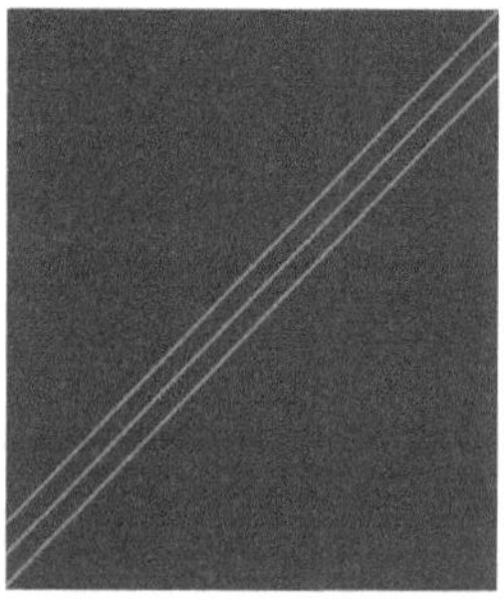

图20-6 再次变换并复制

07 多次按【Ctrl+Shift+Alt+T】组合键，变换并复制斜线图像，如图20-7所示。

08 用与上同样的方法，绘制出如图20-8所示的斜线图像。在“图层”面板中按住【Ctrl】键的同时，单击鼠标左键，依次选择所有复制的图层（即选择除“背景”图层以外的所有图层），按【Ctrl+E】组合键，合并选中的图层。

? 专家指点

注意在没有选择图层时，按【Ctrl+E】组合键，系统默认的是将当作工作图层向下合并。

09 在合并的图层处单击鼠标右键，从弹出的快捷菜单中选择“图层属性”选项，弹出“图层属性”对话框，设置“名称”为“斜线”，单击“确定”按钮，更改合并图层的名称，并设置“斜线”图层的“不透明度”为50%，效果如图20-9所示。

10 在“图层”面板中单击“斜线”图层并拖曳至面板底部的“创建新图层”按钮处，释放鼠标，得到“斜线 副本”图层。执行“编辑/变换/水平翻转”命令，将图像进行水平翻转，如图20-10所示。

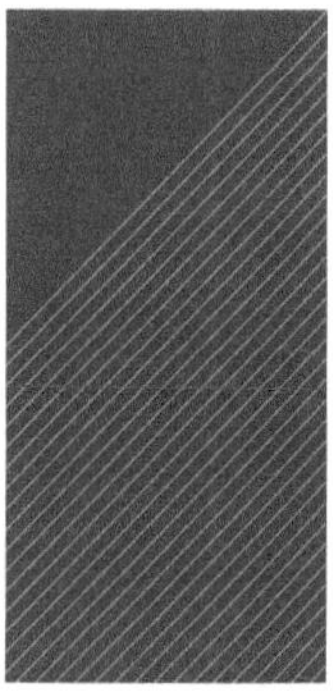

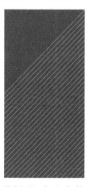

图20-7 多次变换

图20-8 复制出其他斜线图像

图20-9 设置不透明度

图20-10 水平翻转图像

11 选择工具箱中的▣（渐变工具），单击工具属性栏中的“线性渐变”按钮▣，然后单击“点按可编辑渐变”按钮▭，弹出“渐变编辑器”对话框，设置渐变矩形条下方两个色标的RGB参考值从左到右依次为“深灰色”（RGB参考值均为34）、“灰色”（RGB参考值均为171），如图20-11所示。

渐变工具栏中有5种渐变类型：线性渐变、径向渐变、角度渐变、对称渐变和菱形渐变，在工具属性栏中单击相应按钮即可进行相应渐变设置。

⑫ 单击"确定"按钮，按【Ctrl+Shift+N】组合键，创建"图层1"图层，在图像编辑窗口的顶部位置处单击鼠标左键并向底部拖曳，绘制一条直线，填充渐变色，效果如图20-12所示。

图20-11 "渐变编辑器"对话框　　　　　图20-12 填充渐变色

渐变工具栏中各种渐变类型的含义如下。

➢ 线性渐变：从起点到终点的线性渐变。

➢ 径向渐变：从起点到终点以圆形图案逐渐变化。

➢ 角度渐变：围绕起点以逆时针方向环绕逐渐变化。

➢ 对称渐变：在起点两侧对称线性渐变。

➢ 菱形渐变：从起点向外以菱形图案逐渐变化，终点定义菱形的一角。

⑬ 在"图层"面板中，单击"设置图层的混合模式"选项右侧的下拉按钮，在弹出的列表中选择"叠加"选项，更改"图层1"图层的混合模式，如图20-13所示。

⑭ 选择工具箱中的 T （横排文字工具），在工具属性栏中设置"字体"为"华文细黑"、"字号"为200、"颜色"为"黄色"（RGB参考值分别为242、208、49）。在图像编辑窗口中单击鼠标左键，输入数字6，按【Ctrl+Enter】组合键键，确认输入，如图20-14所示。

图20-13 更改图层混合模式　　　　　图20-14 输入文字

⑮ 移动鼠标指针至"图层"面板的6文字图层处，单击鼠标右键，在弹出的快捷菜单中选择

"栅格化文字"选项，将其转换成普通图层，如图20-15所示。

⑯ 打开随书附带光盘中的"源文件\素材\第20章\面包"素材，如图20-16所示。

⑰ 按【Ctrl＋A】组合键，全选图像，选择工具箱中的 （移动工具），单击鼠标左键并拖曳，将其拖曳至"思慕西餐厅"图像编辑窗口中，此时"图层"面板中将自动生成"图层2"图层，调整置入图像的大小与位置，如图20-17所示。

⑱ 按【Ctrl＋[】组合键，将"图层2"向下移动至6图层下方，效果如图20-18所示。

图20-15 转换为普通图层

图20-16 面包素材

图20-17 置入图像

图20-18 调整图层位置

❓ 专家指点

与移动图像相关的快捷键如下。

➤ 如果当前没有选择"移动工具" ，可以按住【Ctrl】键，当图像编辑窗口中的鼠标指针呈 形状时，即可移动图像。

➤ 如果要移动并复制图像，则可以按住【Alt】键的同时移动图像。

➤ 按住【Shift】键可以将图像做垂直或水平移动。

➤ 按【↑】、【↓】、【←】或【→】方向键，分别使图像向上、下、左或右移动一个像素。

⑲ 选择工具箱中的 （橡皮擦工具），在图像编辑窗口的6图像外侧单击鼠标左键并拖曳，擦除"图层2"图像的多余部分，效果如图20-19所示。

⑳ 选择工具箱中的 （直排文字工具），在属性栏中设置"字体"为"方正黄草简体"、"字号"为20号、"颜色"为"白色"，移动鼠标指针至图像编辑窗口的左上角处，单击鼠标左键，输入文字"六月，汉堡六折优惠"，单击属性栏中的"提交所有当前编辑"按钮，确认文字的输入操作，如图20-20所示。

㉑ 选择工具箱中的 （横排文字工具），在属性栏中设置"字体"为"华文中宋"、"字

号"为22号、"颜色"为"黄色"（RGB参考值分别为242、208、49），移动鼠标指针至图像编辑窗口，在画布的底部单击鼠标左键，输入文字"思慕西餐厅"，效果如图20-21所示。

㉒ 参照上述同样的方法，输入其他的文字，并设置好字体、字号、颜色、字间距及位置，效果如图20-22所示。

㉓ 按【Ctrl＋N】组合键，新建一幅名为"思慕西餐厅2"的RGB模式图像，设置"宽度"为5厘米、"高度"为10厘米、"分辨率"为150像素/英寸、"背景内容"为"白色"。设置前景色为"深紫色"（RGB参考值分别为134、3、79），按【Alt＋Delete】组合键，填充前景色，如图20-23所示。

图20-19 擦除多余部分　图20-20 输入直排文字　图20-21 输入横排文字　图20-22 输入其他文字

㉔ 设置前景色为"粉紫色"（RGB参考值分别为189、67、116），参照步骤（3）～（10）绘制斜线段，并进行复制变换、水平翻转，得到的效果如图20-24所示。

㉕ 使用 ■（渐变工具），单击工具属性栏中的"线性渐变"按钮■，然后单击"点按可编辑渐变"按钮■■■▼，弹出"渐变编辑器"对话框，设置渐变矩形条下方两个色标的RGB参考值从左到右依次为"深灰色"（RGB参考值均为34）、"灰色"（RGB参考值均为171），单击"确定"按钮后，按【Ctrl＋Shift＋N】组合键，创建"图层1"图层，在图像编辑窗口的顶部位置单击鼠标左键并向底部拖曳，绘制一条直线，填充渐变色，并在"图层"面板中，设置图层的混合模式为"叠加"选项，如图20-25所示。

㉖ 选择工具箱中的 T.（横排文字工具），在工具属性栏中设置"字体"为"华文细黑"、"字号"为240、"颜色"为"粉紫色"（RGB参考值分别为189、67、116）。在图像编辑窗口单击鼠标左键，输入数字7，按【Ctrl＋Enter】组合键，确认输入，并将其转换为普通图层，效果如图20-26所示。

图20-23 填充前景色　图20-24 绘制并设置斜线　图20-25 设置图层混合模式　图20-26 输入文字

㉗ 打开随书附带光盘中的"源文件\素材\第20章\蛋糕"素材，如图20-27所示。

㉘ 按【Ctrl＋A】组合键，全选图像，选择工具箱中的 ▸₊（移动工具），单击鼠标左键并拖曳，将其拖曳至"思慕西餐厅2"图像编辑窗口中，此时"图层"面板中将自动生成"图层2"图层，调整置入图像的大小与位置，按【Ctrl＋[】组合键，将"图层2"向下移动至6图层下方，如图20-28所示。

图20-27 蛋糕素材

图20-28 调整置入图像位置

㉙ 选择工具箱中的 ✐（橡皮擦工具），在图像编辑窗口的6图像外侧单击鼠标左键并拖曳，擦除"图层2"图像的多余部分，如图20-29所示。

㉚ 选择工具箱中的 T（直排文字工具），在属性栏中设置"字体"为"方正黄草简体"、"字号"为20号、"颜色"为"白色"，移动鼠标指针至图像编辑窗口的左上角处，单击鼠标左键，输入文字"七月，沙拉七折优惠"，单击属性栏中的"提交所有当前编辑"按钮，确认文字的输入操作，如图20-30所示。

❓ 专家指点

当图像编辑窗口中的文字处于非编辑状态时，在"字符"面板中设置的参数将应用到图像编辑窗口中当前图层的所有文字上。

㉛ 选择工具箱中的 T（横排文字工具），在属性栏中设置"字体"为"华文中宋"、"字号"为22号、"颜色"为"黄色"（RGB参考值分别为242、208、49），移动鼠标指针至图像编辑窗口，在画布的底部单击鼠标左键，输入文字"思慕西餐厅"，效果如图20-31所示。

㉜ 参照上述同样的方法，输入其他文字，并设置好字体、字号、颜色、字间距及位置，效果如图20-32所示。

图20-29 擦除图像

图20-30 输入文字

图20-31 输入横排文字

图20-32 输入其他文字

操 作 步 骤

　　本例详细介绍了利用 ⬚（直线工具）、自由变换控制框、⬚（渐变工具）、⬚（直排文字工具）、T（横排文字工具）、⬚（橡皮擦工具）和图层混合模式等方法制作路杆广告的过程。

Example 实例 121 站牌广告——点亮光明

案例文件	DVD\源文件\素材\第20章\底纹.psd、绿叶.psd、人物.psd、蝴蝶.psd等
案例效果	DVD\源文件\效果\第20章\点亮光明.psd、站牌广告.psd
视频教程	DVD\视频\第3章\实例125.swf
视频长度	15分钟58秒
制作难度	★★★★
技术点睛	"矩形选框工具" ⬚、"渐变工具" ⬚、"变换"命令等
思路分析	本实例通过利用矩形选框工具、渐变工具和"变换"命令等制作站牌广告，让读者掌握制作站牌广告的操作技巧和方法

最终效果如下图所示。

操 作 步 骤

　　01 按【Ctrl+N】组合键，新建一幅名为"点亮光明"的RGB模式图像，设置"宽度"为1 024像素、"高度"为768像素、"分辨率"为100像素/英寸、"背景内容"为"白色"。打开随书附带光盘中的"源文件\素材\第20章\底纹"素材，按【Ctrl+A】组合键，全选图像，选择工具箱中的 ⬚（移动工具），单击鼠标左键并拖曳，将其拖曳至"点亮光明"图像编辑窗口中，此时"图层"面板中将自动生成"图层1"图层，调整置入图像的大小与位置，如图20-33所示。

　　02 选择工具箱中的 ⬚（渐变工具），单击工具属性栏中的"径向渐变"按钮 ⬚，然后单击"点按可编辑渐变"按钮 ⬚，弹出"渐变编辑器"对话框，在其中设置渐变矩形条下方两个色标的RGB参考值从左到右依次为"黄绿色"（RGB参考值分别为159、183、62）、"深绿色"（RGB参考值分别为22、70、14），如图20-34所示。

图20-33 制作底纹

图20-34 "渐变编辑器"对话框

⑬ 单击"确定"按钮，按【Ctrl＋Shift＋N】组合键，创建"图层2"图层，在图像编辑窗口的中心位置单击鼠标左键并拖曳至角点处，绘制一条直线，如图20-35所示。

⑭ 释放鼠标后，填充径向渐变，效果如图20-36所示。

⑮ 按【Ctrl＋[】组合键，将"图层2"图层向下移动至"图层1"图层下方，如图20-37所示。

⑯ 在"图层"面板中选择"图层1"图层，单击"设置图层的混合模式"选项右侧的下拉按钮，在弹出的列表中选中"明度"选项，更改"图层1"图层的混合模式，效果如图20-38所示。

? 专家指点

选择"明度"混合模式，最终图像的像素值由下方图层的"色相"值、"饱和度"值及上方图层的"明度"值构成。

图20-35 绘制直线

图20-36 填充径向渐变

图20-37 调整图层位置

图20-38 更改图层混合模式

⑰ 打开随书附带光盘中的"源文件\素材\第20章\灯"素材，如图20-39所示。

⑱ 在"图层"面板中选择"图层1"图层，使用 ►+（移动工具）将素材拖曳至"点亮光明"图像编辑窗口中，此时"图层"面板中将自动生成"图层3"图层，调整置入图像的大小与位置，如图20-40所示。

图20-39 灯素材

图20-40 置入图像

⑨ 选中"图层3"图层，单击"图层"面板底部的"创建新的填充和调整图层"按钮 ◯，在弹出的列表框中选择"亮度/对比度"选项，新建"亮度/对比度1"调整图层，展开"调整"面板，相应参数设置如图20-41所示。

⑩ 执行操作后，图像编辑窗口中的图像效果如图20-42所示。

⑪ 选中图层蒙版缩览图，选择工具箱中的 ◢（画笔工具），设置画笔为"柔边圆200像素"，在图像中进行涂抹，效果如图20-43所示。

图20-41 "调整"面板

图20-42 调整亮度后的效果

⑫ 用与上同样的方法，涂抹其他区域，效果如图20-44所示。

图20-43 涂抹图像

图20-44 涂抹后的效果

❓ 专家指点

调整图层的功能基于颜色调整命令，调整图层是一类比较特殊的图层，它所产生的效果是作用于其他图层的，调整图层的优点如下。

➢ 调整图层不会改变图像的像素值，从而能够在最大程度上保证对图像进行颜色调整时的灵活性。

➢ 使用调整图层可以调整多个图层中的图像，这也是通常使用的调整命令无法实现的。

➢ 通过改变调整图层的不透明度数值以改变对其下方图层的调整强度。

➢ 通过为调整图层增加蒙版，可以使其调整效果仅作用于图像的某一区域。

➢ 通过尝试使用不同的混合模式，可以创建不同的图像调整效果。

➢ 通过改变调整图层的顺序，可以改变调整图层的作用范围。

⑬ 选中"图层3"图层，单击"图层"面板底部的"创建新的填充和调整图层"按钮 ◯，在弹出的列表框中选择"可选颜色"选项，新建"选取颜色1"调整图层，展开"调整"面板，设置"颜色"为"绿色"，并设置其他参数，如图20-45所示。

⑭ 执行操作后，图像编辑窗口中的图像效果如图20-46所示。

⑮ 选中"图层3"图层，执行"选择/载入选区"命令，弹出"载入选区"对话框，保持默认设置，如图20-47所示。

⑯ 单击"确定"按钮，创建选区，执行"选择/反向"命令反选选区，如图20-48所示。

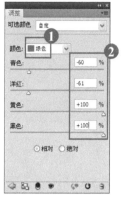

图20-45 "调整"面板　　　　　　　　　　图20-46 调整可选颜色后的效果

图20-47 "载入选区"对话框　　　　　　　　　图20-48 反选选区

⑰ 选中图层蒙版缩览图，设置前景色为黑色，按【Alt＋Delete】组合键，填充前景色，效果如图20-49所示。

⑱ 打开随书附带光盘中的"源文件\素材\第20章\泡泡"素材，如图20-50所示。

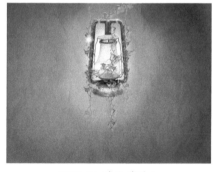

图20-49 填充前景色　　　　　　　　　　图20-50 泡泡素材

⑲ 在"图层"面板中选择"图层1"图层，使用 ▶╋（移动工具）将素材拖曳至"点亮光明"图像编辑窗口中，此时"图层"面板中将自动生成"图层4"图层，调整置入图像的大小与位置，如图20-51所示。

⑳ 复制"图层4"图层，得到"图层4副本"图层，使用 ▶╋（移动工具）将图像调整至合适位置，效果如图20-52所示。

㉑ 打开随书附带光盘中的"源文件\素材\第20章\绿叶"素材，如图20-53所示。

㉒ 在"图层"面板中选择"图层1"图层，使用 ▶️ （移动工具）将其拖曳至"点亮光明"图像窗口中的合适位置，并自动生成"图层5"图层，如图20-54所示。

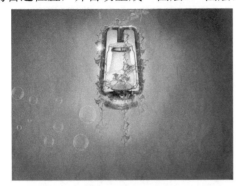

图20-51 置入图像

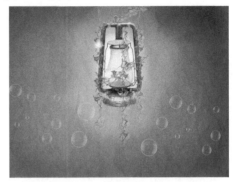

图20-52 复制并移动图层后的效果

图20-53 绿叶素材

图20-54 置入图像

㉓ 复制"图层5"图层，得到"图层5副本"图层，执行"编辑/变换/水平翻转"命令，将复制的图像进行水平翻转，并将图像调整至合适位置，效果如图20-55所示。

㉔ 打开随书附带光盘中的"源文件\素材\第20章\绿叶1"素材，如图20-56所示。

图20-55 复制、水平翻转并移动图像

图20-56 绿叶1素材

㉕ 在"图层"面板中选择"图层1"图层，使用 ▶️ （移动工具）将其拖曳至"点亮光明"图像窗口中的合适位置，并自动生成"图层6"图层，如图20-57所示。

㉖ 复制"图层6"图层，得到"图层6 副本"图层，执行"编辑/变换/水平翻转"命令，将复制的图像进行水平翻转，并使用 ▶️ （移动工具）将图像调整至合适位置，调整其大小，效果如图20-58所示。

㉗ 为"图层6副本"图层添加图层蒙版，选取 ✐ （画笔工具），设置画笔为"硬边圆100像

素"，对复制的图像左侧的绿叶进行适当涂抹，效果如图20-59所示。

㉘ 选中"图层6副本"图层，单击"图层"面板底部的"创建新的填充和调整图层"按钮 ，在弹出的列表框中选择"曲线"选项，新建"曲线1"调整图层，展开"调整"面板，在曲线上单击鼠标左键，相应参数设置如图20-60所示。

图20-57 置入图像

图20-58 复制、水平翻转并移动图像

图20-59 涂抹图像

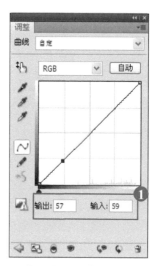

图20-60 "调整"面板

㉙ 再次在曲线上单击鼠标左键，设置相应参数，如图20-61所示。

㉚ 此时，图像编辑窗口中的显示效果如图20-62所示。

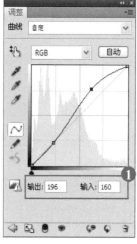

图20-61 "调整"面板

图20-62 调整曲线后的效果

㉛ 单击"图层"面板底部的"创建新的填充和调整图层"按钮 ◢，在弹出的列表框中选择"亮度/对比度"选项，新建"亮度/对比度2"调整图层，展开"调整"面板，设置相应参数，如图20-63所示。

㉜ 此时，图像编辑窗口中的显示效果如图20-64所示。

图20-63 "调整"面板

图20-64 调整亮度/对比度后的效果

❓ 专家指点

"调整"面板底部各个按钮的功能含义如下。

➤ "返回初始状态"按钮 ◁：单击此按钮可以返回"调整"面板的初始状态，以继续创建其他的调整图层。

➤ "扩展视图"按钮 ▣：单击此按钮可以放大调整的工作空间，以便更好地选择各个调整图层。

➤ "创建剪贴蒙版"按钮 ◉：单击此按钮可以在当前调整图层与下面的图层之间创建剪贴蒙版，再次单击则取消剪贴蒙版。

➤ "图层可见性"按钮 👁：单击此按钮可以控制当前所选调整图层的显示状态。

➤ "预览最近一次调整结果"按钮 👁：在按住此按钮的情况下，可以预览本次编辑调整图层参数时最初始与刚刚调整完参数时的对比状态。

➤ "复位"按钮 ◔：单击此按钮可以复位至本次编辑时的初始状态。

㉝ 打开随书附带光盘中的"源文件\素材\第20章\绿叶2"素材，如图20-65所示。

㉞ 在"图层"面板中选择"图层1"图层，使用 ▸⊹（移动工具）将其拖曳至"点亮光明"图像窗口中的合适位置，并自动生成"图层7"图层，如图20-66所示。

图20-65 绿叶2素材

图20-66 置入图像

㉟ 复制"图层7"图层，得到"图层7副本"图层，使用 ▸⊹（移动工具）将其调整至合适位

置，并调整其大小，效果如图20-67所示。

㊱ 打开随书附带光盘中的"源文件\素材\第20章\树"素材，如图20-68所示。

图20-67 复制并调整图像　　　　　　　　　　图20-68 树素材

㊲ 在"图层"面板中选择"图层1"图层，使用 ►╋（移动工具）将其拖曳至"点亮光明"图像窗口中的合适位置，并自动生成"图层8"图层，如图20-69所示。

㊳ 打开随书附带光盘中的"源文件\素材\第20章\人物"素材，如图20-70所示。

图20-69 置入图像　　　　　　　　　　图20-70 人物素材

㊴ 在"图层"面板中选择"图层1"图层，使用 ►╋（移动工具）将其拖曳至"点亮光明"图像窗口中的合适位置，并自动生成"图层9"图层，如图20-71所示。

㊵ 打开随书附带光盘中的"源文件\素材\第20章\星点"素材，如图20-72所示。

图20-71 置入图像　　　　　　　　　　图20-72 星点素材

㊶ 在"图层"面板中选择"图层1"图层，使用 ►╋（移动工具）将其拖曳至"点亮光明"图像窗口中的合适位置，并自动生成"图层10"图层，如图20-73所示。

㊷ 打开随书附带光盘中的"源文件\素材\第20章\蝴蝶"素材，在"图层"面板中，选择"蝴蝶"图层，使用 ►╋（移动工具），将其拖曳至"点亮光明"图像窗口中的合适位置，并自动生成

"蝴蝶"图层，效果如图20-74所示。

图20-73 置入图像1

图20-74 置入图像2

专家指点

素材图像中的图层如果进行了命名，当置入该素材时将自动生成命名图层。

㊸ 选择工具箱中的 **T** （横排文字工具），在工具属性栏中设置"字体"为"华文行楷"、"字号"为36、"颜色"为"白色"，在图像编辑窗口单击鼠标左键，输入文字"点亮您手中的灯让明天的未来看到光明"，按【Ctrl+Enter】组合键，确认输入文字，效果如图20-75所示。

㊹ 执行"图层/图层样式/投影"命令，弹出"图层样式"对话框，相应参数设置如图20-76所示。

图20-75 输入文字

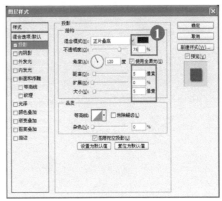
图20-76 "图层样式"对话框

㊺ 单击"确定"按钮，即可设置文字的投影样式，效果如图20-77所示。

㊻ 按住【Ctrl】键的同时，选中"图层7"和"图层7副本"图层，拖曳鼠标左键，将其移至"图层5 副本"图层上方，最终效果如图20-78所示。

㊼ 打开随书附带光盘中的"源文件\素材\第20章\站牌广告"素材，如图20-79所示。

㊽ 确认"点亮光明"图像文件为当前工作文件，按【Ctrl+Alt+Shift+E】组合键，盖印图层，得到"图层11"图层，使用 ► （移动工具）将盖印图层后的图像调至"站牌广告"图像编辑窗口中，生成"图层1"图层，并适当地调整图像的大小，执行"编辑/变换/扭曲"命令，调出控制框，变换图像效果，如图20-80所示。

实 例 小 结

本例主要介绍了利用矩形选框工具、渐变工具、调整图层、图层蒙版等制作站牌广告的效果，再利用变换等操作来表现立体效果。

图20-77 设置文字投影样式

图20-78 调整图像效果

图20-79 站牌广告素材

图20-80 变换图像

第21章　海报招贴设计

本章内容
- ➢ 美食海报招贴——大唐美食
- ➢ 汽车海报招贴——奥奔汽车
- ➢ 节日海报招贴——浓香情粽

海报是最广泛的广告宣传之一，具有传播信息及时、成本费用低、制作简便等优点，其特点是信息传播面广、有利于视觉形象传达，并具有审美作用。本章通过3个实例来讲解海报招贴的制作技巧和设计方法。

Example（实例）122　美食海报招贴——大唐美食

案例文件	DVD\源文件\素材\第21章\大灯笼.psd、竹叶.psd、条纹.psd等
案例效果	DVD\源文件\效果\第21章\大唐美食.psd
视频教程	DVD\视频\第21章\实例127.swf
视频长度	8分钟10秒
制作难度	★★★★
技术点睛	"色相/饱和度"命令、应用混合模式、应用图层样式等
思路分析	本实例通过添加各种素材，利用"色相/饱和度"命令和混合模式等制作大唐美食效果，让读者掌握制作美食海报招贴的操作方法和技巧

最终效果如下图所示。

操 作 步 骤

01 新建一幅名为"大唐美食"的CMYK模式图像，设置"宽度"和"高度"分别为1 024像素和768像素，"分辨率"为150像素/英寸，"背景内容"为"白色"的空白文档，设置前景色为红色（RGB参数值为188、0、29），按【Alt＋Delete】组合键，为"背景"图层填充红色，效果如图21-1所示。

02 打开随书附带光盘中的"源文件\素材\第21章\竹叶.psd"素材，使用（移动工具）将素材图像拖曳至"大唐美食"图像编辑窗口中，效果如图21-2所示。此时，"图层"面板中将自动生成"图层1"。

图21-1 填充红色

图21-2 竹叶素材

03 复制"图层1"，得到"图层1 副本"，按【Ctrl＋T】组合键，调出变换控制框，垂直翻转图像，并调整好图像的位置，按【Enter】键确认，效果如图21-3所示。

④ 执行"图像/调整/色相/饱和度"命令，弹出"色相/饱和度"对话框，选中"着色"复选框，设置"色相"为35，"饱和度"为40，"明度"为0，单击"确定"按钮，改变图像色相，效果如图21-4所示。

图21-3 复制并翻转图像

图21-4 改变图像色相

⑤ 设置"图层1"和"图层1副本"的混合模式均为"正片叠底"，效果如图21-5所示。

⑥ 打开随书附带光盘中的"源文件\素材\第21章\条纹.psd"素材，使用▶️（移动工具）将各素材图像拖曳至"大唐美食"图像编辑窗口中的合适位置，效果如图21-6所示。此时，"图层"面板中将自动生成"图层2"图层和"图层3"图层。

图21-5 设置混合模式

图21-6 条纹素材

⑦ 设置"图层2"和"图层3"的混合模式均为"柔光"，"不透明度"为80%，效果如图21-7所示。

⑧ 使用▰（椭圆选框工具）在图像编辑窗口中创建一个圆形选区，新建"图层4"，为选区填充白色，效果如图21-8所示。

图21-7 设置混合模式

图21-8 填充白色

⑨ 执行"选择/变换选区"命令，调出变换控制框，等比例缩小选区，按【Enter】键确认，按【Delete】键删除图像，制作出圆环图像，效果如图21-9所示。

⑩ 使用▶️（移动工具）将图像调整至合适位置，并设置"图层4"的"不透明度"为50%，效

果如图21-10所示。

图21-9 圆环图像

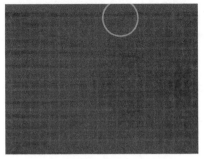

图21-10 设置不透明度

⑪ 复制圆环图像，并调整圆环图像的大小和位置，效果如图21-11所示。

⑫ 打开随书附带光盘中的"源文件\素材\第21章\大灯笼.psd"素材，将图像拖曳至"大唐美食"图像编辑窗口中的合适位置，效果如图21-12所示。此时，"图层"面板中生成"图层5"。

图21-11 复制并调整图像

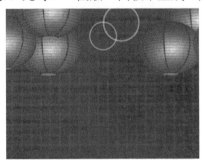

图21-12 大灯笼素材

⑬ 双击"图层5"，在弹出的对话框中选择"外发光"复选框，各选项设置如图21-13所示。

⑭ 设置完毕后单击"确定"按钮，为图像添加外发光图层样式，效果如图21-14所示。

⑮ 打开随书附带光盘中的"源文件\素材\第21章\西湖鱼、文字"素材，将各素材图像分别拖曳至"大唐美食"图像编辑窗口中的合适位置，效果如图 21-15 所示。此时，"图层"面板中生成"图层6"和"图层7"。

⑯ 选取 T (横排文字工具)，在图像编辑窗口中确认输入点，在工具属性栏设置"字体"为"迷你简黄草"，"字号"为82点，再输入文字"大唐楼"，按【Ctrl＋Enter】组合键确认，双击文字图层，在弹出的对话框中选择"投影"复选框，设置"距离"为1，其他参数保持默认设置，单击"确定"按钮，添加图层样式，效果如图21-16所示。

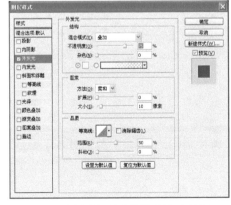

图21-13 "图层样式"对话框

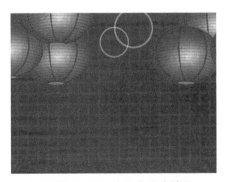

图21-14 添加外发光图层样式

图21-15 各素材图像

图21-16 输入文字

⑰ 使用 T.（横排文字工具）选中"楼"字，展开"字符"面板，各选项设置如图21-17所示。

⑱ 设置完毕后按【Ctrl＋Enter】组合键确认，改变文字属性，效果如图21-18所示。

图21-17 "字符"面板

图21-18 改变文字属性

⑲ 选中"大唐楼"文字图层，展开"字符"面板，设置"字符间距"为-150点，改变字符间距，效果如图21-19所示。

⑳ 参照步骤（16）～（18）的操作方法，使用 T.（横排文字工具）输入文字并调整各文字的属性、位置和角度，效果如图21-20所示。

图21-19 改变字符间距

图21-20 输入文字

㉑ 双击"元"文字图层，在弹出的对话框中选择"描边"复选框，设置"颜色"为白色，再设置各参数，如图21-21所示。

㉒ 设置完毕后单击"确定"按钮，添加描边样式，再使用 ►◆（移动工具）对各图像的位置进行适当的调整，本实例制作完毕，效果如图21-22所示。

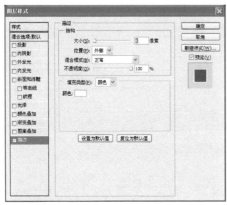

图21-21 "图层样式"对话框　　　　　　　图21-22 添加图层样式

实 例 小 结

本例主要介绍了通过添加各种素材图像，调整图像色彩、应用混合模式和添加图层样式等方法制作大唐美食海报招贴的操作。

Example 实例 123 节日海报招贴——浓香情粽

案例文件	DVD\源文件\素材\第21章\起伏.psd、龙纹.psd、莲花.psd等
案例效果	DVD\源文件\效果\第21章\浓香情粽.psd
视频教程	DVD\视频\第21章\实例128.swf
视频长度	9分钟2秒
制作难度	★★★★
技术点睛	"渐变工具" ■、应用混合模式、"文字工具" T 等
思路分析	本实例通过运用渐变工具制作背景，再添加各种素材，并应用各种混合模式、设置不透明度和添加图层样式等技巧，制作节日海报招贴效果，让读者掌握制作节日海报招贴的操作方法和技巧

最终效果如下图所示。

操 作 步 骤

① 新建一幅名为"浓香情粽"的RGB模式图像，设置"宽度"和"高度"分别为1 024像素和724像素，"分辨率"为300像素/英寸，"背景内容"为"白色"的空白文档，使用 ■（渐变工具）从上至下为"背景"图层填充RGB参数值分别为20、84、47，0、153、68，0、41、29的线性渐变色，效果如图21-23所示。

⓬ 打开随书附带光盘中的"源文件\素材\第21章\起伏.psd"素材，使用 ⊹ （移动工具）将素材图像拖曳至"浓香情粽"图像编辑窗口中的合适位置，效果如图21-24所示。此时，"图层"面板中将自动生成"图层1"图层。

图21-23 填充渐变色

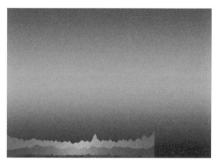

图21-24 起伏素材

⓭ 设置"图层1"的混合模式为"颜色减淡"，"不透明度"为85%，效果如图21-25所示。

⓮ 打开随书附带光盘中的"源文件\素材\第21章\龙纹.psd"素材，使用 ⊹ （移动工具）将素材图像拖曳至"浓香情粽"图像编辑窗口中的合适位置，效果如图21-26所示。此时，"图层"面板中将自动生成"图层2"。

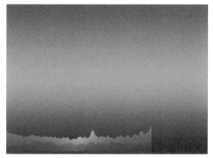

图21-25 设置混合模式

图21-26 龙纹素材

⓯ 设置"图层2"的混合模式为"正版叠底"，"不透明度"为35%，效果如图21-27所示。

⓰ 复制"图层2"，将复制的图像进行水平翻转，再调整图像的位置，效果如图21-28所示。

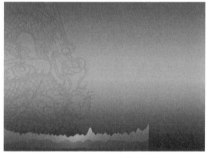

图21-27 设置混合模式

图21-28 复制并调整图像

⓱ 新建"亮度/对比度1"调整图像，展开调整面板，设置"亮度"为10，"对比度"为40，提高图像亮度对比度，效果如图21-29所示。

⓲ 打开随书附带光盘中的"源文件\素材\第21章\莲花.psd"素材，将素材图像拖曳至"浓香情粽"图像编辑窗口中的合适位置，效果如图21-30所示。

图21-29 提高亮度对比度

图21-30 莲花素材

⑨ 打开随书附带光盘中的"源文件\素材\第21章\竹枝.psd"素材，使用 ▶┿（移动工具）将素材图像拖曳至"浓香情粽"图像编辑窗口中的合适位置，效果如图21-31所示。此时，"图层"面板中将自动生成"图层4"。

⑩ 双击"图层4"，在弹出的对话框中选择"颜色叠加"复选框，设置"叠加颜色"为166、208、13，其他参数保持默认设置，单击"确定"按钮，添加颜色叠加图层样式，效果如图21-32所示。

图21-31 竹枝素材

图21-32 添加图层样式

⑪ 打开随书附带光盘中的"源文件\素材\第21章\粽叶、粽子、白雾、红块"素材，使用 ▶┿（移动工具）将各素材图像拖曳至"浓香情粽"图像编辑窗口中的合适位置，效果如图21-33所示。此时，"图层"面板中将自动生成多个图层。

⑫ 选中白雾所属的图层，设置该图层的"不透明度"为60%，效果如图21-34所示。

图21-33 各素材图像

图21-34 设置不透明度

⑬ 选取 ⏸T（直排文字工具），在红块图像上单击鼠标确认输入点，在工具属性栏上设置"字体"为"华文行楷"，"字体大小"为9点，"文本颜色"为白色，选择一种输入法，输入文字"中国情"，按【Ctrl＋Enter】组合键确认输入，效果如图21-35所示。

⑭ 打开随书附带光盘中的"源文件\素材\第21章\绿斑"素材，使用 ▶┿（移动工具）将各素材图像拖曳至"浓香情粽"图像编辑窗口中的合适位置，效果如图21-36所示。此时，"图层"面板中将

自动生成"图层9"。

图21-35 输入文字

图21-36 绿斑素材

⑮ 双击"图层9"，在弹出的对话框中选择"投影"复选框，设置"颜色"为深绿色（RGB参数值为22、51、0），再设置其他参数，如图21-37所示。

⑯ 设置完毕后单击"确定"按钮，添加投影图层样式效果，如图21-38所示。

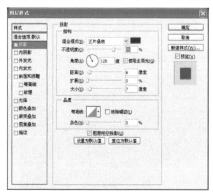

图21-37 "图层样式"对话框

图21-38 添加投影图层样式

⑰ 使用 T.（横排文字工具）在绿斑图像上确认输入点，在工具属性栏上设置"字体"为"华文行楷"，"字体大小"为30点，选择一种输入法，输入文字"浓"，按【Ctrl＋Enter】组合键确认输入，效果如图21-39所示。

⑱ 双击"浓"文字图层，在弹出的对话框中选择"描边"复选框，各选项设置如图21-40所示。

图21-39 输入文字

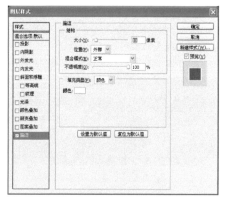

图21-40 "图层样式"对话框

⑲ 设置完毕后单击"确定"按钮，添加描边图层样式，效果如图21-41所示。

⑳ 选取 T.（横排文字工具），在图像编辑窗口中分别输入"香"、"情"、"粽"，并调整好各文字的位置，效果如图21-42所示。

图21-41 添加描边图层样式　　　　　　　　　　图21-42 输入文字

㉑ 复制"浓"文字图层上的图层样式，分别粘贴于"香"、"情"、"粽"各文字图层上，使各文字应用图层样式，效果如图21-43所示。

㉒ 使用 T（直排文字工具）在图像编辑窗口中输入文字，并调整好文字的属性，按【Ctrl＋Enter】组合键确认，效果如图21-44所示。

图21-43 应用图层样式　　　　　　　　　　图21-44 输入文字

㉓ 双击文字图层，在弹出的对话框中选中"描边"复选框，设置"颜色"为深绿色（RGB参数值为6、53、1），再设置其他参数，如图21-45所示。

㉔ 设置完毕后单击"确定"按钮，添加描边图层样式，本实例制作完毕，效果如图21-46所示。

实例小结

本例主要介绍通过添加各种素材，并利用各种混合模式和图层样式，制作节日类型的海报招贴。

图21-45 "图层样式"对话框　　　　　　　　　　图21-46 最终效果

第22章 画册宣传设计

本章内容

➤ 红酒画册——雪莲泉润   ➤ 健身画册——米莎生活馆   ➤ 珠宝画册——爱帝珠宝

各企业和产品商家为了增强自身市场的竞争力，巩固品牌的实力，运用各种不同的宣传形式来扩大企业的宣传力度，而宣传画册就是一种非常重要的宣传形式。本章通过从3个不同类型的画册来讲解宣传画册的设计方法和制作技巧。

Example （实例）124 红酒画册——雪莲泉润

案例文件	DVD\源文件\素材\第22章\红灯笼.jpg、红酒杯.jpg、葡萄.psd等
案例效果	DVD\源文件\效果\第22章\雪莲泉润.psd
视频教程	DVD\视频\第3章\实例130.swf
视频长度	12分钟42秒
制作难度	★★★★
技术点睛	"矩形选框工具"、"魔棒工具"、"文字工具" T等
思路分析	本实例通过运用矩形选框工具、魔棒工具、"全选"命令等制作红酒画册，让读者掌握制作酒类画册的操作方法和技巧

最终效果如右图所示。

操 作 步 骤

① 执行"文件/新建"命令，弹出"新建"对话框，在其中设置"名称"、"宽度"、"高度"、"分辨率"、"颜色模式"、"背景内容"等参数，如图22-1所示。

② 执行"视图/新建参考线"命令，弹出"新建参考线"对话框，选中"垂直"单选按钮，设置"位置"值为3.385厘米，单击"确定"按钮，添加一条垂直参考线，效果如图22-2所示。

图22-1 "新建"对话框

图22-2 新建垂直参考线

③ 打开随书附带光盘中的"源文件\素材\第22章\红灯笼"素材，如图22-3所示，使用 （移动工具）将素材图像拖曳至"雪莲泉润"图像编辑窗口中，此时，"图层"面板中将自动生成"图层1"图层。

④ 按【Ctrl+T】组合键，调出变换控制框，对置入图像的大小和位置进行适当的调整，效果

如图22-4所示。

⑤ 选取 ▭（矩形选框工具），移动鼠标指针至图像编辑窗口，单击鼠标左键并拖曳，创建一个矩形选区，效果如图22-5所示。

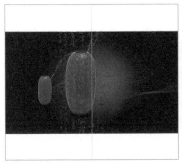
图22-3 红灯笼素材

图22-4 调整图像大小

图22-5 创建选区

⑥ 设置前景色为"深黄色"（RGB的参数值分别为173、130、0），新建"图层2"图层，按【Alt＋Delete】组合键填充前景色，执行"选择/取消选择"命令取消选区，效果如图22-6所示。

⑦ 打开随书附带光盘中的"源文件\素材\第22章\红酒杯"素材，如图22-7所示。

⑧ 选取 ✦（魔棒工具），在工具属性栏中设置"半径"为30px，选中"消除锯齿"、"连续"、"对所有图层取样"复选框，在图像的白色背景处单击鼠标左键，创建一个区域选区，效果如图22-8所示。

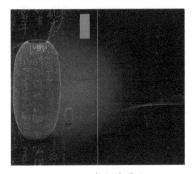
图22-6 填充前景色

图22-7 红酒杯素材

图22-8 创建选区

⑨ 执行"选择/反向"命令，或按【Ctrl＋Shift＋I】组合键反选选区，效果如图22-9所示。

⑩ 执行"编辑/复制"命令，复制选区内的图像；确认"雪莲泉润"图像文件为当前图像编辑窗口，按【Ctrl＋V】组合键，粘贴复制的图像，此时"图层"面板中将自动生成"图层3"图层，对红酒杯图像的大小和位置进行适当的调整，效果如图22-10所示。

图22-9 反选选区

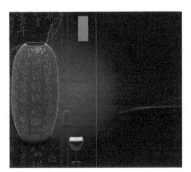
图22-10 调整图像

⑪ 选取 T.（横排文字工具），移动鼠标指针至图像编辑窗口，在窗口左侧单击鼠标左键，确认插入点，在工具属性栏中设置"字体"为"方正黄草简体"、"字号"为77点、"颜色"为"灰色"（RGB的参数值均为147），输入文字"品"，按【Ctrl+Enter】组合键，确认文字的输入操作，效果如图22-11所示。

⑫ 在"图层"面板中设置"品"文字图层的"混合模式"为"颜色减淡"，效果如图22-12所示。

⑬ 按【Ctrl+[】组合键，将"品"文字图层置于"图层3"图层的下方，效果如图22-13所示。

⑭ 选取 ↓T.（直排文字工具），移动鼠标指针至图像编辑窗口，在黄色矩形图像处单击鼠标左键，确认插入点，在工具属性栏中设置"字体"为"方正小标宋简体"、"字号"为17、"颜色"为"黑色"，输入文字"品酒"，按【Ctrl+Enter】组合键，确认文字的输入操作，效果如图22-14所示。

 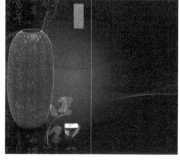 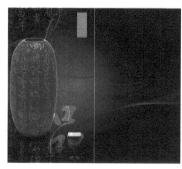

图22-11 输入文字　　　　　图22-12 设置图层混合模式　　　　　图22-13 调整图层顺序

? 专家指点

按【Ctrl+]】组合键，可以将当前图层向上移一层；按【Ctrl+[】组合键，则可以将当前图层向下移动一层。

⑮ 在"品酒"文字的下方单击鼠标左键，确认插入点，在"字符"面板中设置"字体"为"迷你简黄草"、"字号"为11点、"颜色"为"粉红色"（RGB的参数值分别为244、191、221），输入文字"悠悠岁月酒 滴滴湘泉情"，单击工具属性栏中的"提交所有当前编辑"按钮，确认文字的输入操作，效果如图22-15所示。

⑯ 打开随书附带光盘中的"源文件\素材\第22章\墨莲"素材，按【Ctrl+A】组合键，全选图像，按【Ctrl+C】组合键，复制图像，效果如图22-16所示。

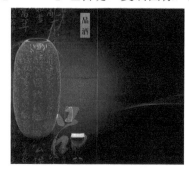 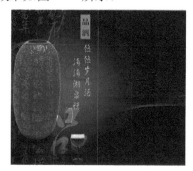 

图22-14 输入文字　　　　　图22-15 输入文字　　　　　图22-16 全选图像

⑰ 确认"雪莲泉润"图像文件为当前图像编辑窗口，按【Ctrl+V】组合键，粘贴复制的图

像，此时"图层"面板中将自动生成"图层4"蒙版图层，对图像的大小和位置进行适当的调整，效果如图22-17所示。

⑱ 执行"图像/调整/去色"命令，对图像进行去色操作，效果如图22-18所示。

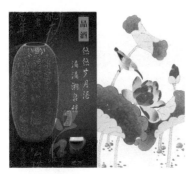

图22-17 粘贴图像

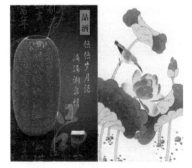

图22-18 将图像去色

⑲ 按【Ctrl＋U】组合键，弹出"色相/饱和度"对话框，各选项设置如图22-19所示。

⑳ 单击"确定"按钮，即可改变图像的颜色，效果如图22-20所示。

图22-19 "色相/饱和度"对话框

图22-20 改变图像颜色

㉑ 打开随书附带光盘中的"源文件\素材\第22章\酒瓶"素材，如图22-21所示，使用 ![](移动工具）将素材图像拖曳至"雪莲泉润"图像编辑窗口中，此时，"图层"面板中将自动生成"图层5"图层，并适当地调整图像的大小和位置。

㉒ 执行"图层/图层样式/外发光"命令，弹出"图层样式"对话框，设置发光颜色为"黑色"，再设置其他参数，如图22-22所示。

图22-21 酒瓶素材

图22-22 "图层样式"对话框

㉓ 设置完毕后单击"确定"按钮，即可为图像添加外发光图层样式，效果如图22-23所示。

㉔ 打开随书附带光盘中的"源文件\素材\第22章\葡萄"素材，使用 ⊩＋（移动工具）将素材图像拖曳至"雪莲泉润"图像编辑窗口中，此时，"图层"面板中将自动生成"图层6"图层，并适当地调整图像的大小和位置，效果如图22-24所示。

图22-23 添加图层样式　　　　　　　　图22-24 调整葡萄素材图像

㉕ 按住【Ctrl】键的同时，单击"图层2"图层前的缩览图，调出葡萄图像选区，选取 ▦（磁性套索工具），在工具属性栏上单击"从选区减去"按钮，沿着葡萄叶子创建选区，即可减去葡萄叶子的选区，效果如图22-25所示。

㉖ 新建"色相/饱和度1"调整图层，展开调整面板，设置"色相"为–139、"饱和度"为–29、"明度"为0，即可改变图像颜色，效果如图22-26所示。

㉗ 按住【Ctrl】键的同时，单击"图层2"图层前的缩览图，调出整个葡萄图像的选区，新建"色彩平衡1"调整图层，展开调整面板，选中"保留明度"复选框，再依次设置各参数值为20、–40、–50，此时，图像编辑窗口中的整体葡萄图像的色彩随之改变，效果如图22-27所示。

图22-25 减去选区　　　　　　图22-26 调整图像颜色　　　　　　图22-27 改变图像色彩

㉘ 选取 T（横排文字工具），在工具属性栏上设置"字体"为"方正粗宋简体"、"字体大小"为4点、"文本颜色"为黑色，再在图像编辑窗口中确认输入点，输入文字，按【Ctrl＋Enter】组合键确认文字输入，效果如图22-28所示。

㉙ 使用 ▢（矩形选框工具），在图像编辑窗口左侧创建一个矩形选区，新建"图层7"图层，按【D】键恢复系统默认色，使用 ▦（渐变工具）为选区从右至左填充前景色到透明的线性渐变色，设置"图层7"图层的"不透明度"为35%，效果如图22-29所示。按【Ctrl＋D】组合键，取消选区。

㉚ 用与上同样的方法，在图像编辑窗口的右半侧创建相似的渐变填充色，并隐藏参考线，本实例制作完毕，效果如图22-30所示。

图22-28 输入文字　　　　　图22-29 设置不透明度　　　　　图22-30 图像最终效果

本例主要介绍了通过添加各种素材图像，调整图像色彩和色调，再运用文字工具添加文字等方法制作酒类画册。

Example 实例 125 健身画册——米莎生活馆

案例文件	DVD\源文件\素材\第22章\河畔.psd、海水.psd、瑜伽.psd等
案例效果	DVD\源文件\效果\第22章\米莎生活馆.psd
视频教程	DVD\视频\第3章\实例131.swf
视频长度	11分钟19秒
制作难度	★★★★
技术点睛	"矩形选框工具" 、"画笔工具" 、"文字工具"等
思路分析	本实例通过添加各种素材，运用图层蒙版和画笔工具进行修饰，再利用文字工具进行点缀说明等操作来制作健身宣传画册，让读者掌握制作健身宣传画册的各种操作方法和技巧

最终效果如右图所示。

操作步骤

01 执行"文件/新建"命令，弹出"新建"对话框，在其中设置"名称"、"宽度"、"高度"、"分辨率"、"颜色模式"、"背景内容"等参数，如图22-31所示，单击"确定"按钮，新建文档。

02 执行"视图/新建参考线"命令，弹出"新建参考线"对话框，选中"垂直"单选按钮，设置"位置"值为3.34厘米，单击"确定"按钮，添加一条垂直参考线，效果如图22-32所示。

图22-31 "新建"对话框

图22-32 添加垂直参考线

03 用与上同样的方法，新建一个"位置"为7.75厘米的水平参考线，效果如图22-33所示。

04 新建"图层1"图层，设置前景色为黄色（RGB参数值为246、215、115），按【Alt＋Delete】组合键，为图像填充前景色，效果如图22-34所示。

图22-33 添加水平参考线　　　　　　　　　　图22-34 填充前景色

05 打开随书附带光盘中的"源文件\素材\第22章\河畔"素材，如图22-35所示，使用 ▶◄（移动工具）将素材图像拖曳至"米莎生活馆"图像编辑窗口中，此时，"图层"面板中将自动生成"图层2"图层，适当地调整图像的大小和位置。

06 设置"图层2"图层的混合模式为"强光"，改变图像效果，如图22-36所示。

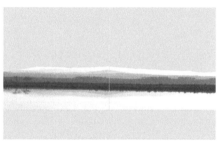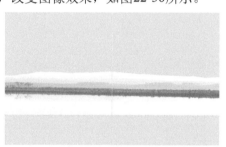

图22-35 河畔素材　　　　　　　　　　图22-36 设置图层混合模式

07 为"图层2"图层添加图层蒙版，再使用"不透明度"为100%的 ✎（画笔工具）对图像进行适当地涂抹，如图22-37所示。

08 打开随书附带光盘中的"源文件\素材\第22章\海水"素材，使用 ▶◄（移动工具）将素材图像拖曳至"米莎生活馆"图像编辑窗口中，此时，"图层"面板中将自动生成"图层3"图层，适当地调整图像的大小和位置，效果如图22-38所示。

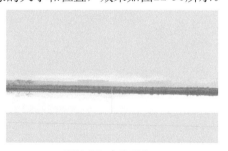

图22-37 涂抹图像　　　　　　　　　　图22-38 拖入海水素材

09 为"图层3"图层添加图层蒙版，选取 ✎（画笔工具），在工具属性栏上设置"大小"为500px、"硬度"为0、"不透明度"为100%，确认前景色为黑色，再对图像进行适当地涂抹，隐藏部分图像，效果如图22-39所示。

10 打开随书附带光盘中的"源文件\素材\第22章\云彩"素材，使用 ▶◄（移动工具）将素材图像拖曳至"米莎生活馆"图像编辑窗口中，此时，"图层"面板中将自动生成"图层4"图层，适当地调整图像的大小，效果如图22-40所示。

| 图22-39 隐藏部分图像 | 图22-40 云彩素材 |

⑪ 为"图层3"图层添加图层蒙版，参照步骤（10）的操作方法，使用 ✐（画笔工具）对图像进行适当地涂抹，隐藏部分图像，效果如图22-41所示。

⑫ 按住【Ctrl】键的同时，单击"图层4"图层前的缩览图，调出整个云彩图像的选区，新建"色彩平衡1"调整图层，展开调整面板，选中"保留明度"复选框，再依次设置各参数值为55、–33、–37，改变图像色彩，效果如图22-42所示。

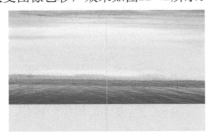

| 图22-41 隐藏图像 | 图22-42 改变图像色彩 |

⑬ 选中"色彩平衡1"调整图层上的图层蒙版缩览图，使用 ✐（画笔工具）对图像进行适当涂抹，修饰图像，效果如图22-43所示。

⑭ 使用 ⬚（矩形选框工具）在图像编辑窗口下方创建矩形选区，新建"图层5"图层，为选区填充RGB参数值为237、131、61的前景色，效果如图22-44所示。按【Ctrl＋D】组合键，取消选区。

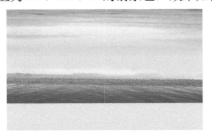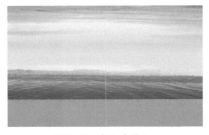

| 图22-43 修饰图像 | 图22-44 填充前景色 |

⑮ 打开随书附带光盘中的"源文件\素材\第22章\墨笔"素材，使用 ⮞（移动工具）将各素材图像拖曳至"米莎生活馆"图像编辑窗口中，"图层"面板中将自动生成"图层6"图层和"图层7"图层，适当地调整各图像的位置，效果如图22-45所示。

⑯ 复制"图层6"图层，得到"图层6 副本"图层，按【Ctrl＋T】组合键，调出变换控制框，垂直翻转图像并调整其位置，按【Enter】键确认，效果如图22-46所示。

⑰ 为"图层6副本"图层添加图层蒙版，再使用 ✐（画笔工具）对图像进行适当地涂抹，隐藏部分图像，效果如图22-47所示。

⑱ 设置"图层6副本"图层的"不透明度"为60%，效果如图22-48所示。

⑲ 打开随书附带光盘中的"源文件\素材\第22章\瑜伽"素材，使用 ⮞（移动工具）将素材图像拖曳至"米莎生活馆"图像编辑窗口中，"图层"面板中将自动生成"图层8"图层和"图层9"图

层，适当地调整各图像的位置，效果如图22-49所示。

图22-45 调整墨笔素材

图22-46 复制并调整图像

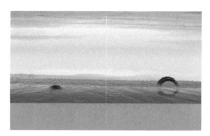

图22-47 隐藏图像

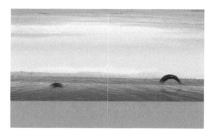

图22-48 设置不透明度

⑳ 选取 T（横排文字工具），在"字符"面板中设置"字体"为"幼圆"、"字体大小"为10点、"文本颜色"为红色（RGB参数值为231、31、20），单击"仿粗体"按钮，再在图像编辑窗口中输入文字，按【Ctrl＋Enter】组合键确认，效果如图22-50所示。

图22-49 调整瑜伽素材

图22-50 输入文字

㉑ 使用 T（横排文字工具）选中数字10，再设置"字体大小"为13点，效果如图22-51所示。

㉒ 按住【Ctrl】键的同时，即可显示文字变换控制框，将鼠标指针移至控制框正上方的控制点下，单击鼠标左键并向右拖曳，倾斜文字，效果如图22-52所示。

图22-51 调整字体大小

图22-52 倾斜文字

㉓ 调整好文字的倾斜状态后，按【Ctrl＋Enter】组合键确认，效果如图22-53所示。

㉔ 双击文字图层，在弹出的对话框中选中"描边"复选框，设置"大小"为2、"颜色"为白色，其他参数保持不变，单击"确定"按钮，效果如图22-54所示。

㉕ 参照步骤（20）～（24）的操作方法，使用 T（横排文字工具）输入文字，并调整好各文字的属性与位置，添加相应的图层样式，效果如图22-55所示。

图22-53 确认文字变换　　　　　　图22-54 应用图层样式

㉖ 使用 ▢（矩形选框工具）创建一个矩形选区，新建"图层10"图层，为选区填充白色，按【Ctrl＋D】组合键，取消选区，制作白色矩形图像，效果如图22-44所示。

图22-55 图像效果　　　　　　图22-56 矩形图像

㉗ 打开随书附带光盘中的"源文件\素材\第22章\大雁"素材，将其拖曳至"米莎生活馆"图像窗口中的合适位置，效果如图22-57所示。

㉘ 复制大雁图像，再对复制图像的大小、位置和方向进行调整，效果如图22-58所示。

图22-57 调整大雁素材　　　　　　图22-58 复制并调整图像

㉙ 使用 ▢（矩形选框工具），在图像编辑窗口右侧创建一个矩形选区，新建图层，按【D】键恢复系统默认色，使用 ▬（渐变工具）为选区从左至右填充前景色到透明的线性渐变色，效果如图22-59所示。

㉚ 按【Ctrl＋D】组合键，取消选区，设置该图层的"不透明度"为40%，再按【Ctrl＋；】组合键，隐藏参考线，本实例制作完毕，效果如图22-60所示。

图22-59 填充渐变色　　　　　　图22-60 最终图像效果

实例小结

本例主要介绍通过添加各种素材并利用图层蒙版等工具进行修饰，最后添加文字特效，制作健身宣传画册。

第23章　网页界面设计

本章内容

➢ 个性按钮——首页 ➢ 博客首页——星光博客 ➢ 光盘界面——平面实战

在网络信息十分发达的今天，电子网络宣传也是商业宣传中的重要手段之一，从而网络宣传中传达信息的各种元素也变得举足轻重了。本章通过制作个性按钮、博客首页和光盘界面来讲解有关网页界面的设计技巧。

Example （实例）126 个性按钮——首页

案例文件	无
案例效果	DVD\源文件\效果\第23章\首页.psd
视频教程	DVD\视频\第23章\实例133.swf
视频长度	16分钟30秒
制作难度	★★★★
技术点睛	"圆角矩形工具" 🔲、"转换点工具" ⌐、"文字工具" **T** 等
思路分析	本实例通过运用椭圆选框工具、渐变工具和添加图层样式等技巧制作个性化按钮效果，再通过文字变形操作制作变形文字，让读者掌握制作个性按钮的操作技巧

最终效果如右图所示。

操 作 步 骤

① 执行"文件/新建"命令，弹出"新建"对话框，在其中设置"名称"、"宽度"、"高度"、"分辨率"、"颜色模式"、"背景内容"等参数，如图23-1所示。

② 选取 ○ （椭圆选框工具），在图像编辑窗口中创建一个圆形选区，效果如图23-2所示。

| 图23-1 "新建"对话框 | 图23-2 创建圆形选区 | 图23-3 拖曳鼠标 |

③ 新建"图层1"，选取 🔲 （渐变工具），在工具属性栏上设置RGB参数值分别为222、143、191，110、49、94的渐变色，单击"对称渐变"按钮 🔲，将鼠标指针移至选区中央，单击鼠标左键并水平向右拖曳，效果如图23-3所示。

④ 至合适位置后释放鼠标左键，即可填充对称渐变色，效果如图23-4所示。

⑤ 执行"选择/变换选区"命令，调出变换控制框，按住【Alt+Shift】组合键的同时，等比例

缩小选区，效果如图23-5所示。

⑥ 调整好选区大小后按【Enter】键确认，按【Delete】键删除选区内的图像，制作出圆环图像，再按【Ctrl+D】组合键取消选区，效果如图23-6所示。

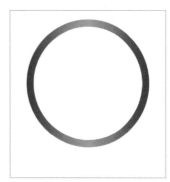

图23-4 填充对称渐变色　　　　图23-5 变换选区　　　　图23-6 删除图像

⑦ 双击"图层1"，弹出"图层样式"对话框，选中"投影"复选框，设置"阴影颜色"的RGB参数值为126、52、105，再设置其他参数，如图23-7所示。

⑧ 选中"斜面和浮雕"复选框，设置"高亮颜色"的RGB参数值为255、199、235，设置"阴影颜色"的RGB参数值为61、58、60，再设置其他参数，如图23-8所示。

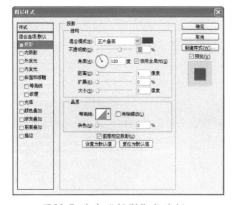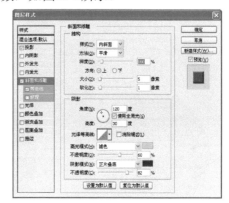

图23-7 选中"投影"复选框　　　　图23-8 选中"斜面和浮雕"复选框

⑨ 设置完毕后单击"确定"按钮，为圆环图像添加图层样式，效果如图23-9所示。

⑩ 按【Ctrl+R】组合键，显示标尺，再在图像编辑窗口中分别创建一条水平和垂直参考线，如图23-10所示。

⑪ 选取 ○（椭圆选框工具），将鼠标指针移至参考线垂直交叉的位置上，按住【Alt+Shift】组合键，单击鼠标左键并拖曳，创建圆形选区，效果如图23-11所示。

⑫ 新建"图层2"，选取 ■（渐变工具），在工具属性栏上设置RGB参数值分别为255、0、182，97、0、72的渐变色，单击"径向渐变"按钮 ■，将鼠标指针移至参考线垂直交叉的位置上，单击鼠标左键向外拖曳，效果如图23-12所示。

⑬ 至合适位置后释放鼠标左键，即可填充径向渐变色，如图23-13所示。

⑭ 选取 □（矩形选框工具），在工具属性栏上单击"从选区减去"按钮 □，将鼠标指针移至垂直参考线右侧，单击鼠标左键并拖曳，创建合适的矩形选区，效果如图23-14所示。

⑮ 至合适位置后释放鼠标左键，即可将矩形选区所框选的半圆形选区减去，效果如图23-15所示。

⑯ 用与上同样的方法，使用 □（矩形选框工具）减去参考线左上方的选区，效果如图23-16所示。

图23-9 应用图层样式

图23-10 创建参考线

图23-11 创建圆形选区

图23-12 拖曳鼠标

图23-13 填充径向渐变色

图23-14 创建矩形选区

⑰ 新建"图层3"，为选区填充黑色，再设置"不透明度"为50%，按【Ctrl＋D】组合键取消选区，效果如图23-17所示。

图23-15 减去半圆形选区

图23-16 减去选区

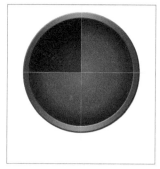

图23-17 设置不透明度

⑱ 新建"图层4"，使用 □（矩形选框工具）在图像窗口的合适位置创建一个小矩形选区，设置前景色的RGB参数值为255、214、238，按【Alt＋Delete】组合键，为选区填充前景色，再按【Ctrl＋D】组合键取消选区，效果如图23-18所示。

⑲ 双击"图层4"，弹出"图层样式"对话框，选中"投影"复选框，设置"混合模式"为"正常"，"阴影颜色"为黑色，"不透明度"为50，"角度"为120，"距离"为3，"扩展"为0，"大小"为1，单击"确定"按钮，为矩形添加投影图层样式，效果如图23-19所示。

⑳ 复制"图层4"，得到"图层4 副本"，按【Ctrl＋T】组合键，调出变换控制框，将中心控制点调至参考线垂直交叉的位置上，效果如图23-20所示。

❓ 专家指点

　一般情况下，将鼠标指针移至变换控制框的中心控制点上时，鼠标指针呈 形状，当控制框较大时，调整中心控制点十分方便，当控制框较小时，可以按住【Alt】键，来辅助中心控制点的移动操作。

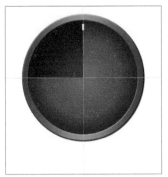

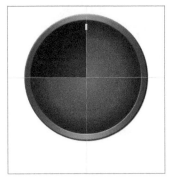
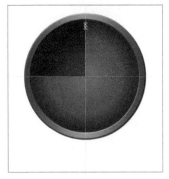

图23-18 绘制矩形　　　　　　图23-19 添加投影图层样式　　　　图23-20 调整中心控制点位置

㉑ 在工具属性栏上设置"旋转"为30，按两次【Enter】键确认旋转并变换，效果如图23-21所示。

㉒ 按【Ctrl＋Alt＋Shift＋T】组合键10次，即可将小矩形图像复制并变换10次，制作相应的图像效果，如图23-22所示。

㉓ 参数步骤（18）～（22）的操作方法，制作出更小且旋转的指针图像，效果如图23-23所示。

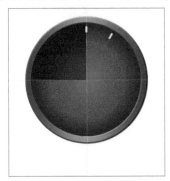

图23-21 输入文字　　　　　　图23-22 "字符"面板　　　　　　图23-23 图像效果

㉔ 设置所有小指针图像的"不透明度"均为60%，效果如图23-24所示。

㉕ 在"图层"面板中选中"图层2"，单击鼠标左键并拖曳，至"图层1"的下方时释放鼠标，调整图层顺序，再按【Ctrl＋T】组合键，调出变换控制框，按住【Alt＋Shift】组合键，单击鼠标左键并拖曳，等比例放大图像，再按【Enter】键确认，效果如图23-25所示。

㉖ 使用 ◯（椭圆选框工具）在图像编辑窗口中创建一个椭圆形选区，适当地调整选区的位置，效果如图23-26所示。

图23-24 设置不透明度　　　　图23-25 调整图像　　　　　　图23-26 创建椭圆形选区

㉗ 选取 ▭（渐变工具），设置前景色和背景色均为白色，在工具属性栏上单击"点按可编辑渐变"按钮▭，弹出"渐变编辑器"对话框，在"预设"选项区中单击"倍前景色到透明渐

变"图标，效果如图23-27所示。

㉘ 单击"确定"按钮，在工具属性栏上单击"径向渐变"按钮■，新建一个图层，为选区从上至下填充前景色到透明渐变色，按【Ctrl＋D】组合键取消选区，效果如图23-28所示。

㉙ 设置椭圆图像的"不透明度"为70%，改变图像效果，如图23-29所示。

图23-27 "渐变编辑器"对话框　　图23-28 填充渐变色　　图23-29 设置不透明度

㉚ 选取 ◯（椭圆选框工具），将鼠标指针移至参考线垂直交叉的位置上，按住【Alt＋Shift】组合键的同时，单击鼠标左键并拖曳，创建一个圆形选区，效果如图23-30所示。

㉛ 新建图层，使用 ■（渐变工具）从中心向外侧为选区填充RGB参数值分别为234、165、206，159、41、119的径向渐变色，按【Ctrl＋D】组合键取消选区，效果如图23-31所示。

㉜ 双击圆形图像所属的图层，弹出"图层样式"对话框，选中"斜面和浮雕"复选框，设置"高亮颜色"为黑色，设置"阴影颜色"为白色，再设置其他参数，如图23-32所示。

图23-30 创建选区　　　图23-31 填充渐变色　　　图23-32 "图层样式"对话框

㉝ 单击"确定"按钮，即可为圆形图像添加"斜面和浮雕"图层样式，效果如图23-33所示。

㉞ 单击"图层"面板底部的"创建新的填充或调整图层"按钮 ●，在弹出的菜单中选择"色阶"选项，新建"色阶1"调整图层，展开调整面板，依次设置各参数值为32、1.2、227，即可改变图像的色调，效果如图23-34所示。

㉟ 选中除"背景"图层以外的所有图层，按【Ctrl＋G】组合键，将所有图层进行编组，重命名为"组3"，复制"组3"得到"组3 副本"，按【Ctrl＋E】组合键，合并图层得到"组3 副本"

图层。按【Ctrl＋T】组合键，调出变换控制框，单击鼠标右键，在弹出的快捷菜单中选择"垂直翻转"选项，垂直翻转图像，按【Enter】键确认，并调整图像的位置，效果如图23-35所示。

图23-33 添加图层样式　　　　图23-34 改变图像色调　　　　图23-35 垂直翻转图像

㊱ 为"组3 副本"图层添加图层蒙版，使用 ■ （渐变工具）从下至上为图像填充黑白渐变色，制作出按钮的倒影效果，如图23-36所示。

㊲ 选取 **T** （横排文字工具），展开"字符"面板，各选项设置如图23-37所示。

㊳ 使用 **T** （横排文字工具）在图像编辑窗口的合适位置单击鼠标左键确认输入点，选择一种输入法，输入文字"首页"，按【Ctrl＋Enter】组合键确认，效果如图23-38所示。

图23-36 倒影效果　　　　图23-37 "字符"面板　　　　图23-38 输入文字

㊴ 双击"首页"文字图层，弹出"图层样式"对话框，选中"投影"复选框，再设置各参数，如图23-39所示。

㊵ 选中"斜面和浮雕"复选框，设置"高亮颜色"为白色，设置"阴影颜色"的RGB参数值为66、0、65，再设置其他参数，如图23-40所示。

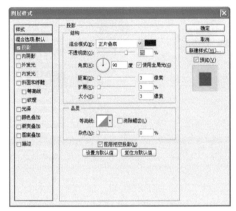
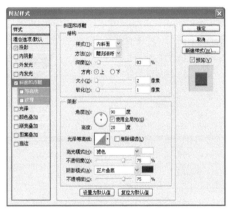

图23-39 选中"投影"复选框　　　　图23-40 选中"斜面和浮雕"复选框

在文字图层上单击鼠标左键，在弹出的快捷菜单中选择"文字变形"选项，即可弹出"变形文字"对话框。

④ 设置完毕后单击"确定"按钮，即可为图像添加图层样式，效果如图23-41所示。

④ 选中 **T** （横排文字工具），在工具属性栏上单击"创建文字变形"按钮，弹出"变形文字"对话框，设置"样式"为"膨胀"，"弯曲"为10，如图23-42所示。

若要取消文字的变形样式，单击"创建文字变形"按钮，在弹出的"变形文字"对话框中设置"样式"为无，再单击"确定"按钮，即可将文字恢复至正常状态。

④ 单击"确定"按钮，即可创建变形文字，效果如图23-43所示。

图23-41 添加图层样式　　　　图23-42 "变形文字"对话框　　　　图23-43 制作渐隐效果

④ 按【Ctrl＋;】组合键即可隐藏参考线，如图23-44所示。

反复按【Ctrl＋;】组合键，可以反复切换参考线的显示与隐藏。

④ 参照制作文字效果的操作步骤，或是修改文字，制作出图23-45和23-46所示的文字按钮。

图23-44 隐藏参考线　　　　图23-45 "进入"文字按钮　　　　图23-46 "退出"文字按钮

实 例 小 结

本例主要介绍了通过利用椭圆选框工具、渐变工具、变换操作和图层样式等制作出个性按钮的操作。

案例文件	DVD\源文件\素材\第23章\星空.jpg、e图标.psd、人物.psd等
案例效果	DVD\源文件\效果\第23章\星光博客.psd
视频教程	DVD\视频\第23章\实例134.swf
视频长度	20分钟14秒
制作难度	★★★★
技术点睛	"矩形选框工具" 、"渐变工具" 、图层样式等
思路分析	本实例通过利用矩形选框工具、渐变工具、矢量形状工具制作各种图形，再通过添加不同的图层样式增强图像效果，制作博客首页，让读者掌握制作网页界面的各种方法和技巧

最终效果如右图所示。

操作步骤

① 打开随书附带光盘中的"源文件\素材\第23章\星空.jpg"素材，如图23-47所示。

② 新建"色彩平衡1"调整图层，展开调整面板，选中"中间调"单选按钮，再依次设置各参数值为-100、100、100，图像色彩随之改变，效果如图23-48所示。

图23-47 星空素材

图23-48 改变图像色彩

③ 使用 （矩形选框工具）在图像编辑窗口中创建一个合适大小的矩形选区，效果如图23-49所示。

④ 新建"图层1"设置前景色为白色，按【Alt+Delete】组合键，为选区填充前景色，按【Ctrl+D】组合键取消选区，如图23-50所示。

图23-49 创建选区

图23-50 填充前景色

⑤ 选取 （渐变工具），在"渐变编辑器"对话框中设置黑色、灰色（RGB参数值均为

136）、灰白色（RGB参数值均为232）的渐变，如图23-51所示。

⑥ 单击"确定"按钮，为"图层1"添加图层蒙版，使用 （渐变工具）从左至右为图像填充渐变色，制作出渐隐效果，如图23-52所示。

图23-51 "渐变编辑器"对话框

图23-52 填充渐变色

⑦ 在"图层1"的图层蒙版缩览图上单击鼠标右键，在弹出的快捷菜单中选择"应用图层蒙版"选项，应用图层蒙版，执行"编辑/描边"命令，弹出"描边"对话框。设置"宽度"为2px，"颜色"为白色，"模式"为"正常"，"不透明度"为100%，选中"居外"单选按钮，单击"确定"按钮，即可描边图像，效果如图23-53所示。

⑧ 打开随书附带光盘中的"源文件\素材\第23章\墨染"素材，使用 （移动工具）将素材图像拖曳至"星空"图像编辑窗口中，此时，"图层"面板中将自动生成"图层2"，适当地调整图像的大小和位置，效果如图23-54所示。

图23-53 描边图像

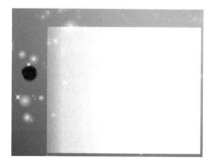

图23-54 调整图像大小

⑨ 双击"图层2"，在弹出"图层样式"对话框中选中"颜色叠加"复选框，设置"叠加颜色"的RGB参数值为211、242、255，再设置其他参数，如图23-55所示。

⑩ 设置完毕后单击"确定"按钮，即可为图像添加"颜色叠加"图层样式，效果如图23-56所示。

⑪ 打开随书附带光盘中的"源文件\素材\第23章\e图标.psd"素材，使用 （移动工具）将素材图像拖曳至"星空"图像编辑窗口中，此时，"图层"面板中将自动生成"图层3"，适当地调整图像的大小，效果如图23-57所示。

⑫ 用与上面同样的方法，打开随书附带光盘中的"源文件\素材\第23章\插图"素材，将各图像分别拖曳至"星空"图像编辑窗口中，对各图像的位置进行适当调整，效果如图23-58所示。

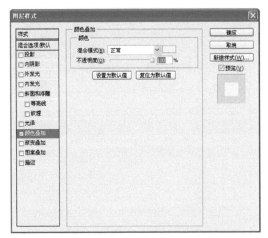

图23-55 选中"颜色叠加"复选框

图23-56 添加图层样式

图23-57 e图标素材

图23-58 各素材图像

⑬ 将氢气球图像所属的图层调至"图层3"下方，效果如图23-59所示。

⑭ 选取 ▣（圆角矩形工具），在工具属性栏上设置"半径"为10px，"模式"为"正常"，"不透明度"为100%，选中"形状图层"按钮 ▣，设置前景色为白色，再在图像编辑窗口中绘制一个合适大小的圆角矩形形状，如图23-60所示。

图23-59 调整图层顺序

图23-60 绘制圆角矩形

⑮ 双击"形状1"文字图层，弹出"图层样式"对话框，选中"投影"复选框，设置"阴影颜色"的RGB参数值为11、57、87，再设置其他参数，如图23-61所示。

⑯ 选中"描边"复选框，设置"颜色"的RGB参数值为195、236、255，再设置其他参数，如图23-62所示。

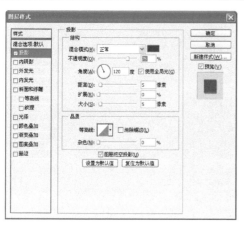
图23-61 选中"投影"复选框

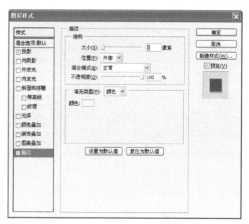
图23-62 选中"描边"复选框

⑰ 设置完毕后单击"确定"按钮，即可为矩形图像添加相应的图层样式，效果如图23-63所示。

⑱ 选取 ∠（直线工具），在工具属性栏上设置"粗细"为2px，"颜色"为灰色（RGB参数值均为155），选中"填充像素"按钮 □，新建"图层8"，按住【Shift】键的同时，单击鼠标左键并拖曳，效果如图23-64所示。

图23-63 添加图层样式

图23-64 拖曳鼠标

⑲ 至合适位置后释放鼠标，即可绘制一条灰色直线，效果如图23-65所示。

⑳ 复制"图层8"7次，并调整好位于最上方和最下方两条直线的间距，效果如图23-66所示。

图23-65 绘制直线

图23-66 复制并调整图像

㉑ 选中"图层8"及其所有副本图层，执行"图层/对齐/左边"命令，让所有直线左对齐，执行"图层/分布/垂直居中"命令，让所有直线垂直居中分布，效果如图23-67所示。

㉒ 打开随书附带光盘中的"源文件\素材\第23章\信鸽"素材，将其拖曳至"星空"图像窗口中的合适位置，效果如图23-68所示。"图层"面板中将自动生成"图层9"。

图23-67 复制并翻转图像

图23-68 牡丹素材

㉓ 选中"图层8"及其所有副本图层,按【Ctrl+E】组合键,合并图层并重命名为"图层8",为该图层添加图层蒙版,使用"硬度"为100%,"不透明度"为100%的 ✍(画笔工具)对直线图像进行涂抹,隐藏部分图像,效果如图23-69所示。

㉔ 选取 ▭(圆角矩形工具),在工具属性栏上设置"半径"为12px,"模式"为"正常","不透明度"为100%,选中"形状图层"按钮 ▢,设置前景色为白色,再在图像编辑窗口中绘制一个圆角矩形形状,效果如图23-70所示。此时,"图层"面板中将自动生成"形状2"图层。

图23-69 涂抹图像

图23-70 圆角矩形形状

㉕ 双击"形状2"文字图层,弹出"图层样式"对话框,选中"投影"复选框,设置"阴影颜色"的RGB参数值为11、57、87,再设置其他参数,如图23-71所示。

㉖ 复制"形状2"图层4次,并调整好各形状的位置,效果如图23-72所示。

图23-71 添加图层样式

图23-72 复制并调整图层

㉗ 选中"形状2"的所有副本图层,将其副本图层调至"形状1",此时,图像编辑窗口中的效果随之改变,效果如图23-73所示。

㉘ 打开随书附带光盘中的"源文件\素材\第23章\光圈"素材,将其拖曳至"星空"图像窗口中的合适位置,效果如图23-74所示。

图23-73 调整图层顺序

图23-74 光圈素材

㉙ 打开随书附带光盘中的"源文件\素材\第23章\人物"素材，将各图像全选拖曳至"星空"图像窗口中的合适位置，如图23-75所示。

㉚ 根据需要将部分图像的大小和位置进行适当的调整，制作出浏览图片式的效果，如图23-76所示。

图23-75 人物素材

图23-76 调整图像

㉛ 选取 T（横排文字工具），在工具属性栏上设置"字体"为"黑体"，"字体大小"为8点，"文本颜色"为蓝色（RGB参数值为0、160、229），再在图像编辑窗口中输入文字，如图23-77所示。

㉜ 单击"切换字符和段落面板"按钮 ，展开"字符"面板，设置"行间距"为38点，"字符间距"为0点，单击"仿粗体"按钮 T，如图23-78所示。

图23-77 输入文字

图23-78 "字符"面板

㉝ 按【Ctrl＋Enter】组合键确认，使用 （移动工具）将文字调整至合适位置，效果如图23-79所示。

㉞ 选取 T（横排文字工具），在工具属性栏上设置"字体"为"黑体"，"字体大小"为11点，再在图像编辑窗口中输入文字，如图23-80所示。

图23-79 改变文字属性　　　　　　　　　　　图23-80 输入文字

③⑤ 使用 T.（横排文字工具）选中"畅谈"和"星光"，设置"字体大小"为18点，如图23-81所示。

③⑥ 双击文字图层，在弹出的对话框中选中"渐变叠加"复选框，设置"渐变"为RGB参数值分别为191、242、247，156、234、244，23、219、233的3色渐变，再设置各参数值，如图23-82所示。

图23-81 改变字体大小　　　　　　　　图23-82 "图层样式"对话框

③⑦ 单击"确定"按钮，即可为文字添加渐变叠加图层样式，效果如图23-83所示。

③⑧ 参照制作文字的操作方法，使用 T.（横排文字工具）在图像编辑窗口中输入需要的文字，并调整好各文字的属性和位置，效果如图23-84所示。

图23-83 添加图层样式　　　　　　　　　图23-84 输入文字

③⑨ 选取 ■.（矩形工具），在工具属性栏上单击"形状图层"按钮 □，设置"样式"为"默认样式（无）"，"颜色"为"白色"，再在图像编辑窗口中的合适位置单击鼠标左键并拖曳，绘制矩形图像，效果如图23-85所示。此时，"图层"面板中自动生成"形状3"图层。

④⓪ 复制"形状3"图层，得到"形状3 副本"图层，使用 ▶+（移动工具）将复制的图像调整至合适位置，效果如图23-86所示。

图23-85 绘制矩形形状

图23-86 复制并调整形状

㊶ 选取 ▢（圆角矩形工具），在工具属性栏上单击"形状图层"按钮 ▢，设置"半径"为10px，"颜色"为"白色"，再在图像编辑窗口中绘制一个合适大小的圆角矩形形状，此时，"图层"面板中自动生成"形状4"，如图23-87所示。

㊷ 双击"形状4"图层，在弹出的对话框中选中"投影"复选框，设置各参数值，如图23-88所示。

图23-87 绘制圆角矩形形状

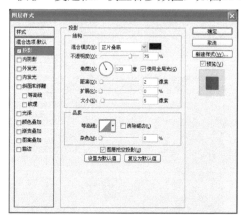
图23-88 "图层样式"对话框

㊸ 选中"内阴影"复选框，设置"阴影颜色"的RGB参数值为0、210、255，再依次设置各参数值，如图23-89所示。

㊹ 选中"内发光"复选框，设置"发光颜色"的RGB参数值为0、60、255，再依次设置各参数值，如图23-90所示。

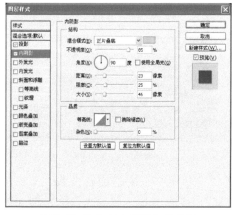
图23-89 选中"内阴影"复选框

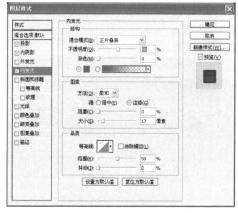
图23-90 选中"内发光"复选框

㊺ 选中"斜面和浮雕"复选框，依次设置各参数值，如图23-91所示。

㊻ 选中"光泽"复选框，设置"效果颜色"为白色，再依次设置各参数值，如图23-92所示。

图23-91 选中"斜面和浮雕"复选框

图23-92 选中"光泽"复选框

㊼ 选中"颜色叠加"复选框,设置"叠加颜色"为白色,再设置其他参数值,如图23-93所示。

㊽ 选中"等高线"复选框,单击"等高线"右侧的图标,弹出"等高线编辑器"对话框,在调节线上添加多个调节点,并对各调节点的位置进行调整,效果如图23-94所示。

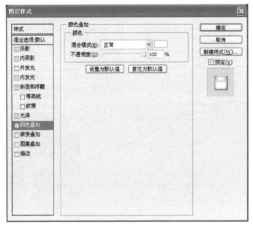

图23-93 设置颜色叠加

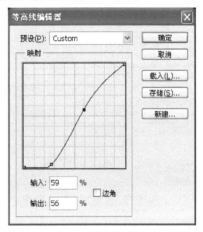

图23-94 生成新图像

㊾ 单击"确定"按钮,返回"图层样式"对话框,设置"范围"为90,单击"确定"按钮,即可为圆角矩形形状添加图层样式,效果如图23-95所示。

㊿ 将"形状4"图层调至"星光注册"文字图层的下方,本实例制作完毕,效果如图23-96所示。

图23-95 添加图层样式

图23-96 调整图层顺序

实 例 小 结

本例主要介绍通过添加各种素材及利用各种矢量形状工具绘制图形的操作方法和技巧制作博客主页。

第24章　商品包装设计

本章内容
- ➢ 手提袋包装——滨江之城
- ➢ 书籍装帧包装——摄影秘笈
- ➢ 食品包装——中秋佳月

包装设计是平面设计中不可或缺的一个重要部分，它是根据产品的内容进行内外包装的总体设计工作，是一项具有艺术性和商业性的设计。本章通过手提袋包装、食品包装和书籍装帧包装3大类型来讲解商品包装设计的操作方法和技巧。

Example 实例 128　手提袋包装——滨江之城

案例文件	DVD\源文件\素材\第24章\标识.psd等
案例效果	DVD\源文件\效果\第24章\滨江之城.psd、滨江之城2
视频教程	DVD\视频\第3章\实例136.swf
视频长度	20分钟26秒
制作难度	★★★★
技术点睛	"圆角矩形工具" 、"转换点工具" 、"文字工具" 等
思路分析	本实例通过常用的渐变工具和图层样式制作手提袋的平面包装效果，再通过变换操作制作出立体的手提袋效果，让读者掌握制作手提袋的整个流程与操作技巧

最终效果如右图所示。

操作步骤

01 新建一幅名为"滨江之城"的图像文件，其宽度"为593像素、"高度"为768像素、"分辨率"为150像素/英寸，"背景内容"为"白色"。选取 （渐变工具），在工具属性栏上设置RGB参数值分别为0、126、128，0、63、64的渐变色，单击"径向渐变"按钮 ，将鼠标指针移至图像编辑窗口中央，按下鼠标左键并向下拖曳，效果如图24-1所示。

02 拖曳至合适位置后，释放鼠标即可填充相应的径向渐变色，效果如图24-2所示。

03 打开随书附带光盘中的"源文件\素材\第24章\向往"素材，并将图像拖曳至"滨江之城"图像编辑窗口，"图层"面板中将自动生成"图层1"图层，再适当地调整图像的大小和位置，效果如图24-3所示。

04 双击"图层2"图层，弹出"图层样式"对话框，选中"描边"复选框，设置"颜色"为"白色"，效果如图24-4所示。

05 设置完毕后单击"确定"按钮，为图像添加描边样式，效果如图24-5所示。

06 打开随书附带光盘中的"源文件\素材\第24章\标识"素材，并将图像拖曳至"滨江之城"图像编辑窗口，"图层"面板中将自动生成"图层2"图层，再适当地调整图像的大小和位置，效果如图24-6所示。

图24-1 拖曳鼠标　　　　　　　　　　　　　　图24-2 填充渐变色

图24-3 拖曳素材　　　　　　　　　　　图24-4 添加"描边"图层样式

图24-5 添加描边图层样式　　　　　　　　图24-6 拖入"标识"素材

⑦ 选取 （自定义形状工具），在工具属性栏上单击"路径"按钮 ，单击"形状"选项右侧的下拉按钮，在弹出的"自定形状"面板中单击右上角的三角形按钮，从弹出的下拉列表中选择"全部"选项，在弹出的信息提示框中单击"追加"按钮，即可将所有的自定形状样式追加至"自定形状"拾色器中，在拾色器中选择"钥匙1"形状，如图24-7所示。

⑧ 将鼠标指针移至图像编辑窗口的右下角，按住【Shift】键的同时，单击鼠标左键并拖曳，绘制钥匙路径，效果如图24-8所示。

❓ 专家指点

　　在选取形状样式时，若清楚所需要的形状属于哪个类别，可以直接追加该类别的形状样式。单击"自定形状"拾色器右上角的三角按钮后，在弹出的列表框中显示了"动物"、"符号"、"形状"、"箭头"等17个形状选项。

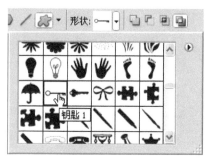

图24-7 选择形状

图24-8 绘制路径

⑨ 新建"图层3"图层，按【Ctrl＋Enter】组合键，将绘制的路径转换为选区，效果如图24-9所示。

⑩ 单击"编辑/填充"命令，弹出"填充"对话框，单击"使用"选项右侧的下拉按钮，在弹出的下拉列表中选择"颜色"选项，在弹出的"选取一种颜色"对话框中设置RGB的参考值分别为255、218、13，单击"确定"按钮，返回"填充"对话框，再设置"模式"为"正常"、"不透明度"为100%，单击"确定"按钮，为选区填充颜色，按【Ctrl＋D】组合键取消选区，效果如图24-10所示。

图24-9 将路径转为选区

图24-10 填充图像

⑪ 双击"图层3"图层，弹出"图层样式"对话框，选中"斜面和浮雕"复选框，设置"高亮颜色"的RGB参数值为255、255、204，设置"阴影颜色"的RGB参数值为51、0、0，其他参数设置如图24-11所示。

⑫ 选中"等高线"复选框，单击"等高线"图标，弹出"等高线编辑器"对话框，在调节线上添加3个调节点，再依次调整各调节点的位置，效果如图24-12所示。

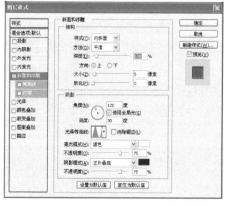

图24-11 "图层样式"对话框

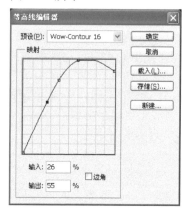

图24-12 "等高线编辑器"对话框

在"等高线编辑器"对话框中设置了自定的等高线映射后,单击"新建"按钮,弹出"等高线名称"对话框,设置好名称后,单击"确定"按钮,即可自定义等高线。若单击"存储"按钮,则会弹出"存储"对话框,单击"保存"按钮,即可将自定义的等高线进行保存。若单击"载入"按钮,将弹出"载入"对话框,此时,可以将保存的等高线载入。

⑬ 单击"确定"按钮,返回"图层样式"对话框,各选项设置如图24-13所示。

⑭ 选中"颜色叠加"复选框,设置"叠加颜色"的RGB参数值为255、116、0,其他参数设置如图24-14所示。

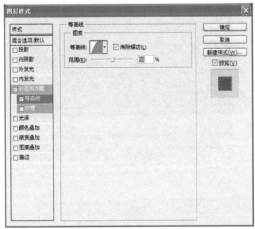

图24-13 "图层样式"对话框

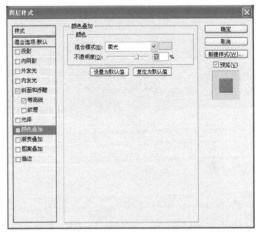

图24-14 选择"颜色叠加"复选框

⑮ 设置完毕后单击"确定"按钮,为钥匙图像添加图层样式,效果如图24-15所示。

⑯ 选取 T (横排文字工具),展开"字符"面板,设置"颜色"的RGB参数值为177、145、103,在其中设置各文字属性,如图24-16所示。

图24-15 添加图层样式

图24-16 "字符"面板

⑰ 在标志图像下方单击鼠标左键,确认插入点,并输入文字"天籁",效果如图24-17所示。

⑱ 在输入法状态栏的软键盘图标上单击鼠标右键,从弹出的快捷菜单中选择"标点符号"选项,如图24-18所示。

⑲ 打开软键盘,单击键盘上的9按键,如图24-19所示。

⑳ 执行操作后,即可在"天籁"文字后添加一个圆点符号,效果如图24-20所示。

图24-17 输入文字

图24-18 选择"标点符号"选项

图24-19 打开软键盘

图24-20 添加符号

㉑ 选择输入法再继续输入文字"滨江之城"，效果如图24-21所示。

㉒ 使用 **T**（横排文字工具）选中"滨江之城"，展开"字符"面板，各选项设置如图24-22所示。

图24-21 输入文字

图24-22 "字符"面板

? 专家指点

使用软键盘可以输入"标点符号"、"特殊符号"、"数字序号"等，合理巧妙地利用软键盘可以提高工作效率，节省操作时间。

㉓ 设置完毕后，按【Ctrl＋Enter】组合键确认输入并变换文字大小，效果如图24-23所示。

㉔ 使用 **T**（横排文字工具）在标志图像下方单击鼠标左键，确认插入点，展开"字符"面板，设置"字体"为"方正小标宋简体"、"字体大小"为24、"字符间距"为100、"颜色"为"白色"，输入文字"构筑价值 成就精彩"，按【Ctrl＋Enter】组合键确认输入，效果如图24-24所示。

图24-23 确认文字   图24-24 输入文字

㉕ 使用 **T** (横排文字工具)在"构筑价值 成就精彩"文字下方单击鼠标左键,确认插入点,在"字符"面板中设置"字体"为"方正黑体简体"、"字体大小"为6、"行间距"为12点、"字符间距"为100,输入所需要的文字和符号,按【Ctrl+Enter】组合键,确认文字的输入操作,效果如图24-25所示。

㉖ 使用 **T** (横排文字工具)在之前所输入的文字下方单击鼠标左键确认插入点,在"字符"面板中设置"字体"为"方正水黑简体"、"字体大小"为8、"字符间距"为100,输入文字后按【Ctrl+Enter】组合键确认输入,效果如图24-26所示。

图24-25 输入文字与字符   图24-26 输入文字

㉗ 使用 **T** (横排文字工具)在图像编辑窗口的左下方确认输入点,在"字符"面板中设置"字体"为"方正小标宋简体"、"字体大小"为12、"字符间距"为100,输入文字后,按【Ctrl+Enter】组合键确认输入,效果如图24-27所示。

㉘ 执行"文件/存储"命令,弹出"存储为"对话框,设置好保存路径及文件名称,如图24-28所示,单击"确定"按钮,弹出信息提示框,单击"确定"按钮,保存文件。

图24-27 输入文字   图24-28 "保存"对话框

❓ **专家指点**

如果图像从未保存过，执行"文件/存储"命令，将会弹出"存储为"对话框；若图像已经有过保存记录，则执行"文件/存储"命令，将直接进行保存并覆盖原来保存的文件，不会弹出"存储为"对话框。

㉙ 打开随书附带光盘中的"源文件\素材\第24章\背景"素材，如图24-29所示。

㉚ 确认"滨江之城"为当前图像编辑窗口，按【Ctrl＋Alt＋Shift＋E】组合键，盖印图层，得到"图层4"图层，使用 （移动工具）将该图像移至"背景"图像编辑窗口中，"图层"面板中将自动生成"图层1"图层；按【Ctrl＋T】组合键，调出变换控制框，按住【Alt＋Shift】组合键的同时，等比例缩小图像，再按【Enter】键确认变换，效果如图24-30所示。

㉛ 执行"编辑/变换/透视"命令，调出变换控制框，将鼠标指针移至右上角控制点上，单击鼠标左键向下拖曳，即可执行透视操作，效果如图24-31所示。

图24-29 打开背景素材

图24-30 调整图像大小

图24-31 执行透视操作

㉜ 在控制框内单击鼠标右键，从弹出的快捷菜单中选择"缩放"命令，将鼠标指针移至左侧的控制点上，单击鼠标左键向左拖曳，即可调整图像的宽度，效果如图24-32所示。

❓ **专家指点**

除了使用"缩放"、"透视"、"斜切"等功能变换图像外，还可以对图像进行"旋转"、"扭曲"、"变形"等操作，另外，当选择"自由变换"选项时，可以自由地对图像进行缩放、旋转等操作。

㉝ 在控制框内单击鼠标右键，从弹出的快捷菜单中选择"斜切"命令，将鼠标指针移至右侧的控制点上，单击鼠标左键向上拖曳，即可对图像执行斜切操作，效果如图24-33所示。

㉞ 参照步骤（31）～（33）的操作方法，对图像进行相应的变换操作，变换至合适效果后按【Enter】键确认，效果如图24-34所示。

㉟ 使用 （多边形套索工具）沿着图像创建一个合适的多边形选区，效果如图24-35所示。

㊱ 新建"图层2"图层，使用 （渐变工具）为选区填充白色、灰色（RGB参数值均为183）的线性渐变色，按【Ctrl＋D】组合键，取消选区，效果如图24-36所示。

㊲ 使用 （多边形套索工具）沿着前一步绘制的图像创建一个合适的多边形选区，效果如图24-37所示。

图24-32 调整图像宽度

图24-33 执行斜切操作

图24-34 变换图像

图24-35 创建多边形选区

图24-36 填充渐变色

图24-37 创建多边形选区

㊳ 新建"图层3"图层，选取 ▣（渐变工具），在工具属性栏上选中"反向"复选框，再为选区填充白色、灰色（RGB参数值均为183）的线性渐变色，按【Ctrl＋D】组合键，取消选区，效果如图24-38所示。

? 专家指点

在工具属性栏上选中"反向"复选框，填充渐变色时所设置的渐变色将被反向。

㊴ 用与上同样的方法，使用 ▱（多边形套索工具）在图像编辑窗口中创建一个合适的多边形选区，新建"图层4"图层，使用 ▣（渐变工具）为选区填充白色、灰色（RGB参数值均为183）的线性渐变色，按【Ctrl＋D】组合键，取消选区，效果如图24-39所示。

㊵ 复制"图层1"图层，得到"图层1 副本"图层，按【Ctrl＋T】组合键，调出变换控制框，单击鼠标右键，从弹出的快捷菜单中选择"垂直翻转"选项，垂直翻转图像，再适当地调整图像的位置，效果如图24-40所示。

? 专家指点

在使用渐变工具为图像或选区填充渐变色时，由于填充渐变的起点或终点位置不同，所填充的效果也会各不相同。

图24-38 填充渐变色1

图24-39 填充渐变色2

图24-40 垂直翻转图像

㊶ 在控制框内单击鼠标右键，从弹出的快捷菜单中选择"斜切"命令，将鼠标指针移至右侧的控制点上，单击鼠标左键向上拖曳，对图像执行斜切操作，效果如图24-41所示。

㊷ 通过变换控制框对图像进行适当地变换操作，再按【Enter】键确认，效果如图24-42所示。

图24-41 斜切图像

图24-42 变换图像

? 专家指点

按【Ctrl+T】组合键或是执行"编辑/变换"命令，调出变换控制框，按住【Ctrl】键的同时，将鼠标指针移至各控制点上，可以随意对该控制点进行拖曳，对图像进行不规则地变换。

㊸ 为"图层1 副本"图层添加图层蒙版，使用 ■（渐变工具）从下至上填充黑白线性渐变色，制作出倒影效果，如图24-43所示。

㊹ 复制"图层2"、"图层3"和"图层4"图层，并将复制所得的图层进行合并，得到"图层4 副本"图层，参照步骤（40）的操作方法，对合并的图像进行垂直翻转和移动操作，效果如图24-44所示。

㊺ 对图像进行斜切操作，将其调整至合适位置后按【Enter】键确认，效果如图24-45所示。

㊻ 为"图层4副本"图层添加图层蒙版，使用 ■（渐变工具）从下至上填充黑白线性渐变色，制作出倒影效果，效果如图24-46所示。

㊼ 打开随书附带光盘中的"源文件\素材\第24章\袋子"素材，将素材图像拖曳至"背景"图像编辑窗口中的合适位置，效果如图24-47所示。

图24-43 制作倒影效果

图24-44 垂直翻转图像

图24-45 斜切图像

图24-46 制作倒影效果

㊽ 复制袋子图像并将其调整至合适位置，效果如图24-48所示。

图24-47 拖入素材

图24-48 复制并调整图像

❓ 专家指点

除了利用图层蒙版制作倒影效果外，还可以按住【Alt】键的同时，在已制作了倒影效果的图层蒙版缩览图上单击鼠标左键，并拖曳至需要添加图层蒙版的图层上，然后释放鼠标，即可为该图层复制并粘贴图层蒙版，快速制作出倒影效果。

㊾ 复制除“背景”图层外的所有图层，再按【Ctrl+G】组合键，将所复制的图层进行编组，得到“组1”组，将“组1”组调至“背景”图层的上方，再适当地调整图像的位置，效果如图24-49所示。

㊿ 根据需要对图像进行等比例缩小，并轻轻移动图像的位置，使整个画面效果更和谐，效果如图24-50所示。

图24-49 复制图像

图24-50 缩放图像

(51) 复制“组1”组，得到“组1副本”组，合并“组1 副本”组，得到“组1 副本”图层，隐藏“组1”组，使用（多边形套索工具）创建一个合适的多边形选区，效果如图24-51所示。

(52) 为“组1副本”图层添加图层蒙版，为选区填充黑色，隐藏选区内的图像，本实例制作完毕，效果如图24-52所示。

图24-51 创建多边形选区

图24-52 最终效果

专家指点

由于制作的倒影效果呈透明状态，因此，当复制的图像与原图像重叠时将会显示后方的图像，在现实生活中是不会出现此现象的，因此，应对后方图像进行相应处理。

实例小结

本例主要介绍了利用渐变工具、文字工具、变换操作、图层蒙版等方法和技巧制作出手提袋包装效果。

Example 实例 129 食品包装——中秋佳月

案例文件	DVD\源文件\素材\第24章\底纹.psd、装饰.psd等
案例效果	DVD\源文件\效果\第24章\中秋佳月.psd、中秋佳月2.psd
视频教程	DVD\视频\第3章\实例137.swf
视频长度	20分钟36秒
制作难度	★★★★
技术点睛	"矩形选框工具" ▢、"渐变工具" ■、"变换" 命令等
思路分析	本实例利用参考线、矩形选框工具、渐变工具和"变换"命令等功能制作食品包装，让读者掌握制作食品包装的操作技巧和方法

最终效果如下图所示。

操 作 步 骤

01 打开随书附带光盘中的"源文件\素材\第24章\背景2"素材，如图24-53所示。

02 执行"视图/新建参考线"命令，利用"新建参考线"对话框，在图像编辑编辑窗口中创建多条水平参考线和垂直参考线，效果如图24-54所示。

图24-53 打开"背景2"素材

图24-54 新建水平参考线和垂直参考线

03 使用 ▽（多边形套索工具）创建一个多边形选区，效果如图24-55所示。

04 新建"图层1"图层，设置前景色的RGB参数值为197、0、24，为选区填充前景色，再按【Ctrl+D】组合键取消选区，效果如图24-56所示。

05 在参考线的辅助作用下使用 ▢（矩形选框工具）创建一个矩形选区，效果如图24-57所示。

06 新建"图层2"图层，选取 ■（渐变工具），为选区填充RGB参数值分别为189、15、27和89、22、26的径向渐变色，再按【Ctrl+D】组合键，取消选区，效果如图24-58所示。

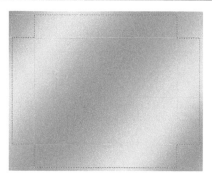
图24-55 创建选区

图24-56 填充前景色

图24-57 创建矩形选区

图24-58 填充渐变色

⑦ 使用 ▯（矩形选框工具），在前一个矩形的下方创建矩形选区，新建"图层3"图层，并填充相同的径向渐变色，按【Ctrl+D】组合键，取消选区，效果如图24-59所示。

⑧ 复制小矩形，将其顺时针旋转90°，并调整图像的位置和大小，如图24-60所示。

图24-59 填充渐变色

图24-60 复制矩形

⑨ 用与上同样的方法，复制对应的矩形图像，并调整各图像至合适位置，效果如图24-61所示。

⑩ 双击"图层1"图层，弹出"图层样式"对话框，选中"投影"复选框，设置"阴影颜色"的RGB参数值为87、21、21，再设置其他参数，如图24-62所示。

⑪ 设置完毕后单击"确定"按钮，即可为图像添加"投影"图层样式，效果如图24-63所示。

⑫ 打开随书附带光盘中的"源文件\素材\第24章\底纹"素材，将图像拖曳至"中秋佳月"图像编辑窗口中，"图层"面板中将自动生成"图层4"图层，对图像的位置和大小进行适当调整，效果如图24-64所示。

⑬ 设置"图层4"图层的混合模式为"柔光"，改变底纹图像与下方图像的叠加效果，如图24-65所示。

⑭ 按住【Ctrl】键的同时，单击"图层1"图层前的缩览图，调出"图层1"图层所对应图像的

选区，效果如图24-66所示。

图24-61 复制并调整图像

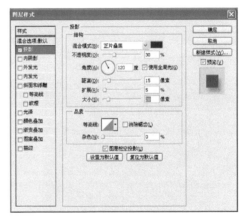

图24-62 "投影"图层样式

图24-63 添加图层样式

图24-64 拖入"底纹"素材

图24-65 设置混合模式

图24-66 调出选区

⑮ 选中"图层4"图层，单击"图层"面板底部的"添加矢量蒙版"按钮 ，即可隐藏选区外的图像，效果如图24-67所示。

⑯ 打开随书附带光盘中的"源文件\素材\第24章\装饰"素材，将各图像分别拖曳至"中秋佳月"图像编辑窗口中，"图层"面板中将自动生成"图层5"、"图层6"图层和"组1"组，对各图像的位置进行适当调整，效果如图24-68所示。

⑰ 打开随书附带光盘中的"源文件\素材\第24章\赠礼"素材，将图像拖曳至"中秋佳月"图像编辑窗口中，"图层"面板中将自动生成"图层7"图层，将图像调整至图像编辑窗口的右上角，效果如图24-69所示。

⑱ 双击"图层7"图层，在弹出的对话框中选中"渐变叠加"复选框，单击"渐变"右侧的色块，弹出"渐变编辑器"对话框，在对话框下方的渐变条上添加3个色标，从左至右设置为中黄色

（RGB参数值分别为189、15、27）、柠檬黄（RGB参数值分别为189、15、27）、土黄色（RGB参数值分别为189、15、27），适当地调整各色标的位置，单击"确定"按钮，返回"图层样式"对话框，再设置各参数，如图24-70所示。

图24-67 隐藏图像

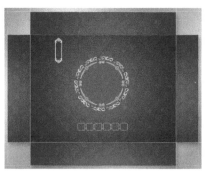

图24-68 拖入"装饰"图像

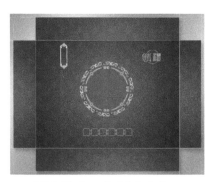

图24-69 拖入"赠礼"素材

图24-70 "图层样式"对话框

⑲ 打开随书附带光盘中的"源文件\素材\第24章\半边花"素材，将其拖曳至"中秋佳月"图像窗口的合适位置，并自动生成"图层8"图层，效果如图24-71所示。

⑳ 设置"图层8"图层的混合模式为"滤色"、"不透明度"为56%，效果如图24-72所示。

图24-71 拖入"半边花"素材

图24-72 设置不透明度

㉑ 复制半边花图像，将复制的图像进行水平翻转并调整至合适位置，效果如图24-73所示。

㉒ 打开随书附带光盘中的"源文件\素材\第24章\牡丹"素材，将其拖曳至"中秋佳月"图像窗口中的合适位置，并自动生成"图层9"图层，效果如图24-74所示。

㉓ 设置"图层9"图层的混合模式为"滤色"、"不透明度"为70%，效果如图24-75所示。

㉔ 使用 ✐（钢笔工具）在图像编辑窗口中的合适位置绘制一条开放路径，效果如图24-76所示。

图24-73 复制并翻转图像

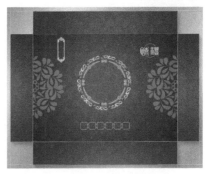

图24-74 拖入"牡丹"素材

图24-75 设置不透明度

图24-76 绘制开放路径

㉕ 选取 ✐（画笔工具），按【F5】键展开"画笔"面板，选择"画笔笔尖形状"选项，在画笔预选框中选择"尖角30"画笔，再设置各选项，如图24-77所示。

㉖ 新建"图层10"图层，设置前景色为白色，展开"路径"面板，选中"工作路径"路径，单击鼠标右键，在弹出的快捷菜单中选择"描边路径"选项，如图24-78所示。

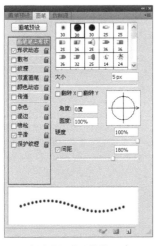

图24-77 "画笔"面板

图24-78 选择"描边路径"选项

㉗ 弹出"描边路径"对话框，设置"工具"为"画笔"，单击"确定"按钮，即可描边路径，在"路径"面板中的灰色区域单击鼠标左键，取消路径的显示状态，效果如图24-79所示。

㉘ 设置"图层10"图层的混合模式为"柔光"，改变图像效果，如图24-80所示。

㉙ 复制"图层10"图层，得到"图层10 副本"图层，执行"编辑/变换/旋转180度"命令，旋转图像并将复制的图像调整至合适位置，效果如图24-81所示。

图24-79 描边路径

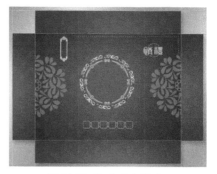

图24-80 设置混合模式

③⓪ 选取 T（横排文字工具），展开"字符"面板，设置"颜色"的RGB参数值为210、167、64，再设置各参数，如图24-82所示。

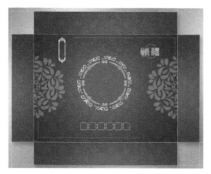

图24-81 旋转图像

图24-82 "字符"面板

③① 设置完毕后在图像编辑窗口中输入文字，效果如图24-83所示。

③② 选取 T（横排文字工具），展开"字符"面板，设置"颜色"的RGB参数值为185、135、40，再设置各参数值，如图24-84所示。

图24-83 输入文字

图24-84 "字符"面板

③③ 设置完毕后在图像编辑窗口中输入文字，效果如图24-85所示。

③④ 选取 T（直排文字工具），展开"字符"面板，设置"颜色"为白色，再设置各参数，如图24-86所示。

③⑤ 设置完毕后在图像编辑中的合适位置确认输入点并输入文字"中国节"，效果如图24-87所示。

③⑥ 将"时尚少女卡"文字图层和NO：00008文字图层上"外发光"图层样式效果隐藏，取消"外发光"图层样式的应用，如图24-88所示。

图24-85 输入文字

图24-86 "字符"面板

图24-87 输入文字

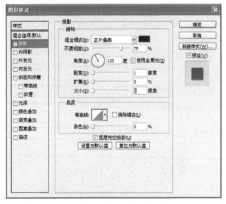

图24-88 "图层样式"对话框

? 专家指点

　　选取文字工具并利用"字符"面板设置文字属性时，一定要确认当前没有选中文字图层，再利用"字符"面板设置文字属性，否则，将会重新设置所选文字图层的文字属性。

㊲ 双击"中国节"文字图层，在弹出的对话框中选中"渐变叠加"复选框，设置"渐变"为黄色（RGB参数值为253、216、90）、淡黄色（RGB参数值为246、234、158）、中黄色（RGB参数值为244、193、78），再设置各参数，如图24-89所示。

㊳ 设置完毕后单击"确定"按钮，即可为文字添加"渐变叠加"图层样式，效果如图24-90所示。按【Ctrl＋S】组合键，将该图像文件保存至合适位置。

图24-89 "图层样式"对话框

图24-90 添加图层样式

㊴ 打开随书附带光盘中的"源文件\素材\第24章\饰品"素材，将其拖曳至"中秋佳月"图像窗

口中的合适位置，并自动生成"图层11"图层，效果如图24-91所示。

㊵ 复制"图层11"图层，得到"图层11 副本"图层，使用 ▶ （移动工具）将图像调整至合适位置，效果如图24-92所示。

图24-91 拖入"饰品"素材

图24-92 复制并调整图像

㊶ 打开随书附带光盘中的"源文件\素材\第24章\背景3"素材，如图24-93所示。

㊷ 确认"中秋佳月"为当前图像编辑窗口，隐藏"背景"图层，再按【Ctrl＋Alt＋Shift＋E】组合键，盖印图层，得到"图层12"图层，效果如图24-94所示。

图24-93 拖入"背景3"素材

图24-94 盖印图层

? 专家指点

盖印图层是将所有可见的图层合并为一个新的图层，并不将所有图层进行合并，因此，使用盖印图章可以很好地保护各图层。

㊸ 使用 ▶ （移动工具）将盖印图层后的图像调至"背景3"图像编辑窗口中，生成"图层1"图层，并适当地调整图像的大小，效果如图24-95所示。

㊹ 使用 □ （矩形选框工具）在图像编辑窗口中创建一个合适的矩形选区，效果如图24-96所示。

㊺ 按【Delete】键，即可删除选区内的图像，效果如图24-97所示。

㊻ 参数步骤（44）～（45）的操作方法，利用 □ （矩形选框工具）绘制矩形选区并删除选区内的图像，效果如图24-98所示。

㊼ 使用 □ （矩形选框工具）在图像编辑窗口中创建一个合适的矩形选区，效果如图24-99所示。

㊽ 按【Ctrl＋Shift＋J】组合键，剪切选区内的图像并生成一个新的图像，得到"图层2"图层，效果如图24-100所示。

? 专家指点

在图像上创建了选区，选取移动工具后，鼠标指针将呈 ▶ 形状，若移动鼠标指针或按键盘上的方向键，将会对该选区内的图像进行剪切和移动操作。

图24-95 调整图像

图24-96 绘制矩形选区

图24-97 删除图像

图24-98 图像效果

图24-99 创建矩形选区

图24-100 生成新图像

㊾ 选中"图层1"图层，执行"编辑/变换/透视"命令，根据需要对图像的左右两侧进行透视操作，使图像呈现出透视形状，效果如图24-101所示。

㊿ 根据需要再运用"斜切"和"缩放"命令对图像进行变换，调整好图像后，按【Enter】键确定变换操作，效果如图24-102所示。

图24-101 透视操作

图24-102 变换图像

专家指点

在图像上创建了选区，选取移动工具后，鼠标指针将呈形状，若移动鼠标或按键盘上的方向键，将会对该选区内的图像进行剪切和移动操作。

(51) 选中“图层2”图层，参数步骤（49）～（50）的操作方法，对图像进行相应的变换操作，效果如图24-103所示。

(52) 复制“图层1”图层，得到“图层1 副本”图层，将图像进行垂直翻转并利用“斜切”命令变换图像，效果如图24-104所示。

图24-103 变换图案

图24-104 翻转并变换图像

(53) 为“图层1 副本”图层添加图层蒙版，选取（渐变工具），在工具属性栏上设置黑白的线性渐变色，确认选中图层蒙版缩览图，从下至上填充黑白渐变色，制作出倒影效果，如图24-105所示。

(54) 复制“图层2”图层，得到“图层2 副本”图层，将复制的图像进行垂直翻转并调整至合适位置，再利用“斜切”命令对图像进行变换操作；将“图层1副本”图层上的图层蒙版复制并粘贴于“图层2 副本”图层，应用图层蒙版，制作出倒影效果，将该图像文件以 “中秋佳月”为名进行保存，本实例制作完毕，效果如图24-106所示。

图24-105 制作倒影效果

图24-106 最终效果

专家指点

为图层添加了图层蒙版后，在图层蒙版缩览图上单击鼠标右键，弹出的快捷菜单中有多个选项。若选择“停用图层蒙版”选项，则蒙版缩览图上会显示一个红叉，此时，图层蒙版的功效为暂时停用；若再单击鼠标右键，从弹出的快捷菜单中选择“启用图层蒙版”选项，即可启用图层蒙版。

实例小结

本例主要介绍利用参考线、矩形选框工具、渐变工具制作食品包装的平面效果，再利用变换等操作制作立体效果，从而设计出喜庆、精美的食品包装盒。